陕西省通用安装工程消耗量定额

（2025）

第一册　机械设备安装工程

批准部门：陕 西 省 住 房 和 城 乡 建 设 厅
主编单位：陕西省建设工程造价服务中心
参编单位：陕 西 化 建 工 程 有 限 责 任 公 司
软件支持：广 联 达 西 安 科 技 有 限 公 司
实施日期：2 0 2 5 年 7 月 1 日

中国计划出版社
北　京

图书在版编目（CIP）数据
陕西省通用安装工程消耗量定额. 2025：全 12 册 / 陕西省建设工程造价服务中心主编. -- 北京 ：中国计划出版社, 2025. 6（2025. 9重印）. -- ISBN 978-7-5182-1849-3
Ⅰ. TU723.34
中国国家版本馆 CIP 数据核字第 20259HJ263 号

陕西省通用安装工程消耗量定额（2025）
SHAANXI SHENG TONGYONG ANZHUANG GONGCHENG XIAOHAOLIANG DING'E（2025）
陕西省建设工程造价服务中心 主编

责任编辑：刘 涛 沈 建 封面设计：韩可斌

中国计划出版社出版发行
网址：www.jhpress.com
地址：北京市西城区木樨地北里甲 11 号国宏大厦 C 座 4 层
邮政编码：100038 电话：（010）63906433（发行部）
北京厚诚则铭印刷科技有限公司印刷

880mm × 1230mm 1/16 223.75 印张 7157 千字
2025 年 6 月第 1 版 2025 年 9 月第 2 次印刷

定价：895.00 元（全 12 册）

陕西省住房和城乡建设厅关于印发 2025 陕西省建设工程费用规则等计价依据的通知

陕建管发〔2025〕10 号

各设区市住房和城乡建设局，杨凌示范区住房和城乡建设局，各相关企业：

为贯彻落实《住房和城乡建设部办公厅关于印发工程造价改革工作方案的通知》（建办标〔2020〕38 号）及《陕西省住房和城乡建设厅关于印发〈陕西省建设工程造价改革工作实施方案〉的通知》（陕建发〔2020〕1109 号）精神，依据《陕西省建设工程造价管理办法》，我厅组织修编了《陕西省建设工程费用规则》及 6 个专业配套基价表、《陕西省房屋建筑与装饰工程消耗量定额》等 6 个专业消耗量定额、施工机械台班费用定额、仪器仪表台班费用定额（详见附件），现予以印发，自 2025 年 7 月 1 日起实施，并提出以下意见，请一并贯彻执行：

一、2025 年 7 月 1 日起新开工的建设工程执行新的计价依据；2025 年 7 月 1 日前的在建工程（包括已招投标或已签订合同的工程）仍按原约定的计价依据执行。

二、原 2004《陕西省建筑装饰工程消耗量定额》《陕西省安装工程消耗量定额》《陕西省市政工程消耗量定额》《陕西省园林绿化工程消耗量定额》、2009《陕西省建设工程工程量清单计价规则》、2009《陕西省建设工程工程量清单计价费率》、《陕西省建设工程消耗量定额（2004）补充定额》、2009《陕西省建筑装饰市政园林绿化工程价目表》《陕西省安装工程价目表》于 2025 年 7 月 1 日起停止使用。

三、上述计价依据的日常管理及技术内容解释由陕西省建设工程造价服务中心具体负责。

附件：2025 陕西省建设工程计价依据汇总表

陕西省住房和城乡建设厅

2025 年 3 月 17 日

附　件

2025 陕西省建设工程计价依据汇总表

序　号	名　称
1	陕西省建设工程费用规则（2025）
2	陕西省房屋建筑与装饰工程基价表（2025）
3	陕西省通用安装工程基价表（2025）
4	陕西省市政工程基价表（2025）
5	陕西省园林绿化工程基价表（2025）
6	陕西省城市地下综合管廊工程基价表（2025）
7	陕西省绿色建筑工程基价表（2025）
8	陕西省房屋建筑与装饰工程消耗量定额（2025）
9	陕西省通用安装工程消耗量定额（2025）
10	陕西省市政工程消耗量定额（2025）
11	陕西省园林绿化工程消耗量定额（2025）
12	陕西省城市地下综合管廊工程消耗量定额（2025）
13	陕西省绿色建筑工程消耗量定额（2025）
14	陕西省建设工程施工机械台班费用定额（2025）
15	陕西省建设工程施工仪器仪表台班费用定额（2025）

前　　言

随着科技的不断进步与创新，陕西省建筑业正逐步迈入工业化、绿色化、智能化的新时代。这一转变不仅带来了施工技术和工艺的革新，极大提升了工程建设的效率与质量，同时也对工程造价的确定与控制提出了新的要求与挑战。

消耗量定额作为衡量工程建设所需人工、材料、施工机械消耗量的重要标准，其准确性和合理性对于确保工程造价的公正性和科学性至关重要。为此，陕西省住房和城乡建设厅对2004版陕西省建设工程消耗量定额进行了全面而深入的修编，以适应新时代建筑业的发展需求。

经过深入的市场调研、专家咨询与广泛的社会意见征集，我们成功构建了一套全新的陕西省建设工程消耗量定额体系。新修订的消耗量定额体系共涵盖《陕西省房屋建筑与装饰工程消耗量定额（2025）》《陕西省安装工程消耗量定额（2025）》《陕西省市政工程消耗量定额（2025）》《陕西省城市地下综合管廊工程消耗量定额（2025）》《陕西省园林绿化工程消耗量定额（2025）》以及《陕西省绿色建筑工程消耗量定额（2025）》等六大专业领域，总计二十八册。这一体系体现了科学、先进、实用的原则，更紧密结合了我省建设工程发展的实际情况，充分吸纳了新的施工工艺和技术标准，对各专业消耗量定额交叉水平进行了统一，为工程造价管理、提高投资效益提供强有力的支持。

作为陕西省建设工程编制最高投标限价（标底）、工程结算、施工图预算、工程造价纠纷处理等工作的重要依据，本消耗量定额也是投标报价、投资估算、设计概算、企业定额等方面的重要参考。在新的定额体系中，我们特别关注了人工、材料、施工机械消耗量的科学确定，其中人工工日按8小时工作制计算，且以主要工种的综合工日表示，材料消耗量包含净用量与损耗量，机械消耗量则依据工程实际情况综合确定。

为保持定额体系的时效性与准确性，我们将采取动态管理的方式，根据市场变化和技术进步的情况对定额数据进行必要的更新与调整。同时，我们还将建立定额体系的反馈机制，积极收集来自业界、专家学者及实践工作者的意见和建议，以不断完善定额体系，提高其准确性和效率。

陕西省住房和城乡建设厅

2025年3月

总 说 明

一、《陕西省通用安装工程消耗量定额（2025）》共分十二册，包括：

第一册　机械设备安装工程

第二册　热力设备安装工程

第三册　静置设备与工艺金属结构制作安装工程

第四册　电气设备与线缆安装工程

第五册　建筑智能化安装工程

第六册　自动化控制仪表安装工程

第七册　通风空调安装工程

第八册　工业管道安装工程

第九册　消防安装工程

第十册　给排水、采暖、燃气安装工程

第十一册　信息通信设备与线缆安装工程

第十二册　防腐蚀、绝热工程

二、《陕西省通用安装工程消耗量定额（2025）》（以下简称“本定额”）是完成规定计量单位分部分项工程所需的人工、材料、施工机械台班、仪器仪表台班的消耗量标准。

三、本定额适用于工业与民用新建、扩建和改建工程项目中的通用安装工程。

四、本定额是在2021年《陕西省安装工程消耗量定额》基础上，以国家和有关行业发布的现行设计规程或规范、施工及验收规范、技术操作规程、质量评定标准、产品标准和安全操作规程、绿色建造规定等，并结合我省实际进行编制。

五、本定额是按照正常施工组织和施工条件，国内大多数施工企业采用的施工方法、机械装备水平、合理的劳动组织及工期进行编制。

1. 设备、材料、成品、半成品、构配件完整无损，符合质量标准和设计要求，附有合格证书和检验、试验合格记录。

2. 安装工程和土建工程之间的交叉作业合理、正常。

3. 安装地点、建筑物实体、设备基础、预留孔洞、预埋件等均符合安装设计要求。

4. 正常的气候、地理条件和施工环境。

5. 水、电供应均满足安装工程正常使用。

六、本定额未包括的项目，可按其他专业相应消耗量定额执行。

七、关于人工：

1. 人工以综合工日表示。

2. 人工消耗量包括基本用工、辅助用工和人工幅度差。

3. 人工每工日按照8小时工作制计算。

八、关于材料：

1. 材料泛指原材料、成品、半成品。包括施工中主要材料、辅助材料、周转材料和其他材料。在项目中以“（ × × × ）”表示的材料为主要材料。

2. 材料用量：

（1）材料用量包括净用量和损耗量。

（2）材料损耗量包括从工地仓库运至安装堆放地点或现场加工地点运至安装地点的搬运损耗、安装操作损耗、安装地点堆放损耗。

（3）材料损耗量不包括场外的运输损失、仓库（含露天堆场）地点或现场加工地点保管损耗、由于材料规格和质量不符合要求而报废的数量；不包括规范、设计文件规定的预留量、搭接量、冗余量。

3. 项目中列出的周转性材料用量是按照不同施工方法、考虑不同工程项目类别、选取不同材料规格综合计算出的摊销量。

4. 对于用量少、低值易耗的零星材料，列为其他材料。按照消耗性材料费用比例计算。

九、关于机械：

1. 施工机械是按照常用机械、合理配备考虑，同时结合施工企业的机械化能力与水平等情况综合确定。

2. 施工机械台班消耗量是按照机械正常施工效率并考虑机械施工适当幅度差综合取定。

3. 原单位价值在 2000 元以内、使用年限在一年以内不构成固定资产的施工机械，不列入机械台班消耗量，其消耗的燃料动力等综合在其他材料费中。

4. 机械台班按每台班 8 小时工作制计算。

十、关于仪器仪表：

1. 仪器仪表是按照正常施工组织、施工技术水平考虑，同时结合市场实际情况综合确定。

2. 仪器仪表台班消耗量是按照仪器仪表正常使用率，并考虑必要的检验检测及适当幅度差综合取定。

3. 原单位价值在 2000 元以内、使用年限在一年以内不构成固定资产的仪器仪表，不列入仪器仪表台班消耗量，其消耗的燃料动力等综合在其他材料费中。

十一、关于水平运输和垂直运输：

1. 水平运输：

（1）水平运输距离是指由施工单位现场仓库或指定堆放地点运至安装地点或垂直运输点的距离。设备水平运距按照 200m、材料（含成品、半成品）水平运距按照 300m 综合取定，执行时不做调整。

（2）项目中未考虑场外运输和场内二次搬运。工程实际发生时应根据有关规定另行计算。

2. 垂直运输：

（1）垂直运输基准面为室外地坪。

（2）垂直运输是按照建筑物层数 6 层以下、建筑高度 20m 以下、地下深度 10m 以内考虑，工程实际超过时，应计算建筑物超高（深）增加费。

十二、关于安装操作高度：

1. 安装操作基准面一般是指室外地坪或室内各层楼地面地坪。

2. 安装操作高度是指安装操作基准面至安装点的垂直高度。除各册另有规定者外，安装操作高度综合取定为 6m 以内。工程实际超过时，应计算安装操作高度增加费。

十三、关于建筑超高（深）增加费：

1. 建筑超高（深）增加费是指在建筑物层数 6 层以上、建筑高度 20m 以上、地下深度 10m 以上的建筑施工时，应计算建筑超高（深）需要增加的安装费。各册另有规定者除外。

2. 建筑超高（深）增加费包括人工降效、使用机械（含仪器仪表、工具用具）降效、延长垂直运输时间等费用。

3. 建筑超高（深）增加费，以单位工程（群体建筑以车间或单栋楼设计为准）全部工程量（含地下、地上部分）为基数，按照系数法计算。系数详见各册说明。

4. 单位工程（群体建筑以车间或单栋楼设计为准）满足建筑高度、建筑物层数、地下深度之一者，均应计算建筑超高（深）增加费。

十四、关于脚手架搭拆：

1. 脚手架搭拆是根据施工组织设计、满足安装需要所采取的安装措施。脚手架搭拆除满足自身安全外，不包括工程项目安全、环保、文明等工作内容。

2. 脚手架搭拆综合考虑了不同的结构形式、材质、规模、占用时间等要素，执行时不做调整。

3. 在同一个单位工程内有若干专业安装时，凡符合脚手架搭拆计算规定者，应分别计算脚手架搭拆费用。

十五、本定额中没有考虑施工与生产同时进行、在有害身体健康（防腐工程、检测项目除外）条件下施工时的降效，工程实际发生时按各册相关规定另行计算。

十六、本定额适用于海拔 2000m 以下地区。

十七、本定额中注有“××以内”或“××以下”者，均包括××本身；注有“××以外”或“××以上”者，则不包括××本身。

十八、凡本说明未尽事宜，详见各册说明。

十九、本定额的解释和日常管理，由陕西省建设工程造价服务中心负责。

目　录

第七章 风机安装

第八章 泵安装

第九章 压缩机安装

第十章 工业炉设备安装

第十一章 煤气发生设备安装

第十二章　制冷设备安装

第十三章　其他机械安装及设备灌浆

册 说 明

一、第一册《机械设备安装工程》适用于通用机械设备的安装工程。包括：机械加工设备、起重设备、输送设备、风机、水泵、压缩机、工业炉、煤气发生设备、制冷设备、其他通用机械设备等安装。

二、本册主要依据的规范标准有：

1.《输送设备安装工程施工及验收规范》GB 50270—2010；

2.《金属切削机床安装工程施工及验收规范》GB 50271—2009；

3.《锻压设备安装工程施工及验收规范》GB 50272—2009；

4.《制冷设备、空气分离设备安装工程施工及验收规范》GB 50274—2010；

5.《压缩机、风机、泵安装工程施工及验收规范》GB 50275—2010；

6.《铸造设备安装工程施工及验收规范》GB 50277—2010；

7.《起重设备安装工程施工及验收规范》GB 50278—2010；

8.《机械设备安装工程施工及验收通用规范》GB 50231—2009；

9. 相关标准图集和技术手册。

三、本册除各章另有说明外，均包括下列工作内容：

1. 主要安装内容。

整体安装：施工准备，设备、材料及工机具场内运输，设备开箱检验、配合基础验收、设置垫铁，安放地脚螺栓，吊装设备就位、安装、连接，设备调平找正，焊接垫铁，配合基础灌浆，设备精平、对中、找正，与机械本体联接的附属设备、冷却系统、润滑系统及支架防护罩等附件部件安装，机组油、水系统管线清洗，配套电机安装、临时移动水源与电源，配合检查验收等。

分体安装：施工准备，设备、材料及工机具水平搬运，设备开箱检验、配合基础验收、设置垫铁，安放地脚螺栓，吊装设备就位、组对安装，部件间隙测量、检查、调整，设备调平、找正，焊接垫铁，配合基础灌浆，设备精平、对中、找正，与机械本体联接的附属设备、冷却系统、润滑系统及支架、防护罩等附件安装，机组油、水系统管线清洗，配套电机安装，临时移动水源与电源，配合检查验收等。

2. 人字架、三脚架、环链手拉葫芦、滑轮组、钢丝绳等起重机具及附件的领用、搬运、搭拆、退库等。

3. 施工及验收规范中规定的调整、试验及空负荷试运转（单体调试）。

4. 与设备本体联体的平台、梯子、栏杆、支架、屏、盘、电机、安全罩以及设备本体第一个法兰以内的成品管道等安装。

四、本册不包括下列内容，发生时应另行计算：

1. 除风机、泵及离心式压缩机的拆装检查，执行本册相应项目外，其他设备安装现场需要拆装检查时，应按相应安装项目人工费的22%计算。

2. 设备基础铲磨，地脚螺栓孔修整、预压，在需要保护的楼地面上安装设备所需设施。

3. 地脚螺栓孔、设备基础台面灌浆。

4. 设备及其配套附件、基础、基础盖板制作、修理、绝热、防腐蚀以及测量、检测、试验等。

5. 空负荷试运转（单体调试）所用的水、电、气、油、燃料等。

6. 系统或整套试运转、生产准备试运转。

7. 由设备配套供货的专用垫铁、特殊垫铁（如螺栓调整垫铁、球型垫铁、钩头垫铁等）。

8. 电气系统、仪表系统、通风系统、设备本体第一个法兰以外的管道系统等安装、调试；不与设备本体联体的附属设备或附件（如平台、梯子、栏杆、支架、容器、屏、盘等）安装。

9. 大型设备安装所需的专用机具。

10. 机体及随机配件、附属设备的酸洗。

11. 单机试车的临时措施。

12. 配合大型机组负荷试车。

13. 单机试车所需要的电力、蒸汽、工业水、循环水、脱盐水、仪表风、工业风、氮气、燃料气、润换油（脂）、物料等。

14. 配合联动试车费。

15. 系统连接施工降效增加费（是指改扩建工程与原生产装置系统连接施工，在原有区域内作业，因施工作业条件限制，导致施工降效增加的费用，为保证施工生产的安全，所采取的相关技术措施。此项费用可按技术措施方案另行计算）。

16. 设备、材料、成品、半成品、工器具的场外运输。场外运输是指建设单位仓库、场外预制加工厂（包括场外集中防腐厂）、安装现场之间的运输。

17. 各种铸件、锻件、机加工件的制作与加工。

五、设备地脚螺栓和连接设备各部件的螺栓、销钉、垫片及传动装置润滑油料，按照随设备配套供货考虑。如果工程实际由施工单位采购配置安装所用螺栓、销钉、垫片及传动装置润滑油料时，根据实际安装用量加 3%损耗率计算其费用。

六、下列费用可按系数分别计算：

1. 本册定额第四章“起重设备安装”、第五章“起重机轨道安装”脚手架搭拆，应按安装工程人工费的 6%计算。其中：人工费为 40%，材料费为 50%，机械费为 10%。

2. 设备底座的安装标高（包括起重机轨道），如超过地面正或负 10m 时，应按相应安装项目人工和机械费乘以下表规定系数计算。

系数表

设备底座正或负标高（m 以内）	≤ 15	≤ 20	≤ 25	≤ 30	≤ 40	≤ 50	> 50
系数	0.10	0.15	0.20	0.25	0.40	0.55	0.75

3. 安装与生产同时进行增加的费用，应按安装工程人工费的 6%计算。

4. 在有害身体健康的环境中施工降效增加的费用，应按安装工程人工费的 6%计算。

5. 拆除费用（现场变更等因素需要拆除的项目），应按相应安装项目人工费、机械费的 40%，材料费的 10%计算。

七、站内工艺系统调整费，应按照各站工艺系统内全部安装工程人工费的 10%计算。其中：人工费为 40%，材料费为 10%，机械费为 50%。在计算系统调试费时，须遵守下列规定：

1. 站内系统调整费是指独立的制冷站（库）、空气压缩站、乙炔发生站、水压机蓄势站、制氧站、氮气站、氢气站、燃气站等工程。

2. 系统调试费适用于第一册《机械设备安装工程》、第三册《静置设备与工艺金属结构制作安装工程》、第八册《工业管道安装工程》、第十二册《防腐蚀、绝热工程》四册安装项目中的站内工艺系统安装工程。

第一章

切削设备安装

说　明

一、本章内容包括台式及仪表机床，车床，立式车床，钻床，镗床，磨床，铣床及齿轮、螺纹加工机床，刨床、插床、拉床，超声波加工及电加工机床，其他机床及金属材料试验机械，木工机械，跑车带锯机，其他木工机械安装以及带锯机保护罩制作与安装。

1. 台式及仪表机床：包括台式车床、台式刨床、台式铣床、台式磨床、台式砂轮机、台式抛光机、台式钻床、台式排钻、多轴可调台式钻床、钻孔攻丝两用台钻、钻铣机床、钻铣磨床、台式冲床、台式压力机、台式剪切机、台式攻丝机、台式刻线机、仪表车床、精密盘类半自动车床、仪表磨床、仪表抛光机、硬质合金轮修磨床、单轴纵切自动车床、仪表铣床、仪表齿轮加工机床、刨模机、宝石轴承加工机床、凸轮轴加工机床、透镜磨床、电表轴类加工机床。

2. 车床：包括单轴自动车床、多轴自动和半自动车床、六角车床、曲轴及凸轮轴车床、落地车床、普通车床、精密普通机床、仿型普通车床、马鞍车床、重型普通车床、仿型及多刀车床、联合车床、无心粗车床、轮齿、轴齿、锭齿、辊齿及铲齿车床。

3. 立式车床：包括单柱和双柱立式车床。

4. 钻床：包括深孔钻床、摇臂钻床、立式钻床、中心孔钻床、钢轨及梢轮钻床、卧式钻床。

5. 镗床：包括深孔镗床、坐标镗床、立式及卧式镗床、金钢镗床、落地镗床、镗铣床、钻镗床、镗缸机。

6. 磨床：包括外圆磨床、内圆磨床、砂轮机、珩磨机及研磨机、导轨磨床、2M 系列磨床、3M 系列磨床、专用磨床、抛光机、工具磨床、平面及端面磨床、刀具刃具磨床、曲轴、凸轮轴、花键轴、轧辊及轴承磨床。

7. 铣床、齿轮及螺纹加工机床：包括单臂及单柱铣床、龙门及双柱铣床、平面及单面铣床、仿型铣床、立式及卧式铣床、工具铣床、其他铣床、直（锥）齿轮加工机床、滚齿机、剃齿机、珩齿机、插齿机、单（双）轴花键轴铣床、齿轮磨齿机、齿轮倒角机、齿轮滚动检查机、套丝机、攻丝机、螺纹铣床、螺纹磨床、螺纹车床、丝杠加工机床。

8. 刨、插、拉床：包括单臂刨、龙门刨、牛头刨、龙门铣刨床、插床、拉床、刨边机、刨模机。

9. 超声波及电加工机床：包括电解加工机床、电火花加工机床、电脉冲加工机床、刻线机、超声波电加工机床、阳极机械加工机床。

10. 其他机床：包括车刀切断机、砂轮切断机、矫正切断机、带锯机、圆锯机、弓锯机、气割机、管子加工机床、金属材料试验机械。

11. 木工机械：包括木工圆锯机、截锯机、细目工带锯机、普通木工带锯机、卧式木工带锯机、排锯机、镂锯机、木工刨床、木工车床、木工铣床及开榫机、木工钻床及榫槽机、木工磨光机、木工刃具修磨机。

12. 其他木工设备：包括拨料器、踢木器、带锯防尘罩。

二、本章包括以下工作内容：

1. 机体安装：底座、立柱、横梁等全套设备部件安装以及润滑装置及润滑管道安装。

2. 清洗组装时结合精度检查。

3. 跑车杠带锯机跑车轨道安装。

三、本章不包括以下工作内容：

1. 设备的润滑、液压系统的管道附件加工、煨弯和阀门研磨。

2. 润滑、液压的法兰及阀门连接所用的垫圈（包括紫铜垫）加工。

3. 跑车木结构、轨道枕木、木保护罩的加工制作。

四、数控机床安装执行本章对应的机床安装项目。

五、本章项目内所列设备重量均为设备净重。

工程量计算规则

一、金属切削设备安装应区分设备类型、重量，按设计图示数量，分别以“台”为计量单位。

二、气动拨料器、气动踢木器安装，按设计图示数量，分别以“台”为计量单位。

三、带锯机保护罩制作与安装，按设计图示数量，以“个”为计量单位。

一、台式及仪表机床

工作内容：开箱清点、场内运输、外观检查、设备清洗、吊装、连接、安装就位、调整、固定、单体调试。

计量单位：台

编　号				1-1-1	1-1-2	1-1-3
项　目				设备重量（t 以内）		
				0.3	0.7	1.5
		名　称	单位	消　耗　量		
人工	000203000	综合二类工	工日	1.883	3.765	7.494
材料	031509007	平垫铁（综合）	kg	0.640	1.510	2.850
	031509010	斜垫铁（综合）	kg	0.930	2.180	3.250
	012901009	热轧薄钢板 δ1.6～1.9	kg	0.200	0.200	0.450
	031507018	镀锌铁丝 ϕ2.8～4.0	kg	0.392	0.560	0.560
	031301009	低碳钢焊条 J427（综合）	kg	0.180	0.210	0.252
	013501001	黄铜板 δ0.08～0.3	kg	0.100	0.100	0.250
	050301004	木板（综合）	m^3	0.001	0.009	0.014
	140307001	煤油	kg	1.260	1.890	2.625
	140303001	机油（综合）	kg	0.101	0.152	0.253
	140901003	黄油钙基脂	kg	0.101	0.152	0.253
	850103006	其他材料费（占材料费）	%	5.000	5.000	5.000
机械	990305020	叉式起重机 5t	台班	0.200	0.250	0.300
	990901010	交流弧焊机 21kV · A	台班	0.100	0.100	0.100

二、卧 式 车 床

工作内容：开箱清点、场内运输、外观检查、设备清洗、吊装、连接、安装就位、调整、固定、单体调试。

计量单位：台

编　号				1-1-4	1-1-5	1-1-6	1-1-7	1-1-8	1-1-9
项　目				设备重量（t 以内）					
				2.0	3.0	5.0	7.0	10	15
		名　称	单位	消　耗　量					
人工	000203000	综合二类工	工日	9.785	13.687	19.735	25.119	36.749	55.120
材料	031509007	平垫铁（综合）	kg	3.760	7.530	11.640	17.460	31.050	33.870
	031509010	斜垫铁（综合）	kg	4.590	7.640	9.880	14.820	27.530	30.580
	012901009	热轧薄钢板 δ1.6～1.9	kg	0.450	0.450	0.650	1.000	1.000	1.600

续前

编号				1-1-4	1-1-5	1-1-6	1-1-7	1-1-8	1-1-9
项目				设备重量（t 以内）					
				2.0	3.0	5.0	7.0	10	15
名称			单位	消耗量					
材料	031507018	镀锌铁丝 ϕ2.8～4.0	kg	0.560	0.560	0.560	0.840	2.670	2.670
	031301009	低碳钢焊条 J427（综合）	kg	0.230	0.263	0.329	0.411	0.473	0.568
	013501001	黄铜板 δ0.08～0.3	kg	0.250	0.250	0.300	0.400	0.400	0.600
	050301004	木板（综合）	m^3	0.015	0.018	0.031	0.049	0.075	0.083
	140307001	煤油	kg	3.777	4.543	6.294	7.554	11.010	14.160
	140303001	机油（综合）	kg	0.202	0.303	0.303	0.505	1.010	1.212
	140901003	黄油钙基脂	kg	0.202	0.202	0.303	0.404	0.505	0.707
	050105001	道木（综合）	m^3	—	—	—	0.006	0.007	0.007
	850103006	其他材料费（占材料费）	%	5.000	5.000	5.000	5.000	5.000	5.000
机械	990401035	载重汽车 10t	台班	—	—	0.300	0.500	0.500	0.500
	990305020	叉式起重机 5t	台班	0.300	0.400	—	—	—	—
	990304004	汽车式起重机 8t	台班	—	—	—	0.300	0.500	1.000
	990304016	汽车式起重机 16t	台班	—	—	0.500	—	—	—
	990304028	汽车式起重机 30t	台班	—	—	—	0.500	0.500	0.750
	990901010	交流弧焊机 21kV · A	台班	0.100	0.100	0.200	0.200	0.300	0.300

工作内容：开箱清点、场内运输、外观检查、设备清洗、吊装、连接、安装就位、调整、固定、单体调试。

计量单位：台

编号				1-1-10	1-1-11	1-1-12	1-1-13	1-1-14	1-1-15
项目				设备重量（t 以内）					
				20	25	35	50	70	100
名称			单位	消耗量					
人工	000203000	综合二类工	工日	65.997	79.685	106.256	143.378	186.584	257.707
材料	031509007	平垫铁（综合）	kg	48.640	57.240	68.680	103.000	159.440	198.480
	031509010	斜垫铁（综合）	kg	47.760	50.880	65.760	95.520	139.200	175.560
	012901009	热轧薄钢板 δ1.6～1.9	kg	1.600	2.500	2.500	2.500	3.000	3.000
	370103003	重轨 38kg/m	t	—	—	—	—	0.056	0.080
	031507018	镀锌铁丝 ϕ2.8～4.0	kg	4.000	4.500	6.000	8.000	10.000	13.000
	031301009	低碳钢焊条 J427（综合）	kg	0.682	0.818	0.982	1.697	2.245	2.582
	013501001	黄铜板 δ0.08～0.3	kg	0.600	1.000	1.000	1.000	1.500	1.500
	050301004	木板（综合）	m^3	0.109	0.121	0.125	0.128	0.148	0.156
	050105001	道木（综合）	m^3	0.010	0.021	0.021	0.025	0.275	0.550
	140307001	煤油	kg	18.360	21.714	27.270	37.974	43.530	59.790
	140303001	机油（综合）	kg	1.515	1.515	1.818	2.222	2.222	3.333

续前

编号				1-1-10	1-1-11	1-1-12	1-1-13	1-1-14	1-1-15
项目				设备重量（t 以内）					
				20	25	35	50	70	100
		名称	单位	消耗量					
材料	140901003	黄油钙基脂	kg	0.707	0.808	1.212	1.414	1.616	1.818
	850103006	其他材料费（占材料费）	%	5.000	5.000	5.000	5.000	5.000	5.000
机械	990304004	汽车式起重机 8t	台班	1.500	1.500	—	—	—	—
	990304052	汽车式起重机 75t	台班	—	0.500	1.000	—	—	—
	990401035	载重汽车 10t	台班	0.500	0.500	0.500	1.000	1.000	1.000
	990304016	汽车式起重机 16t	台班	—	—	1.000	2.000	2.000	3.000
	990304028	汽车式起重机 30t	台班	—	—	—	1.000	1.000	1.500
	990304040	汽车式起重机 50t	台班	0.500	—	—	—	—	0.500
	990304064	汽车式起重机 100t	台班	—	—	—	0.500	1.000	1.000
	990901010	交流弧焊机 21kV·A	台班	0.500	0.500	0.800	0.800	1.000	1.000

工作内容： 开箱清点、场内运输、外观检查、设备清洗、吊装、连接、安装就位、调整、固定、单体调试。

计量单位：台

编号				1-1-16	1-1-17	1-1-18	1-1-19	1-1-20
项目				设备重量（t 以内）				
				150	200	250	350	450
		名称	单位	消耗量				
人工	000203000	综合二类工	工日	356.054	467.098	578.990	798.397	1010.669
材料	031509007	平垫铁（综合）	kg	273.510	328.290	363.800	392.200	419.590
	031509010	斜垫铁（综合）	kg	244.460	289.220	322.800	345.180	367.560
	012901009	热轧薄钢板 δ1.6～1.9	kg	4.000	4.000	6.000	6.000	8.000
	370103003	重轨 38kg/m	t	0.120	0.160	0.200	0.280	0.360
	031507018	镀锌铁丝 ϕ2.8～4.0	kg	19.000	19.000	25.000	35.000	35.000
	031301009	低碳钢焊条 J427（综合）	kg	2.969	3.414	3.925	5.192	6.867
	013501001	黄铜板 δ0.08～0.3	kg	2.000	2.000	3.200	3.200	4.000
	050301004	木板（综合）	m^3	0.225	0.263	0.275	0.313	0.338
	050105001	道木（综合）	m^3	0.688	0.688	0.688	0.825	0.963
	140307001	煤油	kg	76.050	92.310	108.570	151.080	188.340
	140303001	机油（综合）	kg	4.040	5.252	6.060	8.080	11.110
	140901003	黄油钙基脂	kg	2.020	2.222	2.525	3.535	4.545
	850103006	其他材料费（占材料费）	%	5.000	5.000	5.000	5.000	5.000
机械	990401035	载重汽车 10t	台班	1.500	1.500	1.500	2.000	2.500
	990304016	汽车式起重机 16t	台班	3.000	4.000	3.500	5.000	6.000
	990304028	汽车式起重机 30t	台班	2.000	—	1.500	2.000	2.000

续前

编号				1-1-16	1-1-17	1-1-18	1-1-19	1-1-20
项目				设备重量（t以内）				
				150	200	250	350	450
名称			单位	消耗量				
机械	990304040	汽车式起重机 50t	台班	1.000	1.500	1.500	2.000	2.000
	990304064	汽车式起重机 100t	台班	1.500	1.500	1.500	1.500	2.000
	990901010	交流弧焊机 21kV·A	台班	1.500	1.500	2.000	2.000	2.500

三、立式车床

工作内容：开箱清点、场内运输、外观检查、设备清洗、吊装、连接、安装就位、调整、固定、单体调试。

计量单位：台

编号				1-1-21	1-1-22	1-1-23	1-1-24	1-1-25	1-1-26
项目				设备重量（t以内）					
				7	10	15	20	25	35
名称			单位	消耗量					
人工	000203000	综合二类工	工日	32.450	39.602	51.270	65.015	78.114	104.921
材料	031509007	平垫铁（综合）	kg	9.700	11.640	20.700	34.320	40.040	51.480
	031509010	斜垫铁（综合）	kg	7.410	9.880	18.350	29.760	37.200	44.640
	012901009	热轧薄钢板 δ1.6～1.9	kg	1.000	1.000	1.600	1.600	2.500	2.500
	031507018	镀锌铁丝 ϕ2.8～4.0	kg	0.840	2.670	4.000	4.000	4.500	6.000
	031301009	低碳钢焊条 J427（综合）	kg	0.411	0.473	0.568	0.682	0.818	1.178
	013501001	黄铜板 δ0.08～0.3	kg	0.400	0.400	0.600	0.600	1.000	1.000
	050301004	木板（综合）	m^3	0.036	0.056	0.083	0.109	0.128	0.203
	050105001	道木（综合）	m^3	0.004	0.007	0.007	0.010	0.014	0.014
	140307001	煤油	kg	11.856	13.110	19.920	22.020	27.474	38.585
	140303001	机油（综合）	kg	0.505	0.808	1.010	1.515	1.818	2.222
	140901003	黄油钙基脂	kg	0.202	0.404	0.404	0.505	0.606	0.808
	020112007	无石棉橡胶板高压 δ1～6	kg	—	—	—	—	0.150	0.200
	850103006	其他材料费（占材料费）	%	5.000	5.000	5.000	5.000	5.000	5.000
机械	990304052	汽车式起重机 75t	台班	—	—	—	—	—	0.800
	990401035	载重汽车 10t	台班	0.500	0.500	0.500	0.500	0.500	0.500
	990304004	汽车式起重机 8t	台班	0.300	0.500	1.000	1.500	2.000	—
	990304016	汽车式起重机 16t	台班	0.500	—	—	—	—	1.500
	990304028	汽车式起重机 30t	台班	—	0.600	0.800	—	—	—
	990304040	汽车式起重机 50t	台班	—	—	—	0.500	0.500	—
	990901010	交流弧焊机 21kV·A	台班	0.200	0.300	0.300	0.500	0.500	0.800

工作内容：开箱清点、场内运输、外观检查、设备清洗、吊装、连接、安装就位、调整、固定、单体调试。

计量单位：台

编号				1-1-27	1-1-28	1-1-29	1-1-30	1-1-31	1-1-32
项目				设备重量（t以内）					
				50	70	100	150	200	250
		名称	单位	消耗量					
人工	000203000	综合二类工	工日	145.654	196.624	276.963	399.325	494.976	596.308
材料	031509007	平垫铁（综合）	kg	62.920	85.840	103.000	177.460	230.850	267.370
	031509010	斜垫铁（综合）	kg	59.520	80.640	95.520	154.120	205.350	238.930
	012901009	热轧薄钢板 δ1.6～1.9	kg	2.500	3.000	3.000	4.000	4.000	6.000
	031307002	铜焊粉	kg	0.600	0.060	0.080	0.120	0.160	0.200
	031507018	镀锌铁丝 ϕ2.8～4.0	kg	8.000	10.000	13.000	19.000	19.000	25.000
	031301009	低碳钢焊条 J427（综合）	kg	1.697	2.245	2.582	2.969	3.414	3.926
	013501001	黄铜板 δ0.08～0.3	kg	1.000	1.500	1.500	2.000	2.000	3.200
	050301004	木板（综合）	m^3	0.253	0.150	0.156	0.200	0.219	0.231
	050105001	道木（综合）	m^3	0.028	0.275	0.550	0.688	0.688	0.688
	140307001	煤油	kg	49.596	60.810	77.070	110.100	132.120	165.660
	140303001	机油（综合）	kg	2.828	3.535	4.545	7.070	8.080	10.100
	140901003	黄油钙基脂	kg	1.212	1.515	1.818	2.424	3.030	4.040
	020112007	无石棉橡胶板高压 δ1～6	kg	0.300	0.300	0.400	0.500	0.600	0.800
	850103006	其他材料费（占材料费）	%	5.000	5.000	5.000	5.000	5.000	5.000
机械	990401035	载重汽车 10t	台班	1.000	1.000	1.500	1.500	1.500	1.500
	990304016	汽车式起重机 16t	台班	2.000	2.500	3.500	3.500	4.000	3.500
	990304028	汽车式起重机 30t	台班	—	1.000	1.500	1.500	1.500	2.500
	990304040	汽车式起重机 50t	台班	—	—	0.500	1.500	2.000	1.500
	990304064	汽车式起重机 100t	台班	1.000	1.000	1.000	1.000	1.500	1.500
	990901010	交流弧焊机 21kV·A	台班	0.800	1.000	1.000	1.500	1.500	2.000

工作内容：开箱清点、场内运输、外观检查、设备清洗、吊装、连接、安装就位、调整、固定、单体调试。

计量单位：台

编号				1-1-33	1-1-34	1-1-35	1-1-36	1-1-37	1-1-38
项目				设备重量（t以内）					
				300	400	500	600	700	800
		名称	单位	消耗量					
人工	000203000	综合二类工	工日	696.448	909.775	1095.668	1297.055	1475.053	1627.272
材料	031509007	平垫铁（综合）	kg	291.840	321.440	364.320	426.340	476.520	545.270
	031509010	斜垫铁（综合）	kg	258.720	285.770	326.500	380.790	431.710	464.280
	012901009	热轧薄钢板 δ1.6～1.9	kg	6.000	6.000	8.000	8.000	9.600	11.520
	031307002	铜焊粉	kg	0.240	0.320	0.400	0.480	0.576	0.691
	031507018	镀锌铁丝 ϕ2.8～4.0	kg	25.000	35.000	35.000	45.000	54.000	64.800
	031301009	低碳钢焊条 J427（综合）	kg	4.515	5.971	7.897	9.082	10.444	12.011

续前

编号				1-1-33	1-1-34	1-1-35	1-1-36	1-1-37	1-1-38
项目				设备重量（t 以内）					
				300	400	500	600	700	800
		名称	单位	消耗量					
材料	013501001	黄铜板 δ0.08～0.3	kg	3.200	3.200	4.000	4.000	4.800	5.760
	050301004	木板（综合）	m^3	0.250	0.338	0.363	0.363	0.436	0.523
	050105001	道木（综合）	m^3	0.688	0.825	0.963	1.100	1.320	1.584
	140307001	煤油	kg	199.200	244.260	289.320	334.380	401.256	481.507
	140303001	机油（综合）	kg	12.120	15.150	18.180	21.210	25.452	30.542
	140901003	黄油钙基脂	kg	5.050	7.070	9.090	11.110	13.332	15.998
	020112007	无石棉橡胶板高压 δ1～6	kg	1.000	1.200	1.400	1.600	1.920	2.304
	850103006	其他材料费（占材料费）	%	5.000	5.000	5.000	5.000	5.000	5.000
机械	990304052	汽车式起重机 75t	台班	—	—	—	1.000	2.000	2.000
	990401035	载重汽车 10t	台班	1.500	2.000	2.000	2.500	2.500	2.500
	990304016	汽车式起重机 16t	台班	4.000	4.000	5.000	5.000	6.000	7.000
	990304028	汽车式起重机 30t	台班	3.000	8.000	14.000	17.000	18.000	23.000
	990304040	汽车式起重机 50t	台班	1.500	1.500	2.000	2.000	—	—
	990304064	汽车式起重机 100t	台班	1.500	1.500	2.000	2.000	3.000	3.000
	990901010	交流弧焊机 21kV · A	台班	2.000	2.500	2.500	3.000	3.000	3.500

四、钻　　床

工作内容：开箱清点、场内运输、外观检查、设备清洗、吊装、连接、安装就位、调整、固定、单体调试。

计量单位：台

编号				1-1-39	1-1-40	1-1-41	1-1-42	1-1-43
项目				设备重量（t 以内）				
				1	3	5	7	10
		名称	单位	消耗量				
人工	000203000	综合二类工	工日	6.007	13.796	19.067	22.831	32.418
材料	031509007	平垫铁（综合）	kg	2.820	5.640	11.640	17.460	24.150
	031509010	斜垫铁（综合）	kg	3.050	6.120	9.880	14.820	22.930
	012901009	热轧薄钢板 δ1.6～1.9	kg	0.200	0.450	0.650	1.000	1.000
	031507018	镀锌铁丝 ϕ2.8～4.0	kg	0.560	0.560	0.560	0.840	2.670
	031301009	低碳钢焊条 J427（综合）	kg	0.210	0.263	0.329	0.411	0.473
	013501001	黄铜板 δ0.08～0.3	kg	0.100	0.250	0.300	0.400	0.400
	050301004	木板（综合）	m^3	0.013	0.026	0.031	0.049	0.075

续前

编号				1-1-39	1-1-40	1-1-41	1-1-42	1-1-43
项目				设备重量（t 以内）				
				1	3	5	7	10
名称			单位	消耗量				
材料	050105001	道木（综合）	m^3	—	—	—	0.006	0.006
	140307001	煤油	kg	2.120	3.211	4.092	4.868	7.554
	140303001	机油（综合）	kg	0.152	0.152	0.202	0.202	0.253
	140901003	黄油钙基脂	kg	0.101	0.101	0.152	0.152	0.202
	850103006	其他材料费（占材料费）	%	5.000	5.000	5.000	5.000	5.000
机械	990401035	载重汽车 10t	台班	—	—	0.300	0.500	0.500
	990305020	叉式起重机 5t	台班	0.200	0.500	—	—	—
	990304004	汽车式起重机 8t	台班	—	—	—	0.300	0.500
	990304016	汽车式起重机 16t	台班	—	—	0.500	0.500	—
	990304028	汽车式起重机 30t	台班	—	—	—	—	0.500
	990901010	交流弧焊机 21kV·A	台班	0.100	0.100	0.200	0.200	0.300

工作内容：开箱清点、场内运输、外观检查、设备清洗、吊装、连接、安装就位、调整、固定、单体调试。

计量单位：台

编号				1-1-44	1-1-45	1-1-46	1-1-47
项目				设备重量（t 以内）			
				15	20	25	30
名称			单位	消耗量			
人工	000203000	综合二类工	工日	49.709	53.895	67.885	81.161
材料	031509007	平垫铁（综合）	kg	34.500	44.840	61.660	67.270
	031509010	斜垫铁（综合）	kg	32.050	43.750	58.330	65.620
	012901009	热轧薄钢板 δ1.6～1.9	kg	1.600	1.600	2.500	2.500
	031507018	镀锌铁丝 ϕ2.8～4.0	kg	2.670	4.000	4.500	6.000
	031301009	低碳钢焊条 J427（综合）	kg	0.568	0.682	0.818	0.982
	013501001	黄铜板 δ0.08～0.3	kg	0.600	0.600	1.000	1.000
	050301004	木板（综合）	m^3	0.083	0.121	0.134	0.159
	050105001	道木（综合）	m^3	0.007	0.010	0.021	0.021
	140307001	煤油	kg	9.756	13.008	15.210	18.654
	140303001	机油（综合）	kg	0.303	0.303	0.354	0.505
	140901003	黄油钙基脂	kg	0.253	0.253	0.303	0.404
	850103006	其他材料费（占材料费）	%	5.000	5.000	5.000	5.000
机械	990401035	载重汽车 10t	台班	0.500	0.500	0.500	0.500
	990304004	汽车式起重机 8t	台班	1.000	1.500	1.500	—
	990304016	汽车式起重机 16t	台班	—	—	—	1.500

续前

编号				1-1-44	1-1-45	1-1-46	1-1-47
项目				设备重量（t 以内）			
				15	20	25	30
名称			单位	消耗量			
机械	990304028	汽车式起重机 30t	台班	0.500	—	—	—
	990304040	汽车式起重机 50t	台班	—	0.500	0.500	0.500
	990901010	交流弧焊机 21kV · A	台班	0.300	0.500	0.500	0.800

工作内容：开箱清点、场内运输、外观检查、设备清洗、吊装、连接、安装就位、调整、固定、单体调试。

计量单位：台

编号				1-1-48	1-1-49	1-1-50	1-1-51
项目				设备重量（t 以内）			
				35	40	50	60
名称			单位	消耗量			
人工	000203000	综合二类工	工日	91.908	103.259	117.398	140.181
材料	031509007	平垫铁（综合）	kg	78.480	95.300	106.510	117.720
	031509010	斜垫铁（综合）	kg	72.910	87.490	102.080	109.370
	012901009	热轧薄钢板 δ1.6～1.9	kg	2.500	2.500	2.500	3.000
	031507018	镀锌铁丝 ϕ2.8～4.0	kg	6.000	8.000	8.000	10.000
	031301009	低碳钢焊条 J427（综合）	kg	1.178	1.414	1.697	1.952
	013501001	黄铜板 δ0.08～0.3	kg	1.000	1.000	1.000	1.500
	050301004	木板（综合）	m^3	0.225	0.238	0.278	0.304
	050105001	道木（综合）	m^3	0.025	0.025	0.028	0.275
	140307001	煤油	kg	20.705	23.957	29.421	35.935
	140303001	机油（综合）	kg	0.556	0.606	0.707	0.808
	140901003	黄油钙基脂	kg	0.455	0.505	0.606	0.707
	850103006	其他材料费（占材料费）	%	5.000	5.000	5.000	5.000
机械	990401035	载重汽车 10t	台班	0.500	1.000	1.000	1.000
	990304016	汽车式起重机 16t	台班	1.500	1.500	1.500	2.500
	990304052	汽车式起重机 75t	台班	0.600	0.800	—	—
	990304064	汽车式起重机 100t	台班	—	—	1.000	1.000
	990901010	交流弧焊机 21kV · A	台班	0.800	0.800	1.000	1.000

五、镗　　床

工作内容：开箱清点、场内运输、外观检查、设备清洗、吊装、连接、安装就位、调整、固定、单体调试。

计量单位：台

编号				1-1-52	1-1-53	1-1-54	1-1-55	1-1-56
项目				设备重量（t以内）				
				1	3	5	7	10
名称			单位	消耗量				
人工	000203000	综合二类工	工日	6.650	15.790	23.230	30.794	43.886
材料	031509007	平垫铁（综合）	kg	2.820	5.640	11.640	13.580	24.190
	031509010	斜垫铁（综合）	kg	3.060	6.120	9.880	12.350	22.930
	012901009	热轧薄钢板 δ1.6～1.9	kg	0.203	0.450	0.650	1.000	1.000
	031507018	镀锌铁丝 ϕ2.8～4.0	kg	0.252	0.560	0.560	0.840	2.670
	031301009	低碳钢焊条 J427（综合）	kg	0.095	0.210	0.263	0.329	0.411
	013501001	黄铜板 δ0.08～0.3	kg	0.200	0.250	0.300	0.400	0.400
	050301004	木板（综合）	m^3	0.012	0.026	0.031	0.049	0.075
	050105001	道木（综合）	m^3	—	—	—	0.006	0.007
	140307001	煤油	kg	1.700	3.777	4.614	5.979	12.906
	140303001	机油（综合）	kg	0.091	0.202	0.303	0.303	0.404
	140901003	黄油钙基脂	kg	0.068	0.152	0.202	0.202	0.303
	850103006	其他材料费（占材料费）	%	5.000	5.000	5.000	5.000	5.000
机械	990401035	载重汽车 10t	台班	—	—	0.300	0.500	0.500
	990305020	叉式起重机 5t	台班	0.200	0.500	—	—	—
	990304016	汽车式起重机 16t	台班	—	—	0.500	—	—
	990304028	汽车式起重机 30t	台班	—	—	—	0.500	0.600
	990901010	交流弧焊机 21kV·A	台班	0.100	0.100	0.200	0.200	0.300

工作内容：开箱清点、场内运输、外观检查、设备清洗、吊装、连接、安装就位、调整、固定、单体调试。

计量单位：台

编号				1-1-57	1-1-58	1-1-59	1-1-60	1-1-61
项目				设备重量（t以内）				
				15	20	25	30	35
名称			单位	消耗量				
人工	000203000	综合二类工	工日	63.541	81.038	93.037	107.312	114.420
材料	031509007	平垫铁（综合）	kg	31.050	36.630	39.230	53.160	62.010
	031509010	斜垫铁（综合）	kg	27.510	28.160	36.460	43.430	54.290
	012901009	热轧薄钢板 δ1.6～1.9	kg	1.600	1.600	2.500	2.500	2.500

续前

编号				1-1-57	1-1-58	1-1-59	1-1-60	1-1-61
项目				设备重量（t以内）				
				15	20	25	30	35
名称			单位	消耗量				
材料	031507018	镀锌铁丝 ϕ2.8～4.0	kg	2.670	4.000	4.500	6.000	6.000
	031301009	低碳钢焊条 J427（综合）	kg	0.493	0.592	0.710	0.852	1.022
	013501001	黄铜板 δ0.08～0.3	kg	0.600	0.600	1.000	1.000	1.000
	050301004	木板（综合）	m^3	0.083	0.121	0.134	0.159	0.171
	050105001	道木（综合）	m^3	0.007	0.010	0.021	0.021	0.021
	140307001	煤油	kg	16.158	20.358	23.610	26.760	30.114
	140303001	机油（综合）	kg	0.505	0.505	0.606	0.808	1.010
	140901003	黄油钙基脂	kg	0.404	0.404	0.505	0.505	0.606
	020112007	无石棉橡胶板高压 δ1～6	kg	—	—	0.200	0.200	0.300
	850103006	其他材料费（占材料费）	%	5.000	5.000	5.000	5.000	5.000
机械	990304028	汽车式起重机 30t	台班	0.600	—	—	—	—
	990401035	载重汽车 10t	台班	0.500	0.500	0.500	0.500	0.500
	990304004	汽车式起重机 8t	台班	1.100	1.600	1.600	—	—
	990304016	汽车式起重机 16t	台班	—	—	—	1.600	0.500
	990304040	汽车式起重机 50t	台班	—	0.500	—	—	—
	990304052	汽车式起重机 75t	台班	—	—	0.500	0.500	1.000
	990901010	交流弧焊机 21kV·A	台班	0.300	0.500	0.500	0.500	0.800

工作内容： 开箱清点、场内运输、外观检查、设备清洗、吊装、连接、安装就位、调整、固定、单体调试。

计量单位： 台

编号				1-1-62	1-1-63	1-1-64	1-1-65	1-1-66
项目				设备重量（t以内）				
				40	50	60	70	100
名称			单位	消耗量				
人工	000203000	综合二类工	工日	123.784	151.726	179.030	204.950	282.790
材料	031509007	平垫铁（综合）	kg	72.320	90.400	99.440	108.480	126.560
	031509010	斜垫铁（综合）	kg	66.480	77.560	88.640	99.720	110.800
	012901009	热轧薄钢板 δ1.6～1.9	kg	2.500	2.500	3.000	3.000	3.000
	031507018	镀锌铁丝 ϕ2.8～4.0	kg	8.000	8.000	10.000	10.000	13.000
	031301009	低碳钢焊条 J427（综合）	kg	1.226	1.471	1.692	1.946	2.238
	013501001	黄铜板 δ0.08～0.3	kg	1.000	1.000	1.500	1.500	1.500
	050301004	木板（综合）	m^3	0.215	0.238	0.300	0.330	0.156
	050105001	道木（综合）	m^3	0.021	0.028	0.275	0.275	0.550
	140307001	煤油	kg	35.364	43.020	51.420	60.330	85.530

续前

编　号				1-1-62	1-1-63	1-1-64	1-1-65	1-1-66
项　目				设备重量（t 以内）				
				40	50	60	70	100
		名　称	单位	消　耗　量				
材料	140303001	机油（综合）	kg	1.313	1.515	2.020	2.020	2.525
	140901003	黄油钙基脂	kg	0.606	0.808	0.808	1.010	1.010
	020112007	无石棉橡胶板高压 δ1～6	kg	0.300	0.400	0.400	0.500	0.500
	031307002	铜焊粉	kg	—	—	—	0.056	0.080
	850103006	其他材料费（占材料费）	%	5.000	5.000	5.000	5.000	5.000
机械	990304052	汽车式起重机 75t	台班	1.000	—	—	—	—
	990401035	载重汽车 10t	台班	1.000	1.000	1.000	1.000	1.500
	990304016	汽车式起重机 16t	台班	1.200	1.200	2.000	2.500	3.000
	990304028	汽车式起重机 30t	台班	—	—	—	0.500	3.500
	990304040	汽车式起重机 50t	台班	—	—	—	—	0.500
	990304064	汽车式起重机 100t	台班	—	1.000	1.000	1.000	1.000
	990901010	交流弧焊机 21kV · A	台班	0.800	0.800	1.000	1.000	1.000

工作内容：开箱清点、场内运输、外观检查、设备清洗、吊装、连接、安装就位、调整、固定、单体调试。

计量单位：台

编　号				1-1-67	1-1-68	1-1-69	1-1-70
项　目				设备重量（t 以内）			
				150	200	250	300
		名　称	单位	消　耗　量			
人工	000203000	综合二类工	工日	414.326	542.771	666.796	790.778
材料	031509007	平垫铁（综合）	kg	141.750	159.390	177.180	186.040
	031509010	斜垫铁（综合）	kg	130.300	141.160	152.020	162.880
	012901009	热轧薄钢板 δ1.6～1.9	kg	4.000	4.000	6.000	6.000
	031507018	镀锌铁丝 ϕ2.8～4.0	kg	19.000	19.000	25.000	25.000
	031301009	低碳钢焊条 J427（综合）	kg	2.574	2.960	3.404	3.915
	013501001	黄铜板 δ0.08～0.3	kg	2.000	2.000	3.200	3.200
	050301004	木板（综合）	m^3	0.194	0.219	0.250	0.250
	050105001	道木（综合）	m^3	0.688	0.688	0.688	0.688
	140307001	煤油	kg	128.040	170.040	212.550	223.050
	140303001	机油（综合）	kg	2.525	3.030	3.535	4.040
	140901003	黄油钙基脂	kg	1.515	1.515	2.020	2.020
	020112007	无石棉橡胶板高压 δ1～6	kg	0.600	0.600	0.800	0.800
	031307002	铜焊粉	kg	0.120	0.160	0.200	0.240
	850103006	其他材料费（占材料费）	%	5.000	5.000	5.000	5.000
机械	990401035	载重汽车 10t	台班	1.500	1.500	1.500	1.500
	990304016	汽车式起重机 16t	台班	4.000	5.500	6.500	7.500
	990304028	汽车式起重机 30t	台班	4.500	4.000	4.000	4.000
	990304040	汽车式起重机 50t	台班	1.000	1.500	1.500	1.500
	990304064	汽车式起重机 100t	台班	1.500	1.500	2.000	2.000
	990901010	交流弧焊机 21kV · A	台班	1.500	1.500	2.000	2.000

六、磨　　床

工作内容： 开箱清点、场内运输、外观检查、设备清洗、吊装、连接、安装就位、调整、固定、单体调试。

计量单位： 台

编　号				1-1-71	1-1-72	1-1-73	1-1-74	1-1-75	1-1-76
项　目				设备重量（t 以内）					
				1	3	5	7	10	15
名　称			单位	消 耗 量					
人工	000203000	综合二类工	工日	7.328	15.492	21.073	27.816	39.531	55.141
材料	031509007	平垫铁（综合）	kg	2.820	5.640	13.580	17.460	34.500	41.400
	031509010	斜垫铁（综合）	kg	3.060	6.120	12.350	14.800	32.100	36.690
	012901009	热轧薄钢板 δ1.6～1.9	kg	0.200	0.450	0.650	1.000	1.000	1.600
	031507018	镀锌铁丝 ϕ2.8～4.0	kg	0.560	0.560	0.560	2.670	2.670	2.670
	031301009	低碳钢焊条 J427（综合）	kg	0.210	0.263	0.329	0.411	0.473	0.568
	013501001	黄铜板 δ0.08～0.3	kg	0.100	0.250	0.300	0.400	0.400	0.600
	050301004	木板（综合）	m^3	0.013	0.018	0.031	0.036	0.075	0.083
	050105001	道木（综合）	m^3	—	—	0.006	0.007	0.007	0.007
	140307001	煤油	kg	2.202	3.252	3.828	5.403	10.806	14.160
	140303001	机油（综合）	kg	0.152	0.202	0.202	0.303	0.606	0.808
	140901003	黄油钙基脂	kg	0.101	0.101	0.101	0.202	0.404	0.505
	850103006	其他材料费（占材料费）	%	5.000	5.000	5.000	5.000	5.000	5.000
机械	990401035	载重汽车 10t	台班	—	—	0.300	0.500	0.500	0.500
	990305020	叉式起重机 5t	台班	0.250	0.500	—	—	—	—
	990304004	汽车式起重机 8t	台班	—	—	—	0.300	0.500	0.600
	990304016	汽车式起重机 16t	台班	—	—	0.500	—	—	—
	990304028	汽车式起重机 30t	台班	—	—	—	0.500	0.500	0.800
	990901010	交流弧焊机 21kV·A	台班	0.100	0.100	0.200	0.200	0.300	0.300

工作内容： 开箱清点、场内运输、外观检查、设备清洗、吊装、连接、安装就位、调整、固定、单体调试。

计量单位： 台

编　号				1-1-77	1-1-78	1-1-79	1-1-80	1-1-81
项　目				设备重量（t 以内）				
				20	25	30	35	40
名　称			单位	消 耗 量				
人工	000203000	综合二类工	工日	64.197	74.301	86.693	95.583	107.601
材料	031509007	平垫铁（综合）	kg	78.480	95.300	106.510	112.120	117.720
	031509010	斜垫铁（综合）	kg	72.910	87.490	94.790	102.510	109.370

续前

编号				1-1-77	1-1-78	1-1-79	1-1-80	1-1-81
项目				设备重量（t 以内）				
				20	25	30	35	40
名称			单位	消耗量				
材料	012901009	热轧薄钢板 δ1.6～1.9	kg	1.600	2.500	2.500	2.500	2.500
	031507018	镀锌铁丝 ϕ2.8～4.0	kg	4.000	4.500	6.000	6.000	8.000
	031301009	低碳钢焊条 J427（综合）	kg	0.682	0.818	0.982	1.178	1.414
	013501001	黄铜板 δ0.08～0.3	kg	0.600	1.000	1.000	1.000	1.000
	050301004	木板（综合）	m^3	0.121	0.134	0.159	0.171	0.215
	050105001	道木（综合）	m^3	0.010	0.021	0.021	0.021	0.021
	140307001	煤油	kg	17.514	22.020	24.426	27.576	33.030
	140303001	机油（综合）	kg	1.010	1.212	1.515	2.020	2.525
	140901003	黄油钙基脂	kg	0.505	0.707	0.707	0.909	1.212
	850103006	其他材料费（占材料费）	%	5.000	5.000	5.000	5.000	5.000
机械	990401035	载重汽车 10t	台班	0.500	0.500	0.500	0.500	1.000
	990304004	汽车式起重机 8t	台班	1.200	1.000	—	—	—
	990304016	汽车式起重机 16t	台班	—	—	1.500	3.000	3.000
	990304028	汽车式起重机 30t	台班	1.000	—	—	—	—
	990304040	汽车式起重机 50t	台班	—	1.000	1.000	1.000	—
	990304052	汽车式起重机 75t	台班	—	—	—	—	1.000
	990901010	交流弧焊机 21kV·A	台班	0.500	0.500	0.500	0.800	0.800

工作内容：开箱清点、场内运输、外观检查、设备清洗、吊装、连接、安装就位、调整、固定、单体调试。

计量单位：台

编号				1-1-82	1-1-83	1-1-84	1-1-85	1-1-86
项目				设备重量（t 以内）				
				50	60	70	100	150
名称			单位	消耗量				
人工	000203000	综合二类工	工日	131.850	155.524	169.353	239.621	354.101
材料	031509007	平垫铁（综合）	kg	123.320	134.530	140.140	156.960	173.770
	031509010	斜垫铁（综合）	kg	116.660	123.950	131.240	145.820	160.410
	012901009	热轧薄钢板 δ1.6～1.9	kg	2.500	3.000	3.000	3.000	4.000
	031307002	铜焊粉	kg	—	—	0.056	0.080	0.120
	031507018	镀锌铁丝 ϕ2.8～4.0	kg	8.000	10.000	10.000	13.000	19.000
	031301009	低碳钢焊条 J427（综合）	kg	1.697	1.952	2.245	2.582	2.969
	013501001	黄铜板 δ0.08～0.3	kg	1.000	1.500	1.500	1.500	2.000
	050301004	木板（综合）	m^3	0.210	0.220	0.230	0.240	0.260
	050105001	道木（综合）	m^3	0.025	0.275	0.275	0.550	0.688

续前

编号				1-1-82	1-1-83	1-1-84	1-1-85	1-1-86
项目				设备重量（t 以内）				
				50	60	70	100	150
名称			单位	消耗量				
材料	140307001	煤油	kg	39.330	52.400	61.350	86.856	129.570
	140303001	机油（综合）	kg	3.030	3.535	4.040	4.848	5.858
	140901003	黄油钙基脂	kg	1.212	1.515	2.020	2.525	3.535
	850103006	其他材料费（占材料费）	%	5.000	5.000	5.000	5.000	5.000
机械	990401035	载重汽车 10t	台班	1.000	1.000	1.000	1.500	1.500
	990304016	汽车式起重机 16t	台班	1.000	1.500	2.000	1.000	2.000
	990304028	汽车式起重机 30t	台班	1.500	2.000	2.500	3.000	4.000
	990304040	汽车式起重机 50t	台班	—	—	—	2.000	2.500
	990304064	汽车式起重机 100t	台班	1.000	1.000	1.000	1.000	1.500
	990901010	交流弧焊机 21kV·A	台班	0.800	1.000	1.000	1.000	1.500

七、铣床及齿轮、螺纹加工机床

工作内容：开箱清点、场内运输、外观检查、设备清洗、吊装、连接、安装就位、调整、固定、单体调试。

计量单位：台

编号				1-1-87	1-1-88	1-1-89	1-1-90	1-1-91
项目				设备重量（t 以内）				
				1	3	5	7	10
名称			单位	消耗量				
人工	000203000	综合二类工	工日	6.474	14.525	19.198	26.429	37.104
材料	031509007	平垫铁（综合）	kg	2.820	3.760	5.640	11.640	20.700
	031509010	斜垫铁（综合）	kg	3.060	4.590	6.120	9.880	18.330
	012901009	热轧薄钢板 δ1.6～1.9	kg	0.200	0.450	0.650	1.000	1.000
	031507018	镀锌铁丝 ϕ2.8～4.0	kg	0.560	0.560	0.560	0.840	2.670
	031301009	低碳钢焊条 J427（综合）	kg	0.210	0.263	0.329	0.411	0.473
	013501001	黄铜板 δ0.08～0.3	kg	0.100	0.250	0.300	0.400	0.400
	050301004	木板（综合）	m^3	0.013	0.026	0.031	0.049	0.075
	050105001	道木（综合）	m^3	—	—	—	0.006	0.007
	140307001	煤油	kg	2.727	3.252	4.353	5.454	16.056
	140303001	机油（综合）	kg	0.202	0.202	0.303	0.404	0.505
	140901003	黄油钙基脂	kg	0.101	0.101	0.152	0.202	0.303
	850103006	其他材料费（占材料费）	%	5.000	5.000	5.000	5.000	5.000

续前

编　号				1-1-87	1-1-88	1-1-89	1-1-90	1-1-91
项　目				设备重量（t 以内）				
				1	3	5	7	10
		名　称	单位	消　耗　量				
机械	990401035	载重汽车 10t	台班	—	—	0.300	0.500	0.500
	990305020	叉式起重机 5t	台班	0.200	0.500	—	—	—
	990304016	汽车式起重机 16t	台班	—	—	0.700	0.900	—
	990304028	汽车式起重机 30t	台班	—	—	—	—	1.000
	990901010	交流弧焊机 21kV · A	台班	0.100	0.100	0.200	0.200	0.300

工作内容： 开箱清点、场内运输、外观检查、设备清洗、吊装、连接、安装就位、调整、固定、单体调试。

计量单位： 台

编　号				1-1-92	1-1-93	1-1-94	1-1-95	1-1-96
项　目				设备重量（t 以内）				
				15	20	25	30	35
		名　称	单位	消　耗　量				
人工	000203000	综合二类工	工日	51.911	60.995	69.852	81.311	92.635
材料	031509007	平垫铁（综合）	kg	37.950	61.660	67.270	78.480	84.080
	031509010	斜垫铁（综合）	kg	36.690	58.330	65.630	72.910	80.200
	012901009	热轧薄钢板 δ1.6～1.9	kg	1.600	1.600	2.500	2.500	2.500
	031507018	镀锌铁丝 ϕ2.8～4.0	kg	2.670	4.000	4.500	6.000	6.000
	031301009	低碳钢焊条 J427（综合）	kg	0.568	0.682	0.818	0.982	1.178
	013501001	黄铜板 δ0.08～0.3	kg	0.600	0.600	1.000	1.000	1.000
	050301004	木板（综合）	m^3	0.083	0.128	0.140	0.153	0.206
	050105001	道木（综合）	m^3	0.007	0.010	0.021	0.021	0.021
	140307001	煤油	kg	19.410	22.764	26.220	30.420	36.924
	140303001	机油（综合）	kg	0.707	1.010	1.313	1.515	1.818
	140901003	黄油钙基脂	kg	0.404	0.606	0.808	0.808	1.010
	020112007	无石棉橡胶板高压 δ1～6	kg	—	—	0.200	0.300	0.400
	850103006	其他材料费（占材料费）	%	5.000	5.000	5.000	5.000	5.000
机械	990401035	载重汽车 10t	台班	0.500	0.500	0.500	0.500	0.500
	990304016	汽车式起重机 16t	台班	1.000	1.000	2.000	2.000	2.000
	990304028	汽车式起重机 30t	台班	0.800	—	—	—	—
	990304040	汽车式起重机 50t	台班	—	0.500	—	1.000	—
	990304052	汽车式起重机 75t	台班	—	—	0.500	—	1.000
	990901010	交流弧焊机 21kV · A	台班	0.300	0.500	0.500	0.500	0.800

工作内容：开箱清点、场内运输、外观检查、设备清洗、吊装、连接、安装就位、调整、固定、单体调试。

计量单位：台

编号				1-1-97	1-1-98	1-1-99	1-1-100	1-1-101
项目				设备重量（t以内）				
				50	70	100	150	200
名称			单位	消耗量				
人工	000203000	综合二类工	工日	127.739	174.939	232.666	348.724	449.338
材料	031509007	平垫铁（综合）	kg	91.520	102.960	114.400	125.840	143.000
	031509010	斜垫铁（综合）	kg	89.280	96.720	104.160	119.040	133.920
	012901009	热轧薄钢板 $\delta1.6\sim1.9$	kg	2.500	3.000	3.000	4.000	4.000
	031507018	镀锌铁丝 $\phi2.8\sim4.0$	kg	8.000	10.000	13.000	16.000	19.000
	031301009	低碳钢焊条 J427（综合）	kg	1.697	2.245	2.582	2.969	3.414
	013501001	黄铜板 $\delta0.08\sim0.3$	kg	1.000	1.500	1.500	2.000	2.000
	050301004	木板（综合）	m^3	0.253	0.150	0.156	0.188	0.219
	050105001	道木（综合）	m^3	0.025	0.275	0.550	0.688	0.688
	140307001	煤油	kg	48.780	60.840	76.050	108.060	129.570
	140303001	机油（综合）	kg	2.626	3.535	4.545	5.050	5.555
	140901003	黄油钙基脂	kg	1.212	1.515	1.717	2.525	3.030
	031307002	铜焊粉	kg	—	0.056	0.080	0.120	0.160
	020112007	无石棉橡胶板高压 $\delta1\sim6$	kg	0.400	0.500	0.800	1.000	1.200
	850103006	其他材料费（占材料费）	%	5.000	5.000	5.000	5.000	5.000
机械	990401035	载重汽车 10t	台班	1.000	1.000	1.500	1.500	1.500
	990304016	汽车式起重机 16t	台班	2.000	2.000	2.000	3.000	3.000
	990304028	汽车式起重机 30t	台班	—	1.500	3.000	3.000	5.000
	990304040	汽车式起重机 50t	台班	—	—	0.500	1.000	1.500
	990304064	汽车式起重机 100t	台班	1.000	1.000	1.000	1.500	1.500
	990901010	交流弧焊机 21kV·A	台班	0.800	1.000	1.000	1.500	1.500

工作内容：开箱清点、场内运输、外观检查、设备清洗、吊装、连接、安装就位、调整、固定、单体调试。

计量单位：台

编号				1-1-102	1-1-103	1-1-104	1-1-105
项目				设备重量（t以内）			
				250	300	400	500
名称			单位	消耗量			
人工	000203000	综合二类工	工日	539.767	631.784	810.076	1013.574
材料	031509007	平垫铁（综合）	kg	154.440	160.160	165.880	171.600
	031509010	斜垫铁（综合）	kg	133.920	141.360	148.800	156.240
	012901009	热轧薄钢板 $\delta1.6\sim1.9$	kg	6.000	6.000	6.000	8.000
	031507018	镀锌铁丝 $\phi2.8\sim4.0$	kg	25.000	25.000	35.000	35.000

续前

编　号				1-1-102	1-1-103	1-1-104	1-1-105
项　目				设备重量（t 以内）			
				250	300	400	500
		名　称	单位	消　耗　量			
材料	031301009	低碳钢焊条 J427（综合）	kg	3.925	4.515	5.971	7.897
	013501001	黄铜板 δ0.08～0.3	kg	3.200	3.200	3.200	4.000
	050301004	木板（综合）	m^3	0.250	0.250	0.338	0.363
	050105001	道木（综合）	m^3	0.688	0.688	0.825	0.963
	140307001	煤油	kg	161.070	193.080	235.590	278.100
	140303001	机油（综合）	kg	6.060	6.060	6.565	7.070
	140901003	黄油钙基脂	kg	3.030	3.535	4.040	4.545
	031307002	铜焊粉	kg	0.200	0.240	0.320	0.400
	020112007	无石棉橡胶板高压 δ1～6	kg	1.200	1.400	1.600	1.800
	850103006	其他材料费（占材料费）	%	5.000	5.000	5.000	5.000
机械	990401035	载重汽车 10t	台班	1.500	1.500	2.000	2.500
	990304016	汽车式起重机 16t	台班	3.000	4.000	4.000	4.000
	990304028	汽车式起重机 30t	台班	5.000	6.000	9.000	11.000
	990304040	汽车式起重机 50t	台班	2.000	2.000	2.500	2.500
	990304064	汽车式起重机 100t	台班	1.500	2.000	2.000	2.500
	990901010	交流弧焊机 21kV · A	台班	2.000	2.000	2.500	2.500

八、刨床、插床、拉床

工作内容：开箱清点、场内运输、外观检查、设备清洗、吊装、连接、安装就位、调整、固定、单体调试。

计量单位：台

编　号				1-1-106	1-1-107	1-1-108	1-1-109	1-1-110	1-1-111
项　目				设备重量（t 以内）					
				1	3	5	7	10	15
		名　称	单位	消　耗　量					
人工	000203000	综合二类工	工日	5.391	13.142	19.848	25.216	35.912	52.479
材料	031509007	平垫铁（综合）	kg	2.820	5.820	7.760	11.640	17.460	23.850
	031509010	斜垫铁（综合）	kg	3.060	4.940	7.410	9.880	14.820	22.930
	012901009	热轧薄钢板 δ1.6～1.9	kg	0.200	0.450	0.650	1.000	1.000	1.600
	031507018	镀锌铁丝 ϕ2.8～4.0	kg	0.560	0.560	0.560	0.840	2.640	4.000
	031301009	低碳钢焊条 J427（综合）	kg	0.210	0.263	0.329	0.411	0.473	0.568
	013501001	黄铜板 δ0.08～0.3	kg	0.100	0.250	0.300	0.400	0.400	0.600

续前

		编号		1-1-106	1-1-107	1-1-108	1-1-109	1-1-110	1-1-111
		项目		设备重量（t 以内）					
				1	3	5	7	10	15
		名称	单位	消耗量					
材料	050301004	木板（综合）	m^3	0.013	0.018	0.031	0.036	0.056	0.095
	050105001	道木（综合）	m^3	—	—	—	0.004	0.007	0.007
	140307001	煤油	kg	2.253	2.829	3.405	11.856	13.110	19.920
	140303001	机油（综合）	kg	0.152	0.152	0.202	0.505	0.808	1.010
	140901003	黄油钙基脂	kg	0.101	0.152	0.152	0.202	0.404	0.404
	850103006	其他材料费（占材料费）	%	5.000	5.000	5.000	5.000	5.000	5.000
机械	990401035	载重汽车 10t	台班	—	—	0.300	0.500	0.500	0.500
	990305020	叉式起重机 5t	台班	0.200	0.500	—	—	—	—
	990304004	汽车式起重机 8t	台班	—	—	—	0.500	0.500	—
	990304016	汽车式起重机 16t	台班	—	—	—	—	—	0.500
	990304028	汽车式起重机 30t	台班	—	—	0.500	0.500	0.600	0.750
	990901010	交流弧焊机 21kV · A	台班	0.100	0.100	0.200	0.200	0.300	0.300

工作内容：开箱清点、场内运输、外观检查、设备清洗、吊装、连接、安装就位、调整、固定、单体调试。

计量单位：台

		编号		1-1-112	1-1-113	1-1-114	1-1-115	1-1-116	1-1-117
		项目		设备重量（t 以内）					
				20	25	35	50	70	100
		名称	单位	消耗量					
人工	000203000	综合二类工	工日	62.060	71.415	91.797	125.564	170.939	239.379
材料	031509007	平垫铁（综合）	kg	33.630	39.240	50.450	57.200	62.920	74.360
	031509010	斜垫铁（综合）	kg	29.160	36.460	43.750	52.080	59.520	66.960
	012901009	热轧薄钢板 δ1.6～1.9	kg	1.600	2.500	2.500	2.500	3.000	3.000
	031307002	铜焊粉	kg	—	—	—	—	0.056	0.080
	031507018	镀锌铁丝 ϕ2.8～4.0	kg	4.000	4.500	6.000	8.000	10.000	13.000
	031301009	低碳钢焊条 J427（综合）	kg	0.682	0.818	1.178	1.697	2.245	2.582
	013501001	黄铜板 δ0.08～0.3	kg	0.600	1.000	1.000	1.000	1.500	1.500
	050301004	木板（综合）	m^3	0.109	0.140	0.203	0.253	0.154	0.160
	050105001	道木（综合）	m^3	0.010	0.014	0.014	0.028	0.275	0.550
	140307001	煤油	kg	22.020	27.474	38.586	49.596	60.810	77.070
	140303001	机油（综合）	kg	1.515	1.818	2.222	2.828	3.535	4.545
	140901003	黄油钙基脂	kg	0.505	0.606	0.808	1.212	1.515	1.818
	020112007	无石棉橡胶板高压 δ1～6	kg	—	0.150	0.200	0.300	0.300	0.400
	850103006	其他材料费（占材料费）	%	5.000	5.000	5.000	5.000	5.000	5.000

续前

编号				1-1-112	1-1-113	1-1-114	1-1-115	1-1-116	1-1-117
项目				设备重量（t 以内）					
				20	25	35	50	70	100
名称			单位	消耗量					
机械	990401035	载重汽车 10t	台班	0.500	0.500	1.000	1.000	1.500	1.500
	990304004	汽车式起重机 8t	台班	1.500	1.500	—	—	—	—
	990304016	汽车式起重机 16t	台班	—	0.500	1.000	2.000	3.000	4.000
	990304028	汽车式起重机 30t	台班	—	—	—	—	1.500	2.500
	990304040	汽车式起重机 50t	台班	0.500	—	—	—	—	—
	990304052	汽车式起重机 75t	台班	—	0.500	1.000	—	—	—
	990304064	汽车式起重机 100t	台班	—	—	—	1.000	1.000	1.500
	990901010	交流弧焊机 21kV·A	台班	0.500	0.500	0.500	0.800	1.000	1.000

工作内容： 开箱清点、场内运输、外观检查、设备清洗、吊装、连接、安装就位、调整、固定、单体调试。

计量单位： 台

编号				1-1-118	1-1-119	1-1-120	1-1-121	1-1-122	1-1-123
项目				设备重量（t 以内）					
				150	200	250	300	350	400
名称			单位	消耗量					
人工	000203000	综合二类工	工日	356.151	455.866	549.799	644.976	721.556	818.598
材料	031509007	平垫铁（综合）	kg	80.080	120.120	125.840	143.000	160.160	177.320
	031509010	斜垫铁（综合）	kg	74.400	111.600	119.040	133.920	148.800	163.680
	012901009	热轧薄钢板 δ1.6～1.9	kg	4.000	4.000	4.200	4.400	4.840	5.324
	031307002	铜焊粉	kg	0.120	0.160	0.168	0.176	0.194	0.213
	031507018	镀锌铁丝 ϕ2.8～4.0	kg	16.000	19.000	19.950	20.900	22.990	25.289
	031301009	低碳钢焊条 J427（综合）	kg	2.969	3.414	3.926	4.515	5.192	5.971
	013501001	黄铜板 δ0.08～0.3	kg	2.000	2.000	2.100	2.200	2.420	2.662
	050301004	木板（综合）	m^3	0.204	0.223	0.235	0.245	0.270	0.297
	050105001	道木（综合）	m^3	0.688	0.688	0.723	0.757	0.832	0.916
	140307001	煤油	kg	110.100	132.120	138.730	145.332	159.865	175.852
	140303001	机油（综合）	kg	7.070	8.080	8.485	8.888	9.777	10.754
	140901003	黄油钙基脂	kg	2.424	3.030	3.182	3.333	3.666	4.033
	020112007	无石棉橡胶板高压 δ1～6	kg	0.500	0.650	0.683	0.715	0.787	0.865
	850103006	其他材料费（占材料费）	%	5.000	5.000	5.000	5.000	5.000	5.000
机械	990401035	载重汽车 10t	台班	1.500	1.500	2.000	2.000	2.500	2.500
	990304016	汽车式起重机 16t	台班	4.000	6.000	7.000	9.000	11.500	13.000
	990304028	汽车式起重机 30t	台班	2.500	2.500	3.000	3.500	3.500	4.000
	990304040	汽车式起重机 50t	台班	1.000	1.500	1.500	2.000	2.000	2.000
	990304064	汽车式起重机 100t	台班	2.000	2.000	2.500	2.500	2.500	2.500
	990901010	交流弧焊机 21kV·A	台班	1.500	1.500	2.000	2.000	2.000	2.500

九、超声波加工及电加工机床

工作内容： 开箱清点、场内运输、外观检查、设备清洗、吊装、连接、安装就位、调整、固定、单体调试。

计量单位： 台

编号				1-1-124	1-1-125	1-1-126	1-1-127	1-1-128
项目				设备重量（t以内）				
				0.5	1	3	5	8
名称			单位	消耗量				
人工	000203000	综合二类工	工日	2.098	3.865	10.591	15.329	22.254
材料	031509007	平垫铁（综合）	kg	1.524	2.820	5.640	7.530	13.580
	031509010	斜垫铁（综合）	kg	2.358	3.060	6.120	7.640	12.350
	012901009	热轧薄钢板 δ1.6～1.9	kg	0.150	0.200	0.450	0.650	1.000
	031507018	镀锌铁丝 ϕ2.8～4.0	kg	0.420	0.560	0.560	0.840	0.840
	031301009	低碳钢焊条 J427（综合）	kg	0.158	0.210	0.263	0.329	0.420
	013501001	黄铜板 δ0.08～0.3	kg	0.075	0.100	0.250	0.300	0.400
	050301004	木板（综合）	m^3	0.007	0.009	0.015	0.031	0.036
	140307001	煤油	kg	1.334	1.779	2.829	3.981	5.235
	140303001	机油（综合）	kg	0.076	0.101	0.152	0.202	0.303
	140901003	黄油钙基脂	kg	0.076	0.101	0.152	0.202	0.202
	850103006	其他材料费（占材料费）	%	5.000	5.000	5.000	5.000	5.000
机械	990401035	载重汽车 10t	台班	—	—	—	0.300	0.500
	990305020	叉式起重机 5t	台班	0.100	0.200	0.500	—	—
	990304004	汽车式起重机 8t	台班	—	—	—	—	0.350
	990304016	汽车式起重机 16t	台班	—	—	—	0.500	—
	990304028	汽车式起重机 30t	台班	—	—	—	—	0.500
	990901010	交流弧焊机 21kV·A	台班	0.100	0.100	0.200	0.200	0.300

十、其他机床及金属材料试验机械

工作内容：开箱清点、场内运输、外观检查、设备清洗、吊装、连接、安装就位、调整、固定、单体调试。

计量单位：台

编号				1-1-129	1-1-130	1-1-131	1-1-132	1-1-133
项目				设备重量（t以内）				
				1	3	5	7	9
		名称	单位	消耗量				
人工	000203000	综合二类工	工日	6.409	11.781	15.538	21.820	27.154
材料	031509007	平垫铁（综合）	kg	2.820	5.640	7.760	11.640	13.580
	031509010	斜垫铁（综合）	kg	3.060	6.120	7.410	9.880	12.350
	012901009	热轧薄钢板 δ1.6～1.9	kg	0.200	0.450	0.650	1.000	1.000
	031507018	镀锌铁丝 ϕ2.8～4.0	kg	0.560	0.560	0.840	0.840	1.120
	031301009	低碳钢焊条 J427（综合）	kg	0.210	0.263	0.329	0.411	0.426
	013501001	黄铜板 δ0.08～0.3	kg	0.100	0.250	0.300	0.400	0.400
	050301004	木板（综合）	m^3	0.013	0.018	0.031	0.049	0.054
	140307001	煤油	kg	2.120	3.001	3.252	4.343	5.434
	140303001	机油（综合）	kg	0.152	0.152	0.202	0.202	0.303
	140901003	黄油钙基脂	kg	0.101	0.101	0.202	0.202	0.303
	850103006	其他材料费（占材料费）	%	5.000	5.000	5.000	5.000	5.000
机械	990401035	载重汽车 10t	台班	—	—	0.300	0.500	0.800
	990305020	叉式起重机 5t	台班	0.200	0.500	—	—	—
	990304004	汽车式起重机 8t	台班	—	—	—	—	0.500
	990304016	汽车式起重机 16t	台班	—	—	0.500	0.500	0.500
	990901010	交流弧焊机 21kV·A	台班	0.100	0.100	0.200	0.200	0.300

工作内容：开箱清点、场内运输、外观检查、设备清洗、吊装、连接、安装就位、调整、固定、单体调试。

计量单位：台

编号				1-1-134	1-1-135	1-1-136	1-1-137
项目				设备重量（t以内）			
				12	15	20	25
		名称	单位	消耗量			
人工	000203000	综合二类工	工日	35.899	44.505	53.814	66.709
材料	031509007	平垫铁（综合）	kg	20.700	31.050	34.500	62.920
	031509010	斜垫铁（综合）	kg	18.350	27.520	32.100	59.520
	012901009	热轧薄钢板 δ1.6～1.9	kg	1.600	1.600	1.600	2.500
	031507018	镀锌铁丝 ϕ2.8～4.0	kg	1.800	2.400	4.000	4.500

续前

编号				1-1-134	1-1-135	1-1-136	1-1-137
项目				设备重量（t 以内）			
				12	15	20	25
名称			单位	消耗量			
材料	031301009	低碳钢焊条 J427（综合）	kg	0.454	0.568	0.682	0.818
	013501001	黄铜板 δ0.08～0.3	kg	0.600	0.600	0.600	1.000
	050301004	木板（综合）	m^3	0.086	0.094	0.121	0.134
	050105001	道木（综合）	m^3	0.004	0.007	0.010	0.021
	140307001	煤油	kg	7.070	8.706	13.008	15.210
	140303001	机油（综合）	kg	0.303	0.404	0.404	0.505
	140901003	黄油钙基脂	kg	0.303	0.404	0.505	0.606
	850103006	其他材料费（占材料费）	%	5.000	5.000	5.000	5.000
机械	990401035	载重汽车 10t	台班	0.500	0.500	0.500	0.500
	990304004	汽车式起重机 8t	台班	1.000	1.200	2.000	2.000
	990304040	汽车式起重机 50t	台班	—	—	0.500	—
	990304052	汽车式起重机 75t	台班	—	—	—	0.500
	990304028	汽车式起重机 30t	台班	0.500	0.500	—	—
	990901010	交流弧焊机 21kV·A	台班	0.300	0.300	0.500	0.500

工作内容： 开箱清点、场内运输、外观检查、设备清洗、吊装、连接、安装就位、调整、固定、单体调试。

计量单位： 台

编号				1-1-138	1-1-139	1-1-140	1-1-141
项目				设备重量（t 以内）			
				30	35	40	45
名称			单位	消耗量			
人工	000203000	综合二类工	工日	79.553	91.598	104.261	116.155
材料	031509007	平垫铁（综合）	kg	72.200	80.880	86.660	98.210
	031509010	斜垫铁（综合）	kg	67.630	75.140	82.660	90.170
	012901009	热轧薄钢板 δ1.6～1.9	kg	2.500	2.500	2.500	2.500
	031507018	镀锌铁丝 ϕ2.8～4.0	kg	6.000	6.000	8.000	8.000
	031301009	低碳钢焊条 J427（综合）	kg	0.982	1.178	1.414	1.527
	013501001	黄铜板 δ0.08～0.3	kg	1.000	1.000	1.000	1.000
	050301004	木板（综合）	m^3	0.159	0.225	0.238	0.278
	050105001	道木（综合）	m^3	0.021	0.025	0.025	0.028
	140307001	煤油	kg	18.564	20.705	23.957	27.270
	140303001	机油（综合）	kg	0.505	0.606	0.707	0.808
	140901003	黄油钙基脂	kg	0.707	0.808	0.909	1.010
	850103006	其他材料费（占材料费）	%	5.000	5.000	5.000	5.000
机械	990401035	载重汽车 10t	台班	0.500	1.000	1.000	1.000
	990304016	汽车式起重机 16t	台班	0.500	1.000	1.500	2.000
	990304052	汽车式起重机 75t	台班	1.000	1.000	1.000	1.000
	990901010	交流弧焊机 21kV·A	台班	0.500	0.800	0.800	0.800

十一、木 工 机 械

工作内容： 开箱清点、场内运输、外观检查、设备清洗、吊装、连接、安装就位、调整、固定、单体调试。

计量单位： 台

编号				1-1-142	1-1-143	1-1-144	1-1-145	1-1-146	1-1-147
项目				设备重量（t 以内）					
				0.5	1	3	5	7	10
		名称	单位	消耗量					
人工	000203000	综合二类工	工日	2.439	4.760	14.031	18.129	25.190	35.224
材料	031509007	平垫铁（综合）	kg	1.580	2.032	7.760	11.640	13.580	17.460
	031509010	斜垫铁（综合）	kg	2.100	3.144	7.410	9.880	12.350	14.820
	012901009	热轧薄钢板 δ1.6～1.9	kg	0.150	0.200	0.450	0.650	1.000	1.000
	031507018	镀锌铁丝 ϕ2.8～4.0	kg	0.420	0.560	0.560	0.840	0.840	1.800
	031301009	低碳钢焊条 J427（综合）	kg	0.158	0.210	0.263	0.329	0.411	0.473
	013501001	黄铜板 δ0.08～0.3	kg	0.075	0.100	0.250	0.300	0.400	0.400
	050301004	木板（综合）	m^3	0.010	0.013	0.018	0.031	0.036	0.069
	050105001	道木（综合）	m^3	—	—	—	—	—	0.007
	140307001	煤油	kg	2.046	2.727	5.403	7.554	9.756	11.856
	140303001	机油（综合）	kg	0.114	0.152	0.202	0.253	0.303	0.404
	140901003	黄油钙基脂	kg	0.114	0.152	0.202	0.253	0.303	0.404
	850103006	其他材料费（占材料费）	%	5.000	5.000	5.000	5.000	5.000	5.000
机械	990401035	载重汽车 10t	台班	—	—	—	0.300	0.500	0.500
	990305020	叉式起重机 5t	台班	0.100	0.250	0.500	—	—	—
	990304016	汽车式起重机 16t	台班	—	—	—	0.600	0.800	1.000
	990901010	交流弧焊机 21kV·A	台班	0.100	0.100	0.100	0.200	0.200	0.300

十二、跑车带锯机

工作内容： 开箱清点、场内运输、外观检查、设备清洗、吊装、连接、安装就位、调整、固定、单体调试。

计量单位： 台

编号				1-1-148	1-1-149	1-1-150	1-1-151	1-1-152	1-1-153
项目				设备重量（t 以内）					
				3	5	7	10	15	20
		名称	单位	消耗量					
人工	000203000	综合二类工	工日	21.403	32.073	42.455	57.963	84.967	110.458
材料	031509007	平垫铁（综合）	kg	5.640	11.640	26.110	37.320	57.120	76.160
	031509010	斜垫铁（综合）	kg	6.120	9.880	22.810	32.590	53.820	71.760
	012901009	热轧薄钢板 δ1.6～1.9	kg	0.450	0.650	1.000	1.000	1.600	2.080
	031507018	镀锌铁丝 ϕ2.8～4.0	kg	0.560	0.840	2.670	3.000	4.000	5.200

续前

编号				1-1-148	1-1-149	1-1-150	1-1-151	1-1-152	1-1-153
项目				设备重量（t 以内）					
				3	5	7	10	15	20
名称			单位	消耗量					
材料	031301009	低碳钢焊条 J427（综合）	kg	0.263	0.329	0.411	0.473	0.568	0.682
	013501001	黄铜板 δ0.08～0.3	kg	0.250	0.300	0.400	0.400	0.600	0.780
	050301004	木板（综合）	m^3	0.026	0.031	0.051	0.069	0.094	0.122
	050105001	道木（综合）	m^3	—	—	—	0.007	0.010	0.013
	140307001	煤油	kg	4.404	6.504	8.910	11.010	13.314	17.308
	140303001	机油（综合）	kg	0.202	0.202	0.303	0.303	0.505	0.657
	140901003	黄油钙基脂	kg	0.152	0.202	0.303	0.303	0.505	0.657
	850103006	其他材料费（占材料费）	%	5.000	5.000	5.000	5.000	5.000	5.000
机械	990401035	载重汽车 10t	台班	—	0.300	0.500	0.500	0.500	0.500
	990305020	叉式起重机 5t	台班	0.500	—	—	—	—	—
	990304016	汽车式起重机 16t	台班	—	0.500	—	—	0.500	0.500
	990304028	汽车式起重机 30t	台班	—	—	0.500	0.600	0.800	—
	990304040	汽车式起重机 50t	台班	—	—	—	—	—	0.500
	990901010	交流弧焊机 21kV·A	台班	0.100	0.200	0.200	0.300	0.300	0.500

十三、其他木工机械

工作内容：开箱清点、场内运输、外观检查、设备清洗、吊装、连接、安装就位、调整、固定、单体调试。

计量单位：台

编号				1-1-154	1-1-155	1-1-156
项目				气动拨料器	气动踢木器	
				0.1t 以内	单面卸木	双面卸木
名称			单位	消耗量		
人工	000203000	综合二类工	工日	5.563	9.369	11.916
材料	050301004	木板（综合）	m^3	0.001	0.007	0.007
	140307001	煤油	kg	1.000	1.500	0.800
	140303001	机油（综合）	kg	0.100	0.150	0.150
	140901003	黄油钙基脂	kg	0.100	0.150	0.150
	370915002	钢板垫板	kg	—	7.000	7.000
	031507018	镀锌铁丝 ϕ2.8～4.0	kg	—	0.560	0.560
	850103006	其他材料费（占材料费）	%	5.000	5.000	5.000
机械	990305020	叉式起重机 5t	台班	0.200	0.200	0.200

十四、带锯机保护罩制作与安装

工作内容：施工准备、放样、下料、切割、组对、安装。　　计量单位：个

编号				1-1-157	1-1-158
项目				规格	
				铁架圆形 42 英寸	铁架圆形 48 英寸
名称			单位	消耗量	
人工	000203000	综合二类工	工日	4.969	5.960
材料	012101008	角钢 60	kg	90.000	100.000
	011301001	扁钢 59 以内	kg	33.500	36.000
	030103051	木螺钉 $d6 \times 100$ 以下	10 个	18.000	21.000
	030309003	合页 75 以内	个	4.000	4.000
	031301009	低碳钢焊条 J427（综合）	kg	1.350	1.620
	050301004	木板（综合）	m^3	0.167	0.190
	850103006	其他材料费（占材料费）	%	5.000	5.000
机械	990727010	立式钻床 25mm	台班	1.300	1.560
	990901010	交流弧焊机 21kV·A	台班	0.300	0.400

第二章

锻压设备安装

说　明

一、本章内容包括机械压力机、液压机、自动锻压机及锻压操作机、空气锤、模锻锤、自由锻锤及蒸汽锤、锻造水压机、剪切机及弯曲校正机等安装。

1. 机械压力机：包括固定台压力机、可倾压力机、传动开式压力机、闭式单（双）点压力机、闭式侧滑块压力机、单动（双动）机械压力机、切边压力机、切边机、拉伸压力机、摩擦压力机、精压机、模锻曲轴压力机、热模锻压力机、金属挤压机、冷挤压机、冲模回转头压力机、数控冲模回转压力机。

2. 液压机：包括薄板液压机、万能液压机、上移式液压机、校正压装液压机、校直液压机、手动液压机、粉末制品液压机、塑料制品液压机、金属打包液压机、粉末热压机、轮轴压装液压机、轮轴压装机、单臂油压机、电缆包覆液压机、油压机、电极挤压机、油压装配机、热切边液压机、拉伸矫正机、冷拔管机、金属挤压机。

3. 自动锻压机及锻压操作机：包括自动冷（热）镦机、自动切边机、自动搓丝机、滚丝机、滚圆机、自动冷成型机、自动卷簧机、多工位自动压力机、自动制钉机、平锻机、辊锻机、锻管机、扩孔机、锻轴机、镦轴机、镦机及镦机组、辗轧机、多工位自动锻造机、锻造操作机、无轨操作机。

4. 模锻锤：包括模锻锤、蒸汽、空气两用模锻锤、无砧模锻锤、液压模锻锤。

5. 自由锻锤及蒸汽锤：包括蒸汽空气两用自由锻锤、单臂自由锻锤、气动薄板落锤。

6. 剪切机和弯曲校正机：包括剪板机、剪切机、联合冲剪机、剪断机、切割机、拉剪机、热锯机、热剪机、滚板机、弯板机、弯曲机、弯管机、校直机、校正机、校平机、校正弯曲压力机、切断机、折边机、滚坡纹机、折弯压力机、扩口机、卷圆机、滚圆机、滚形机、整形机、扭拧机、轮缘焊渣切割机。

二、本章包括以下工作内容：

1. 机械压力机、液压机、水压机的拉紧螺栓及立柱的热装。

2. 液压机及水压机液压系统钢管的酸洗。

3. 水压机本体安装：包括底座、立柱、横梁等全部设备部件安装，润滑装置和润滑管道安装，缓冲器、充液罐等附属设备安装，分配阀、充液阀、接力电机操纵台装置安装，梯子、栏杆、基础盖板安装，立柱、横梁等主要部件安装前的精度预检，活动横梁导套的检查和刮研，分配器、充液阀、安全阀等主要阀件的试压和研磨，机体补漆，操纵台、梯子、栏杆、盖板、支撑梁、立式液罐和低压缓冲器表面刷漆。

4. 水压机本体管道安装：包括设备本体至第一个法兰以内的高低压水管、压缩空气管等本体管道安装、试压、刷漆；高压阀门试压、高压管道焊口预热和应力消除，高低压管道的酸洗，公称直径 70mm 以内的管道煨弯。

5. 锻锤砧座周围敷设油毡、沥青、沙子等防腐层以及垫木排找正时表面精修。

三、本章不包括以下工作内容，应执行其他章节相关安装项目。

1. 机械压力机、液压机、水压机拉紧大螺栓及立柱如需热装时所需的加热材料（如硅碳棒、电阻丝、石棉布、石棉绳等）。

2. 除水压机、液压机外，其他设备的管道酸洗。

3. 锻锤试运转中，锤头和锤杆的加热以及试冲击所需的枕木。

4. 水压机工作缸、高压阀等的垫料、填料。

5. 设备所需灌注的冷却液、液压油、乳化液等。

6. 蓄势站安装及水压机与蓄势站的联动试运转。

7. 锻锤砧座垫木排的制作、防腐、干燥等。

8. 设备润滑、液压和空气压缩管路系统的管子和管路附件的加工、焊接、煨弯和阀门的研磨。

9. 设备和管路的保温。

10. 水压机管道安装中的支架、法兰、紫铜垫圈、密封垫圈等管路附件的制作，管子和焊口无损检测和机械强度试验。

工程量计算规则

一、机械压力机、液压机、自动锻压机及锻机操作机、剪切机安装及弯曲校正机应区分设备类型、重量，按设计图示数量，分别以“台”为计量单位。

二、空气锤、模锻锤、自由锻锤及蒸汽锤安装应区分设备类型、重量，按设计图示数量，分别以“台”为计量单位。

三、锻造水压机应区分设备的公称压力，按设计图示数量，分别以“台”为计量单位。

一、机械压力机

工作内容： 开箱清点、场内运输、外观检查、设备清洗、吊装、连接、安装就位、调整、固定、单体调试。

计量单位： 台

编号				1-2-1	1-2-2	1-2-3	1-2-4	1-2-5	1-2-6
项目				设备重量（t 以内）					
				1	3	5	7	10	15
名称			单位	消耗量					
人工	000203000	综合二类工	工日	6.793	13.429	21.167	27.066	37.253	54.329
材料	031509007	平垫铁（综合）	kg	6.240	10.400	17.805	19.040	21.880	35.760
	031509010	斜垫铁（综合）	kg	5.300	7.940	14.040	16.120	18.060	31.840
	031507018	镀锌铁丝 ϕ2.8～4.0	kg	0.650	0.800	0.800	2.000	2.000	3.000
	031301009	低碳钢焊条 J427（综合）	kg	0.263	0.329	0.411	0.514	0.643	0.772
	050301004	木板（综合）	m^3	0.013	0.020	0.029	0.043	0.048	0.063
	050105001	道木（综合）	m^3	—	—	—	0.021	0.021	0.041
	140307001	煤油	kg	2.202	2.778	3.303	3.879	4.929	0.830
	140303001	机油（综合）	kg	0.505	0.505	0.505	0.808	0.808	1.010
	140901003	黄油钙基脂	kg	0.152	0.202	0.202	0.253	0.253	0.303
	020112007	无石棉橡胶板高压 δ1～6	kg	—	—	—	—	—	0.200
	850103006	其他材料费（占材料费）	%	5.000	5.000	5.000	5.000	5.000	5.000
机械	990401035	载重汽车 10t	台班	—	—	0.300	0.500	0.500	0.500
	990305020	叉式起重机 5t	台班	0.300	0.400	—	—	—	—
	990304004	汽车式起重机 8t	台班	—	—	0.300	0.800	1.000	1.500
	990304012	汽车式起重机 12t	台班	—	—	—	0.500	—	—
	990304016	汽车式起重机 16t	台班	—	0.300	0.500	—	—	—
	990304024	汽车式起重机 25t	台班	—	—	—	—	0.500	0.800
	990901020	交流弧焊机 32kV·A	台班	0.100	0.100	0.200	0.200	0.300	0.300

工作内容： 开箱清点、场内运输、外观检查、设备清洗、吊装、连接、安装就位、调整、固定、单体调试。

计量单位： 台

编号				1-2-7	1-2-8	1-2-9	1-2-10	1-2-11	1-2-12
项目				设备重量（t 以内）					
				20	30	40	50	70	100
名称			单位	消耗量					
人工	000203000	综合二类工	工日	61.250	91.928	101.757	124.767	166.900	223.008
材料	031509007	平垫铁（综合）	kg	58.080	69.040	78.080	87.320	109.600	135.560
	031509010	斜垫铁（综合）	kg	49.000	61.640	72.720	76.560	98.400	113.760

续前

编号				1-2-7	1-2-8	1-2-9	1-2-10	1-2-11	1-2-12
项目				设备重量（t以内）					
				20	30	40	50	70	100
名称			单位	消耗量					
材料	031307003	铜焊粉气剂301瓶装	kg	—	—	—	—	0.056	0.080
	031507018	镀锌铁丝 ϕ2.8～4.0	kg	3.000	4.500	4.500	4.500	4.500	5.000
	031301009	低碳钢焊条 J427（综合）	kg	0.926	1.333	1.920	2.304	3.048	3.505
	050301004	木板（综合）	m^3	0.089	0.125	0.150	0.188	0.079	0.094
	050105001	道木（综合）	m^3	0.069	0.069	0.138	0.172	0.241	0.344
	140307001	煤油	kg	8.706	12.060	15.720	18.330	23.040	28.800
	140303001	机油（综合）	kg	1.515	2.020	3.030	3.030	4.040	5.050
	140901003	黄油钙基脂	kg	0.404	0.606	1.010	1.515	2.020	3.030
	272507001	红钢纸 0.2～0.5	kg	0.500	1.000	1.000	1.200	1.200	1.500
	020112007	无石棉橡胶板高压 δ1～6	kg	0.300	0.400	0.500	0.500	0.700	1.000
	850103006	其他材料费（占材料费）	%	5.000	5.000	5.000	5.000	5.000	5.000
机械	990401035	载重汽车 10t	台班	0.500	0.500	1.000	1.000	1.500	1.500
	990304004	汽车式起重机 8t	台班	1.000	1.500	1.500	—	—	—
	990304016	汽车式起重机 16t	台班	—	—	1.500	2.000	2.800	5.500
	990304028	汽车式起重机 30t	台班	—	—	—	—	0.500	1.000
	990304040	汽车式起重机 50t	台班	0.800	—	—	—	—	0.500
	990304052	汽车式起重机 75t	台班	—	0.800	1.000	—	—	—
	990304064	汽车式起重机 100t	台班	—	—	—	1.000	1.000	1.000
	990901020	交流弧焊机 32kV·A	台班	0.500	0.500	0.500	0.800	1.000	1.000

工作内容：开箱清点、场内运输、外观检查、设备清洗、吊装、连接、安装就位、调整、固定、单体调试。

计量单位：台

编号				1-2-13	1-2-14	1-2-15	1-2-16	1-2-17	1-2-18
项目				设备重量（t以内）					
				150	200	250	300	350	450
名称			单位	消耗量					
人工	000203000	综合二类工	工日	316.405	419.172	522.543	596.600	628.197	800.938
材料	031509007	平垫铁（综合）	kg	145.570	154.660	164.130	229.790	250.980	270.080
	031509010	斜垫铁（综合）	kg	125.904	132.960	146.364	217.950	230.080	256.320
	031307003	铜焊粉气剂301瓶装	kg	0.120	0.160	0.200	0.240	0.280	0.360
	031507018	镀锌铁丝 ϕ2.8～4.0	kg	5.000	5.000	5.000	5.500	5.500	5.500
	031301009	低碳钢焊条 J427（综合）	kg	4.031	4.636	5.331	6.131	7.051	9.325
	050301004	木板（综合）	m^3	0.118	0.125	0.133	0.164	0.164	0.194
	050105001	道木（综合）	m^3	0.516	0.688	0.859	1.031	1.203	1.547

续前

编号				1-2-13	1-2-14	1-2-15	1-2-16	1-2-17	1-2-18
项目				设备重量（t 以内）					
				150	200	250	300	350	450
名称			单位	消耗量					
材料	140307001	煤油	kg	40.860	46.080	62.325	72.270	85.680	109.350
	140303001	机油（综合）	kg	8.080	8.080	11.615	13.130	15.756	19.998
	140901003	黄油钙基脂	kg	4.040	5.050	6.565	7.777	9.191	11.716
	020112007	无石棉橡胶板高压 δ1～6	kg	1.200	1.200	1.800	2.100	2.500	3.200
	272507001	红钢纸 0.2～0.5	kg	1.500	1.500	2.200	2.500	3.000	3.800
	850103006	其他材料费（占材料费）	%	5.000	5.000	5.000	5.000	5.000	5.000
机械	990401035	载重汽车 10t	台班	2.000	2.000	2.000	2.000	2.500	2.500
	990304016	汽车式起重机 16t	台班	3.000	3.000	4.500	4.500	6.000	7.000
	990304028	汽车式起重机 30t	台班	5.000	6.000	7.500	8.000	8.000	10.000
	990304052	汽车式起重机 75t	台班	1.000	1.500	1.500	1.500	2.000	2.000
	990304064	汽车式起重机 100t	台班	1.500	1.500	1.500	1.500	2.000	2.000
	990901020	交流弧焊机 32kV · A	台班	1.500	1.500	2.000	2.000	2.000	2.500

工作内容：开箱清点、场内运输、外观检查、设备清洗、吊装、连接、安装就位、调整、固定、单体调试。

计量单位：台

编号				1-2-19	1-2-20	1-2-21	1-2-22	1-2-23
项目				设备重量（t 以内）				
				550	650	750	850	950
名称			单位	消耗量				
人工	000203000	综合二类工	工日	974.537	1108.222	1267.294	1428.087	1582.963
材料	031509007	平垫铁（综合）	kg	283.400	339.550	395.700	401.530	409.720
	031509010	斜垫铁（综合）	kg	276.910	328.340	379.770	384.710	392.560
	031307003	铜焊粉气剂 301 瓶装	kg	0.440	0.520	0.600	0.680	0.760
	031507018	镀锌铁丝 ϕ2.8～4.0	kg	6.000	6.000	6.000	6.500	6.500
	031301009	低碳钢焊条 J427（综合）	kg	11.976	13.361	15.196	17.329	22.274
	050301004	木板（综合）	m^3	0.231	0.231	0.269	0.344	0.344
	050105001	道木（综合）	m^3	1.891	2.234	2.578	2.922	3.266
	140307001	煤油	kg	134.070	158.265	182.670	206.970	231.375
	140303001	机油（综合）	kg	24.644	28.987	33.532	37.976	42.420
	140901003	黄油钙基脂	kg	14.342	16.968	19.594	22.220	24.745
	020112007	无石棉橡胶板高压 δ1～6	kg	3.900	4.600	5.300	6.000	6.700
	272507001	红钢纸 0.2～0.5	kg	4.700	5.500	6.400	7.200	8.000
	850103006	其他材料费（占材料费）	%	5.000	5.000	5.000	5.000	5.000
机械	990401035	载重汽车 10t	台班	2.500	2.500	2.500	2.500	2.500

续前

编号				1-2-19	1-2-20	1-2-21	1-2-22	1-2-23
项目				设备重量（t以内）				
				550	650	750	850	950
名称			单位	消耗量				
机械	990304016	汽车式起重机 16t	台班	6.000	7.000	10.000	11.000	11.000
	990304028	汽车式起重机 30t	台班	13.000	15.000	16.000	17.000	18.000
	990304052	汽车式起重机 75t	台班	1.000	1.500	2.000	2.000	2.500
	990304064	汽车式起重机 100t	台班	2.500	3.000	3.000	3.500	4.000
	990901020	交流弧焊机 32kV·A	台班	2.500	3.000	3.500	4.000	4.500

二、液　压　机

工作内容： 开箱清点、场内运输、外观检查、设备清洗、吊装、连接、安装就位、调整、固定、单体调试。

计量单位： 台

编号				1-2-24	1-2-25	1-2-26	1-2-27	1-2-28
项目				设备重量（t以内）				
				1	3	5	7	10
名称			单位	消耗量				
人工	000203000	综合二类工	工日	7.357	13.508	21.289	25.866	36.657
材料	031509007	平垫铁（综合）	kg	6.240	8.320	14.410	19.990	25.200
	031509010	斜垫铁（综合）	kg	5.300	7.940	11.308	16.930	22.930
	031507018	镀锌铁丝 ϕ2.8～4.0	kg	0.650	0.800	0.800	2.000	2.000
	031301009	低碳钢焊条 J427（综合）	kg	0.263	0.329	0.411	0.514	0.643
	050301004	木板（综合）	m^3	0.013	0.020	0.031	0.043	0.048
	050105001	道木（综合）	m^3	—	—	—	0.007	0.007
	140307001	煤油	kg	2.508	3.849	4.680	5.511	7.290
	140303001	机油（综合）	kg	0.505	1.010	1.515	2.020	3.030
	140901003	黄油钙基脂	kg	0.202	0.303	0.404	0.505	0.606
	850103006	其他材料费（占材料费）	%	5.000	5.000	5.000	5.000	5.000
机械	990401035	载重汽车 10t	台班	—	—	0.300	0.500	0.500
	990305020	叉式起重机 5t	台班	0.200	0.400	—	—	—
	990304004	汽车式起重机 8t	台班	—	—	—	0.500	1.000
	990304016	汽车式起重机 16t	台班	—	0.300	0.500	—	—
	990304028	汽车式起重机 30t	台班	—	—	—	0.500	0.500
	990901020	交流弧焊机 32kV·A	台班	0.100	0.100	0.200	0.200	0.300

工作内容：开箱清点、场内运输、外观检查、设备清洗、吊装、连接、安装就位、调整、固定、单体调试。

计量单位：台

编号				1-2-29	1-2-30	1-2-31	1-2-32	1-2-33
项目				设备重量（t 以内）				
				15	20	30	40	50
		名称	单位	消耗量				
人工	000203000	综合二类工	工日	53.687	67.218	97.157	119.866	148.321
材料	031509007	平垫铁（综合）	kg	28.410	44.350	69.430	88.410	107.390
	031509010	斜垫铁（综合）	kg	24.950	39.190	57.120	80.390	92.020
	031507018	镀锌铁丝 ϕ2.8～4.0	kg	3.500	3.600	5.100	5.200	6.700
	031301009	低碳钢焊条 J427（综合）	kg	0.784	0.956	1.423	2.118	2.584
	050301004	木板（综合）	m^3	0.069	0.088	0.125	0.250	0.181
	050105001	道木（综合）	m^3	0.007	0.069	0.069	0.138	0.275
	140307001	煤油	kg	12.510	16.170	21.900	29.160	35.400
	140303001	机油（综合）	kg	8.080	10.100	12.120	14.140	15.150
	140901003	黄油钙基脂	kg	0.808	0.808	1.010	1.212	1.515
	143101002	盐酸 31%合成	kg	10.000	15.000	15.000	18.000	18.000
	020112007	无石棉橡胶板高压 δ1～6	kg	0.350	0.450	0.550	0.700	0.800
	170101001	焊接钢管 *DN*15	m	0.350	0.350	—	0.630	1.300
	272507001	红钢纸 0.2～0.5	kg	0.300	0.400	0.600	0.800	0.900
	012903017	热轧中厚钢板 δ21～30	kg	—	—	—	150.000	160.000
	142909001	氧气	m^3	—	—	—	6.120	6.120
	142907002	乙炔气	kg	—	—	—	2.350	2.350
	190503002	螺纹球阀 *DN*20	个	—	—	—	0.500	0.500
	190503001	螺纹球阀 *DN*15	个	0.300	0.300	0.500	—	—
	850103006	其他材料费（占材料费）	%	5.000	5.000	5.000	5.000	5.000
机械	990304004	汽车式起重机 8t	台班	1.000	0.700	—	—	—
	990401035	载重汽车 10t	台班	0.500	0.500	0.500	1.000	1.500
	990304016	汽车式起重机 16t	台班	—	—	1.700	1.700	2.200
	990304040	汽车式起重机 50t	台班	0.500	1.000	1.000	—	—
	990304052	汽车式起重机 75t	台班	—	—	—	1.000	1.000
	990901020	交流弧焊机 32kV · A	台班	0.300	0.500	0.500	0.800	0.800

工作内容：开箱清点、场内运输、外观检查、设备清洗、吊装、连接、安装就位、调整、固定、单体调试。

计量单位：台

编号				1-2-34	1-2-35	1-2-36	1-2-37	1-2-38
项目				设备重量（t 以内）				
				70	100	150	200	250
		名称	单位	消耗量				
人工	000203000	综合二类工	工日	197.368	252.207	376.225	488.620	601.579
材料	031509007	平垫铁（综合）	kg	116.890	120.920	145.360	173.840	202.680

续前

编号				1-2-34	1-2-35	1-2-36	1-2-37	1-2-38
项目				设备重量（t 以内）				
				70	100	150	200	250
		名称	单位	消耗量				
材料	031509010	斜垫铁（综合）	kg	103.660	108.950	126.920	150.190	173.460
	031507018	镀锌铁丝 ϕ2.8～4.0	kg	8.300	8.900	9.000	9.700	10.400
	031301009	低碳钢焊条 J427（综合）	kg	3.537	4.138	4.841	5.664	6.627
	050301004	木板（综合）	m^3	0.075	0.090	0.113	0.120	0.128
	050105001	道木（综合）	m^3	0.241	0.344	0.516	0.688	0.859
	140307001	煤油	kg	48.900	71.730	106.160	142.522	177.822
	140303001	机油（综合）	kg	18.180	24.240	37.421	49.328	61.964
	140901003	黄油钙基脂	kg	2.020	2.828	4.282	5.686	7.121
	143101002	盐酸 31%合成	kg	20.000	25.000	39.700	51.760	65.330
	020112007	无石棉橡胶板高压 δ1～6	kg	1.060	1.400	2.170	2.860	3.590
	170101001	焊接钢管 *DN*15	m	1.300	—	—	—	—
	272507001	红钢纸 0.2～0.5	kg	1.200	1.300	2.210	2.800	3.580
	012903017	热轧中厚钢板 δ21～30	kg	250.000	380.000	400.000	400.000	420.000
	012300001	型钢（综合）	kg	52.770	75.380	113.080	450.770	188.460
	170101003	焊接钢管 *DN*20	m	1.630	2.000	2.000	2.500	2.500
	142909001	氧气	m^3	8.160	9.180	12.240	15.300	18.360
	142907002	乙炔气	kg	3.138	3.531	4.708	5.885	7.062
	031307002	铜焊粉	kg	0.056	0.080	0.120	0.160	0.200
	190503002	螺纹球阀 *DN*20	个	0.500	0.800	0.800	1.000	1.000
	850103006	其他材料费（占材料费）	%	5.000	5.000	5.000	5.000	5.000
机械	990304064	汽车式起重机 100t	台班	—	1.000	1.500	2.000	2.500
	990401035	载重汽车 10t	台班	1.500	2.000	2.000	2.000	2.000
	990304016	汽车式起重机 16t	台班	2.100	4.000	4.000	4.000	5.000
	990304024	汽车式起重机 25t	台班	3.100	5.500	6.000	6.000	6.000
	990304040	汽车式起重机 50t	台班	—	0.500	0.500	1.000	1.000
	990304052	汽车式起重机 75t	台班	1.000	—	1.000	1.000	1.500
	990901020	交流弧焊机 32kV · A	台班	1.000	1.000	1.500	1.500	2.000

工作内容： 开箱清点、场内运输、外观检查、设备清洗、吊装、连接、安装就位、调整、固定、单体调试。

计量单位：台

编号				1-2-39	1-2-40	1-2-41	1-2-42
项目				设备重量（t 以内）			
				350	500	700	950
名称			单位	消耗量			
人工	000203000	综合二类工	工日	810.079	1118.908	1525.774	1998.555
材料	031509007	平垫铁（综合）	kg	230.790	249.770	284.480	319.200
	031509010	斜垫铁（综合）	kg	196.730	220.000	248.560	277.030
	031507018	镀锌铁丝 ϕ2.8～4.0	kg	11.100	12.000	14.400	18.000
	031301009	低碳钢焊条 J427（综合）	kg	9.072	14.529	19.889	27.633
	050301004	木板（综合）	m^3	0.158	0.188	0.263	0.338
	050105001	道木（综合）	m^3	1.203	1.719	2.406	3.266
	140307001	煤油	kg	249.148	355.806	498.196	676.393
	140303001	机油（综合）	kg	86.557	123.765	173.205	235.098
	140901003	黄油钙基脂	kg	9.959	14.231	19.917	27.038
	143101002	盐酸 31%合成	kg	91.070	130.330	182.330	247.520
	020112007	无石棉橡胶板高压 δ1～6	kg	5.020	7.170	10.040	13.620
	272507001	红钢纸 0.2～0.5	kg	4.960	7.120	9.950	13.510
	012903017	热轧中厚钢板 δ21～30	kg	420.000	450.000	480.000	500.000
	031307002	铜焊粉	kg	0.280	0.400	0.560	0.760
	012300001	型钢（综合）	kg	263.850	376.920	527.690	716.150
	170101003	焊接钢管 *DN*20	m	3.000	3.000	3.500	3.500
	142909001	氧气	m^3	24.480	33.660	45.900	61.200
	142907002	乙炔气	kg	9.415	12.946	17.654	23.538
	190503002	螺纹球阀 *DN*20	个	1.500	1.500	2.000	2.000
	850103006	其他材料费（占材料费）	%	5.000	5.000	5.000	5.000
机械	990401035	载重汽车 10t	台班	2.500	2.500	2.500	2.500
	990304016	汽车式起重机 16t	台班	6.500	6.500	7.500	8.000
	990304028	汽车式起重机 30t	台班	10.000	13.000	15.000	18.000
	990304040	汽车式起重机 50t	台班	2.000	2.000	2.000	—
	990304052	汽车式起重机 75t	台班	—	—	—	2.000
	990304064	汽车式起重机 100t	台班	3.000	3.500	4.000	4.500
	990901020	交流弧焊机 32kV·A	台班	2.000	2.500	3.000	4.500

三、自动锻压机及锻机操作机

工作内容：开箱清点、场内运输、外观检查、设备清洗、吊装、连接、安装就位、调整、固定、单体调试。

计量单位：台

编号				1-2-43	1-2-44	1-2-45	1-2-46	1-2-47
项目				设备重量（t 以内）				
				1	3	5	7	10
		名称	单位	消耗量				
人工	000203000	综合二类工	工日	5.929	12.438	17.835	21.822	30.416
材料	031509007	平垫铁（综合）	kg	6.240	10.560	16.630	19.660	42.270
	031509010	斜垫铁（综合）	kg	5.300	9.360	14.740	18.020	36.540
	031507018	镀锌铁丝 ϕ2.8～4.0	kg	0.650	0.800	0.800	2.000	2.000
	031301009	低碳钢焊条 J427（综合）	kg	0.263	0.329	0.411	0.514	0.643
	050301004	木板（综合）	m^3	0.014	0.030	0.035	0.058	0.080
	050105001	道木（综合）	m^3	—	—	—	0.006	0.006
	140307001	煤油	kg	2.202	2.753	3.303	3.828	6.555
	140303001	机油（综合）	kg	0.505	0.505	0.505	0.808	1.010
	140901003	黄油钙基脂	kg	0.152	0.152	0.202	0.253	0.404
	850103006	其他材料费（占材料费）	%	5.000	5.000	5.000	5.000	5.000
机械	990401035	载重汽车 10t	台班	—	—	0.300	0.500	0.500
	990305020	叉式起重机 5t	台班	0.200	0.500	—	—	—
	990304028	汽车式起重机 30t	台班	—	—	0.500	0.900	1.100
	990901020	交流弧焊机 32kV·A	台班	0.100	0.100	0.200	0.200	0.300

工作内容：开箱清点、场内运输、外观检查、设备清洗、吊装、连接、安装就位、调整、固定、单体调试。

计量单位：台

编号				1-2-48	1-2-49	1-2-50	1-2-51	1-2-52
项目				设备重量（t 以内）				
				15	20	25	35	50
		名称	单位	消耗量				
人工	000203000	综合二类工	工日	45.518	60.644	74.453	98.570	131.565
材料	031509007	平垫铁（综合）	kg	48.280	63.190	69.430	88.410	107.020
	031509010	斜垫铁（综合）	kg	44.250	51.830	57.120	80.390	92.020
	031507018	镀锌铁丝 ϕ2.8～4.0	kg	3.000	3.000	3.000	4.500	6.500
	031301009	低碳钢焊条 J427（综合）	kg	0.784	0.956	1.166	1.736	2.584
	050301004	木板（综合）	m^3	0.093	0.143	0.155	0.225	0.315
	050105001	道木（综合）	m^3	0.006	0.011	0.011	0.011	0.012

续前

编号				1-2-48	1-2-49	1-2-50	1-2-51	1-2-52
项目				设备重量（t 以内）				
				15	20	25	35	50
名称			单位	消耗量				
材料	140307001	煤油	kg	7.656	9.807	10.908	13.212	17.718
	140303001	机油（综合）	kg	1.010	1.515	1.515	2.020	3.030
	140901003	黄油钙基脂	kg	0.505	0.505	0.707	0.909	1.515
	850103006	其他材料费（占材料费）	%	5.000	5.000	5.000	5.000	5.000
机械	990401035	载重汽车 10t	台班	0.500	0.500	0.500	1.000	1.000
	990304016	汽车式起重机 16t	台班	—	—	0.500	1.500	—
	990304040	汽车式起重机 50t	台班	0.800	1.000	—	—	1.500
	990304052	汽车式起重机 75t	台班	—	—	0.800	1.000	1.000
	990901020	交流弧焊机 32kV·A	台班	0.300	0.500	0.500	0.800	0.800

工作内容：开箱清点、场内运输、外观检查、设备清洗、吊装、连接、安装就位、调整、固定、单体调试。

计量单位：台

编号				1-2-53	1-2-54	1-2-55	1-2-56
项目				设备重量（t 以内）			
				70	100	150	200
名称			单位	消耗量			
人工	000203000	综合二类工	工日	181.811	231.867	318.003	410.709
材料	031509007	平垫铁（综合）	kg	137.110	184.630	195.835	224.200
	031509010	斜垫铁（综合）	kg	122.560	165.480	177.110	198.580
	031507018	镀锌铁丝 ϕ2.8～4.0	kg	8.900	12.600	18.900	25.200
	031301009	低碳钢焊条 J427（综合）	kg	3.537	4.138	4.841	5.664
	050301004	木板（综合）	m^3	0.225	0.285	0.300	0.338
	050105001	道木（综合）	m^3	0.241	0.344	0.516	0.688
	140307001	煤油	kg	24.324	32.928	44.040	61.656
	140303001	机油（综合）	kg	4.040	5.050	6.060	8.888
	140901003	黄油钙基脂	kg	2.525	3.535	4.040	6.060
	031307002	铜焊粉	kg	0.056	0.080	0.120	0.160
	850103006	其他材料费（占材料费）	%	5.000	5.000	5.000	5.000
机械	990401035	载重汽车 10t	台班	1.000	1.500	2.000	2.000
	990304016	汽车式起重机 16t	台班	2.000	2.500	3.500	4.000
	990304028	汽车式起重机 30t	台班	1.000	2.500	3.000	3.500
	990304052	汽车式起重机 75t	台班	0.500	1.000	1.500	2.000
	990304064	汽车式起重机 100t	台班	1.000	1.500	2.000	1.500
	990901020	交流弧焊机 32kV·A	台班	1.000	1.000	1.500	1.500

四、空　气　锤

工作内容： 开箱清点、场内运输、外观检查、设备清洗、吊装、连接、安装就位、调整、固定、单体调试。

计量单位： 台

		编　号		1-2-57	1-2-58	1-2-59	1-2-60	1-2-61
		项　目		落锤重量（kg 以内）				
				150	250	400	560	750
		名　称	单位	消　耗　量				
人工	000203000	综合二类工	工日	32.942	43.776	70.447	86.806	103.501
材料	031509007	平垫铁（综合）	kg	28.410	35.740	68.665	88.770	95.460
	031509010	斜垫铁（综合）	kg	24.950	25.518	65.668	80.940	89.830
	010901008	圆钢 ϕ10～14	kg	2.500	3.000	4.000	4.500	5.000
	031507018	镀锌铁丝 ϕ2.8～4.0	kg	2.000	2.670	3.000	6.000	8.000
	031301009	低碳钢焊条 J427（综合）	kg	0.630	0.630	0.735	0.840	0.840
	050301004	木板（综合）	m^3	0.045	0.051	0.078	0.093	0.128
	050105001	道木（综合）	m^3	0.004	0.004	0.006	0.006	0.006
	140307001	煤油	kg	9.390	11.475	16.680	21.390	27.120
	140701002	汽缸油	kg	1.300	1.500	2.000	2.000	2.500
	140303001	机油（综合）	kg	4.040	4.545	6.565	7.575	8.585
	140901003	黄油钙基脂	kg	2.020	2.525	3.030	3.030	3.535
	020112007	无石棉橡胶板高压 δ1～6	kg	2.500	3.000	6.000	8.000	8.000
	023503011	无石棉绳 ϕ11～25 烧失量 24%	kg	1.400	1.600	2.200	2.500	3.000
	272507001	红钢纸 0.2～0.5	kg	0.130	0.160	0.180	0.200	0.250
	850103006	其他材料费（占材料费）	%	5.000	5.000	5.000	5.000	5.000
机械	990401035	载重汽车 10t	台班	—	0.500	0.500	0.500	0.500
	990304004	汽车式起重机 8t	台班	0.800	1.100	0.900	1.050	1.200
	990304016	汽车式起重机 16t	台班	0.500	0.500	0.500	0.500	0.500
	990304024	汽车式起重机 25t	台班	—	—	0.500	—	—
	990304028	汽车式起重机 30t	台班	—	—	—	1.000	—
	990304040	汽车式起重机 50t	台班	—	—	—	—	1.000
	990901020	交流弧焊机 32kV · A	台班	0.500	0.500	0.800	1.000	1.000

五、模 锻 锤

工作内容：开箱清点、场内运输、外观检查、设备清洗、吊装、连接、安装就位、调整、固定、单体调试。

计量单位：台

编号				1-2-62	1-2-63	1-2-64	1-2-65	1-2-66
项目				落锤重量（t 以内）				
				1	3	5	10	16
名称			单位	消耗量				
人工	000203000	综合二类工	工日	103.896	226.029	388.099	590.502	855.563
材料	031307002	铜焊粉	kg	—	—	0.250	0.400	0.500
	050301004	木板（综合）	m^3	0.050	0.073	0.118	0.164	0.194
	050105001	道木（综合）	m^3	0.012	0.275	0.540	1.073	1.455
	140307001	煤油	kg	29.160	43.740	55.200	76.110	99.000
	140701002	汽缸油	kg	2.200	3.000	3.500	4.500	6.000
	140303001	机油（综合）	kg	2.020	4.040	5.050	6.565	8.080
	140901003	黄油钙基脂	kg	3.030	8.080	10.100	12.120	15.150
	020112007	无石棉橡胶板高压 δ1～6	kg	5.000	7.060	8.470	10.580	14.000
	133519012	油浸无石棉盘根编制 ϕ6～10（450℃）	kg	2.000	3.000	3.000	5.000	8.000
	023503010	无石棉绳 ϕ6～10 烧失量 24%	kg	3.000	3.600	4.400	5.800	8.000
	040300003	砂子	m^3	0.675	1.080	1.080	1.350	1.350
	133101003	石油沥青 10#	kg	150.000	240.000	280.000	350.000	450.000
	140311002	煤焦油	kg	30.000	50.000	65.000	85.000	120.000
	133301001	石油沥青油毡	m^2	10.000	20.000	20.000	25.000	25.000
	272507001	红钢纸 0.2～0.5	kg	0.380	0.770	0.900	1.790	3.000
	850103006	其他材料费（占材料费）	%	5.000	5.000	5.000	5.000	5.000
机械	990401035	载重汽车 10t	台班	1.000	1.500	2.000	2.000	3.000
	990403015	平板拖车组 15t	台班	—	—	—	—	0.500
	990304004	汽车式起重机 8t	台班	2.650	5.050	6.100	7.800	11.000
	990304016	汽车式起重机 16t	台班	—	2.000	2.000	2.500	3.000
	990304024	汽车式起重机 25t	台班	1.000	—	—	—	—
	990304040	汽车式起重机 50t	台班	—	1.000	1.000	1.000	—
	990304052	汽车式起重机 75t	台班	—	—	—	—	1.000

六、自由锻锤及蒸汽锤

工作内容： 开箱清点、场内运输、外观检查、设备清洗、吊装、连接、安装就位、调整、固定、单体调试。

计量单位： 台

编号				1-2-67	1-2-68	1-2-69
项目				落锤重量（t 以内）		
				1	3	5
名称			单位	消耗量		
人工	000203000	综合二类工	工日	86.142	221.939	341.470
材料	010901008	圆钢 ϕ10～14	kg	16.000	30.000	50.000
	031307002	铜焊粉	kg	—	0.064	0.112
	031507018	镀锌铁丝 ϕ2.8～4.0	kg	0.500	0.800	0.900
	050301004	木板（综合）	m^3	0.063	0.078	0.116
	050105001	道木（综合）	m^3	0.096	0.275	0.527
	140307001	煤油	kg	28.650	46.800	68.460
	140701002	汽缸油	kg	2.200	3.000	3.500
	140303001	机油（综合）	kg	2.020	4.040	5.050
	140901003	黄油钙基脂	kg	3.030	8.080	10.100
	020112007	无石棉橡胶板高压 δ1～6	kg	4.230	6.350	7.760
	133519012	油浸无石棉盘根编制 ϕ6～10（450℃）	kg	2.000	3.000	3.000
	023503010	无石棉绳 ϕ6～10 烧失量 24%	kg	2.800	3.400	4.000
	040300003	砂子	m^3	0.675	1.080	1.080
	133101003	石油沥青 10#	kg	150.000	240.000	280.000
	140311002	煤焦油	kg	25.000	45.000	60.000
	133301001	石油沥青油毡	m^2	10.000	20.000	20.000
	272507001	红钢纸 0.2～0.5	kg	0.260	0.640	0.960
	850103006	其他材料费（占材料费）	%	5.000	5.000	5.000
机械	990401035	载重汽车 10t	台班	0.500	1.000	1.500
	990304004	汽车式起重机 8t	台班	2.350	4.850	6.400
	990304016	汽车式起重机 16t	台班	0.500	0.500	0.500
	990304028	汽车式起重机 30t	台班	0.500	—	—
	990304040	汽车式起重机 50t	台班	—	1.000	1.000
	990304064	汽车式起重机 100t	台班	—	0.500	1.000

七、剪切机及弯曲校正机

工作内容：开箱清点、场内运输、外观检查、设备清洗、吊装、连接、安装就位、调整、固定、单体调试。

计量单位：台

编号				1-2-70	1-2-71	1-2-72	1-2-73	1-2-74	1-2-75
项目				设备重量（t 以内）					
				1	3	5	7	10	12
名称			单位	消耗量					
人工	000203000	综合二类工	工日	6.041	13.696	18.411	22.369	29.927	34.778
材料	031509007	平垫铁（综合）	kg	6.240	14.360	19.158	21.120	24.480	26.930
	031509010	斜垫铁（综合）	kg	5.300	13.050	16.390	19.070	22.280	24.510
	031507018	镀锌铁丝 ϕ2.8～4.0	kg	0.650	0.800	0.800	2.000	2.000	2.500
	031301009	低碳钢焊条 J427（综合）	kg	0.263	0.329	0.411	0.514	0.643	0.707
	050301004	木板（综合）	m^3	0.013	0.026	0.031	0.050	0.055	0.069
	050105001	道木（综合）	m^3	—	—	—	0.007	0.007	0.009
	140307001	煤油	kg	2.151	2.202	3.252	3.303	4.353	5.441
	140303001	机油（综合）	kg	0.152	0.152	0.202	0.253	0.303	0.379
	140901003	黄油钙基脂	kg	0.101	0.152	0.152	0.202	0.253	0.316
	850103006	其他材料费（占材料费）	%	5.000	5.000	5.000	5.000	5.000	5.000
机械	990401035	载重汽车 10t	台班	—	—	0.300	0.500	0.500	0.500
	990304004	汽车式起重机 8t	台班	—	—	0.300	1.000	1.500	2.000
	990304016	汽车式起重机 16t	台班	—	—	0.500	0.500	—	—
	990304028	汽车式起重机 30t	台班	—	—	—	—	0.500	0.500
	990901020	交流弧焊机 32kV · A	台班	0.200	0.200	0.300	0.400	0.400	0.500
	990305020	叉式起重机 5t	台班	0.200	0.500	—	—	—	—

工作内容：开箱清点、场内运输、外观检查、设备清洗、吊装、连接、安装就位、调整、固定、单体调试。

计量单位：台

编号				1-2-76	1-2-77	1-2-78	1-2-79	1-2-80
项目				设备重量（t 以内）				
				15	20	30	40	50
名称			单位	消耗量				
人工	000203000	综合二类工	工日	44.646	53.945	80.895	104.783	127.986
材料	031509007	平垫铁（综合）	kg	28.920	36.560	48.280	52.440	58.440
	031509010	斜垫铁（综合）	kg	26.400	33.200	44.350	47.000	54.810
	031507018	镀锌铁丝 ϕ2.8～4.0	kg	3.000	3.000	4.500	4.500	5.500
	031301009	低碳钢焊条 J427（综合）	kg	0.772	0.926	1.333	1.920	2.304

续前

编号				1-2-76	1-2-77	1-2-78	1-2-79	1-2-80
项目				设备重量（t以内）				
				15	20	30	40	50
名称			单位	消耗量				
材料	050301004	木板（综合）	m^3	0.075	0.125	0.188	0.213	0.288
	050105001	道木（综合）	m^3	0.007	0.069	0.069	0.138	0.172
	140307001	煤油	kg	5.454	6.555	10.806	14.007	16.158
	140303001	机油（综合）	kg	0.404	0.606	0.808	1.010	1.515
	140901003	黄油钙基脂	kg	0.253	0.455	0.707	1.010	1.515
	850103006	其他材料费（占材料费）	%	5.000	5.000	5.000	5.000	5.000
机械	990401035	载重汽车 10t	台班	0.500	0.500	0.500	1.000	1.500
	990304004	汽车式起重机 8t	台班	2.000	2.000	—	—	—
	990304016	汽车式起重机 16t	台班	—	—	1.500	1.500	2.000
	990304028	汽车式起重机 30t	台班	0.700	—	—	—	—
	990901020	交流弧焊机 32kV·A	台班	0.500	0.500	1.000	1.000	1.500
	990304040	汽车式起重机 50t	台班	—	0.600	—	—	—
	990304052	汽车式起重机 75t	台班	—	—	1.000	—	—
	990304064	汽车式起重机 100t	台班	—	—	—	1.000	1.000

工作内容：开箱清点、场内运输、外观检查、设备清洗、吊装、连接、安装就位、调整、固定、单体调试。

计量单位：台

编号				1-2-81	1-2-82	1-2-83	1-2-84	1-2-85
项目				设备重量（t以内）				
				70	100	140	180	200
名称			单位	消耗量				
人工	000203000	综合二类工	工日	178.731	236.744	329.685	368.171	408.149
材料	031509007	平垫铁（综合）	kg	70.460	86.330	107.390	116.890	129.870
	031509010	斜垫铁（综合）	kg	62.620	77.740	92.020	103.660	115.170
	031507018	镀锌铁丝 ϕ2.8～4.0	kg	5.500	7.000	7.000	8.500	10.625
	031301009	低碳钢焊条 J427（综合）	kg	3.048	3.505	3.762	4.172	4.636
	050301004	木板（综合）	m^3	0.229	0.289	0.305	0.305	0.381
	050105001	道木（综合）	m^3	0.241	0.344	0.481	0.550	0.688
	140307001	煤油	kg	20.358	25.710	34.110	38.310	47.888
	140303001	机油（综合）	kg	2.020	4.040	6.060	6.060	7.575
	140901003	黄油钙基脂	kg	2.020	3.030	4.040	4.040	5.050
	031307002	铜焊粉	kg	0.056	0.080	0.112	0.128	0.160
	850103006	其他材料费（占材料费）	%	5.000	5.000	5.000	5.000	5.000
机械	990401035	载重汽车 10t	台班	2.000	1.500	1.500	1.500	1.500

续前

编号				1-2-81	1-2-82	1-2-83	1-2-84	1-2-85
项目				设备重量（t以内）				
				70	100	140	180	200
名称			单位	消耗量				
机械	990304016	汽车式起重机 16t	台班	2.000	3.000	4.000	5.000	6.000
	990304028	汽车式起重机 30t	台班	—	3.000	5.000	6.500	7.000
	990304040	汽车式起重机 50t	台班	—	0.500	0.500	1.500	1.500
	990304064	汽车式起重机 100t	台班	1.000	1.000	1.500	1.500	1.500
	990901020	交流弧焊机 32kV·A	台班	1.500	1.500	2.000	2.000	2.000

工作内容：开箱清点、场内运输、外观检查、设备清洗、吊装、连接、安装就位、调整、固定、单体调试。

计量单位：台

编号				1-2-86	1-2-87	1-2-88	1-2-89	1-2-90
项目				设备重量（t以内）				
				250	300	350	400	450
名称			单位	消耗量				
人工	000203000	综合二类工	工日	506.845	570.395	626.049	673.869	699.687
材料	031509007	平垫铁（综合）	kg	135.870	142.660	149.800	157.290	165.150
	031509010	斜垫铁（综合）	kg	115.290	121.050	127.110	133.460	140.140
	031507018	镀锌铁丝 ϕ2.8～4.0	kg	13.281	16.602	20.752	25.940	32.425
	031301009	低碳钢焊条 J427（综合）	kg	5.331	6.131	7.051	8.109	10.724
	050301004	木板（综合）	m^3	0.477	0.596	0.745	0.931	1.163
	050105001	道木（综合）	m^3	0.859	1.074	1.343	1.678	2.098
	140307001	煤油	kg	59.860	74.822	93.530	116.912	146.141
	140303001	机油（综合）	kg	9.469	11.836	14.795	18.494	23.117
	140901003	黄油钙基脂	kg	6.313	7.891	9.863	12.329	15.411
	151311001	聚酯乙烯泡沫塑料	kg	0.859	1.074	1.343	1.678	2.098
	031307002	铜焊粉	kg	0.200	0.250	0.313	0.391	0.488
	850103006	其他材料费（占材料费）	%	5.000	5.000	5.000	5.000	5.000
机械	990401035	载重汽车 10t	台班	2.000	2.000	2.000	2.500	2.500
	990304016	汽车式起重机 16t	台班	3.000	3.000	4.000	5.000	5.000
	990304028	汽车式起重机 30t	台班	7.000	8.000	9.000	10.000	12.000
	990304040	汽车式起重机 50t	台班	1.500	1.500	—	—	—
	990304052	汽车式起重机 75t	台班	—	—	1.500	1.500	1.500
	990304064	汽车式起重机 100t	台班	1.500	1.500	1.500	2.000	2.000
	990901020	交流弧焊机 32kV·A	台班	2.500	2.500	2.500	3.000	3.000

八、锻造水压机

工作内容： 开箱清点、场内运输、外观检查、设备清洗、吊装、连接、安装就位、调整、固定、单体调试。

计量单位：台

编号				1-2-91	1-2-92	1-2-93	1-2-94
项目				公称压力（t 以内）			
				500	800	1600	2000
		名称	单位	消耗量			
人工	000203000	综合二类工	工日	462.553	570.316	1167.588	1402.140
材料	031509007	平垫铁（综合）	kg	412.310	431.020	454.150	535.220
	031509010	斜垫铁（综合）	kg	396.700	422.420	448.130	528.490
	031507018	镀锌铁丝 ϕ2.8～4.0	kg	60.000	75.000	100.000	120.000
	031301009	低碳钢焊条 J427（综合）	kg	78.750	126.000	204.750	294.000
	050301004	木板（综合）	m^3	0.306	0.375	0.856	1.031
	050105001	道木（综合）	m^3	0.880	1.265	1.650	2.035
	140307001	煤油	kg	85.740	104.550	148.440	219.600
	140303001	机油（综合）	kg	30.300	45.450	60.600	101.000
	140901003	黄油钙基脂	kg	18.180	25.250	35.350	40.400
	370915002	钢板垫板	kg	400.000	700.000	1100.000	1200.000
	010901008	圆钢 ϕ10～14	kg	100.000	150.000	200.000	250.000
	012901009	热轧薄钢板 δ1.6～1.9	kg	5.000	5.000	5.000	10.000
	012900017	钢板 δ4.5～7	kg	10.000	15.000	15.000	20.000
	012903011	热轧中厚钢板 δ8～20	kg	15.000	20.000	25.000	30.000
	012903017	热轧中厚钢板 δ21～30	kg	40.000	60.000	75.000	85.000
	012903028	热轧中厚钢板 δ31 以外	kg	85.000	120.000	180.000	300.000
	012300001	型钢（综合）	kg	60.000	200.000	300.000	500.000
	170201010	无缝钢管 $D42.5 \times 3.5$	m	6.000	8.000	12.000	15.000
	170201016	无缝钢管 $D57 \times 4$	m	1.500	2.000	3.000	4.500
	170101003	焊接钢管 $DN20$	m	3.000	4.000	8.000	8.000
	031502004	骑马钉 20×2	kg	10.000	10.000	15.000	20.000
	031301025	紫铜电焊条 T107 ϕ3.2	kg	1.000	1.000	2.000	2.500
	031301023	碳钢气焊条（综合）	kg	12.000	15.000	20.000	30.000
	031307003	铜焊粉气剂 301 瓶装	kg	0.100	0.156	0.384	0.570
	013501001	黄铜板 δ0.08～0.3	kg	1.500	2.000	2.500	2.500
	140509003	溶剂汽油 200#	kg	4.000	6.000	8.000	9.000
	143101002	盐酸 31%合成	kg	70.000	80.000	100.000	150.000
	143171001	碳酸钠（纯碱）	kg	15.090	18.000	20.000	30.000

工作内容： 开箱清点、场内运输、外观检查、设备清洗、吊装、连接、安装就位、调整、固定、单体调试。

计量单位：台

编号				1-2-91	1-2-92	1-2-93	1-2-94
项目				公称压力（t以内）			
				500	800	1600	2000
名称			单位	消耗量			
材料	143185001	亚硝酸钠	kg	65.000	70.000	80.000	120.000
	143343001	乌洛托品	kg	1.500	2.000	2.100	3.200
	142909001	氧气	m^3	122.400	153.000	204.000	255.000
	142907002	乙炔气	kg	47.077	58.846	78.462	98.077
	140505001	铅油（厚漆）	kg	2.000	2.500	3.000	5.000
	130115001	调和漆	kg	13.000	32.500	50.000	70.000
	130505002	防锈漆 C53-1	kg	12.000	15.000	20.000	25.000
	130903004	银粉漆	kg	1.000	1.500	2.000	2.500
	020112007	无石棉橡胶板高压 δ1～6	kg	8.000	10.000	15.000	22.000
	020101005	橡胶板 δ5～10	kg	15.000	18.000	30.000	40.000
	022301001	石墨粉高碳	kg	3.000	3.000	8.000	8.000
	190503003	螺纹球阀 *DN*50	个	1.000	2.000	3.000	4.000
	031102005	铁砂布 0#～2#	张	40.000	50.000	60.000	80.000
	031541002	锯条（综合）	根	35.000	40.000	45.000	75.000
	272507001	红钢纸 0.2～0.5	kg	1.500	2.000	3.000	3.000
	341109001	焦炭	kg	500.000	800.000	1000.000	1200.000
	341111001	木柴	kg	180.000	200.000	250.000	380.000
	133501005	研磨膏	盒	2.000	2.000	3.000	3.000
	341101001	水	m^3	—	0.600	1.000	1.200
	850103006	其他材料费（占材料费）	%	5.000	5.000	5.000	5.000
机械	990401035	载重汽车 10t	台班	1.000	1.500	2.000	3.000
	990304016	汽车式起重机 16t	台班	8.000	10.360	15.480	19.080
	990304028	汽车式起重机 30t	台班	0.500	1.500	1.500	1.500
	990304040	汽车式起重机 50t	台班	1.000	—	1.000	1.000
	990304052	汽车式起重机 75t	台班	—	0.500	—	—
	990304064	汽车式起重机 100t	台班	—	—	0.500	1.000
	990728020	摇臂钻床 50mm	台班	6.000	9.000	16.000	20.000
	991003050	电动空气压缩机 $6m^3/min$	台班	6.000	8.000	14.000	18.000
	990813045	试压泵 60MPa	台班	6.000	8.000	14.000	18.000
	991204020	鼓风机 $18m^3/min$	台班	3.000	5.000	10.000	12.000
	990901020	交流弧焊机 32kV·A	台班	25.000	30.000	60.000	67.000

工作内容：开箱清点、场内运输、外观检查、设备清洗、吊装、连接、安装就位、调整、固定、单体调试。

计量单位：台

编号				1-2-95	1-2-96	1-2-97	1-2-98
项目				公称压力（t 以内）			
				2500	3150	6000	8000
		名称	单位	消耗量			
人工	000203000	综合二类工	工日	1628.315	2440.160	5207.785	6014.533
材料	031509007	平垫铁（综合）	kg	617.240	629.160	645.270	672.830
	031509010	斜垫铁（综合）	kg	608.150	615.500	630.000	700.580
	031507018	镀锌铁丝 $\phi2.8\sim4.0$	kg	140.000	150.000	195.000	253.500
	031301009	低碳钢焊条 J427（综合）	kg	378.000	472.500	614.250	798.525
	050301004	木板（综合）	m^3	1.156	1.348	1.752	2.278
	050105001	道木（综合）	m^3	2.420	2.833	3.683	4.788
	140307001	煤油	kg	288.720	334.800	435.240	565.812
	140303001	机油（综合）	kg	121.200	141.400	183.820	238.966
	140901003	黄油钙基脂	kg	60.600	85.850	111.605	145.087
	370915002	钢板垫板	kg	1400.000	1600.000	2080.000	2704.000
	010901008	圆钢 $\phi10\sim14$	kg	300.000	450.000	585.000	760.500
	012901009	热轧薄钢板 $\delta1.6\sim1.9$	kg	10.000	15.000	19.500	25.350
	012900017	钢板 $\delta4.5\sim7$	kg	20.000	25.000	32.500	42.250
	012903011	热轧中厚钢板 $\delta8\sim20$	kg	35.000	40.000	52.000	67.600
	012903017	热轧中厚钢板 $\delta21\sim30$	kg	100.000	130.000	169.000	219.700
	012903028	热轧中厚钢板 $\delta31$ 以外	kg	400.000	480.000	624.000	811.200
	012300001	型钢（综合）	kg	600.000	700.000	910.000	1183.000
	170201010	无缝钢管 $D42.5\times3.5$	m	18.000	20.000	26.000	33.800
	170201016	无缝钢管 $D57\times4$	m	5.000	5.000	6.500	8.450
	170101003	焊接钢管 $DN20$	m	10.000	10.000	13.000	16.900
	031502004	骑马钉 20×2	kg	25.000	40.000	52.000	67.600
	031301025	紫铜电焊条 T107 $\phi3.2$	kg	3.000	3.500	4.550	5.915
	031301023	碳钢气焊条（综合）	kg	35.000	40.000	52.000	67.600
	031307003	铜焊粉气剂 301 瓶装	kg	0.700	0.870	1.131	1.470
	013501001	黄铜板 $\delta0.08\sim0.3$	kg	3.000	3.000	3.900	5.070
	140509003	溶剂汽油 200#	kg	12.000	15.000	19.500	25.350
	143101002	盐酸 31%合成	kg	180.000	200.000	260.000	338.000
	143171001	碳酸钠（纯碱）	kg	36.000	40.000	52.000	67.600

工作内容：开箱清点、场内运输、外观检查、设备清洗、吊装、连接、安装就位、调整、固定、单体调试。

计量单位：台

编号				1-2-95	1-2-96	1-2-97	1-2-98
项目				公称压力（t 以内）			
				2500	3150	6000	8000
名称			单位	消耗量			
材料	143185001	亚硝酸钠	kg	145.000	160.000	208.000	270.400
	143343001	乌洛托品	kg	4.000	4.000	5.200	6.760
	142909001	氧气	m^3	357.000	459.000	596.700	775.710
	142907002	乙炔气	kg	137.308	176.538	229.500	298.350
	140505001	铅油（厚漆）	kg	6.000	6.000	7.800	10.140
	130115001	调和漆	kg	80.000	99.000	128.700	167.310
	130505002	防锈漆 C53-1	kg	30.000	40.000	52.000	67.600
	130903004	银粉漆	kg	3.000	3.500	4.550	5.915
	020112007	无石棉橡胶板高压 $\delta1\sim6$	kg	26.000	28.000	36.400	47.320
	020101005	橡胶板 $\delta5\sim10$	kg	40.000	45.000	58.500	76.050
	022301001	石墨粉高碳	kg	10.000	10.000	13.000	16.900
	190503003	螺纹球阀 *DN*50	个	4.000	5.000	6.500	8.450
	031102005	铁砂布 $0^{\#}\sim2^{\#}$	张	100.000	120.000	156.000	202.800
	031541002	锯条（综合）	根	80.000	80.000	104.000	135.200
	272507001	红钢纸 0.2～0.5	kg	3.600	4.000	5.200	6.760
	341109001	焦炭	kg	1500.000	2000.000	2600.000	3380.000
	341111001	木柴	kg	480.000	500.000	650.000	845.000
	133501005	研磨膏	盒	4.000	4.000	5.200	6.760
	341101001	水	m^3	1.400	1.600	2.080	2.704
	850103006	其他材料费（占材料费）	%	5.000	5.000	5.000	5.000
机械	990401035	载重汽车 10t	台班	3.800	3.800	4.800	4.800
	990304016	汽车式起重机 16t	台班	22.000	24.000	—	—
	990304028	汽车式起重机 30t	台班	1.500	2.000	5.000	7.000
	990304040	汽车式起重机 50t	台班	1.500	—	—	—
	990304052	汽车式起重机 75t	台班	—	1.000	2.600	3.400
	990304064	汽车式起重机 100t	台班	1.000	1.500	4.000	5.000
	990728020	摇臂钻床 50mm	台班	23.500	—	—	—
	990728030	摇臂钻床 63mm	台班	—	29.000	78.000	102.000
	991003050	电动空气压缩机 $6m^3/min$	台班	20.000	26.000	70.500	9.000
	990813045	试压泵 60MPa	台班	20.000	25.000	68.000	88.000
	991204020	鼓风机 $18m^3/min$	台班	13.500	17.500	47.000	61.000
	990901020	交流弧焊机 32kV·A	台班	78.500	106.500	287.000	373.000

第三章

铸造设备安装

说　明

一、本章内容包括砂处理设备、造型及造芯设备、落砂及清理设备、抛丸清理室、金属型铸造设备、材料准备设备、铸铁平台安装。

1. 砂处理设备：包括混砂机、碾砂机、松砂机、筛砂机等。

2. 造型及造芯设备：包括震压式造型机、震实式造型机、震实式制芯机、吹芯机、射芯机等。

3. 落砂及清理设备：包括震动落砂机、型芯落砂机、圆型清理滚筒、喷砂机、喷丸器、喷丸清理转台、抛丸机等。

4. 抛丸清理室：包括室体组焊、电动台车及旋转台安装、抛丸喷丸器安装、铁丸分配、输送及回收装置安装、悬挂链轨道及吊钩安装、除尘风管和铁丸输送管敷设、平台、梯子、栏杆等安装、设备单机试运转。

5. 金属型铸造设备：包括卧式冷室压铸机、立式冷室压铸机、卧式离心铸造机等。

6. 材料准备设备：包括 C246 及 C246A 球磨机、碾沙机、蜡模成型机械、生铁裂断机、涂料搅拌机等。

7. 铸铁平台：包括方型平台、铸梁式平台。

二、本章不包括以下工作内容：

1. 地轨安装。

2. 垫木排制作、防腐。

3. 抛丸清理室的除尘机及除尘器与风机间的风管安装。

三、抛丸清理室安装项目是以台为计量单位，是指除设备基础等土建工程及电气箱、开关、敷设电气管线等电气工程外，成套供应的抛丸机、回转台、斗式提升机、螺旋输送机、电动小车等设备以及框架、平台、梯子、栏杆、漏斗、漏管等金属结构件安装。设备重量是指上述全套设备加金属结构件的总重量。

工程量计算规则

一、砂处理设备、造型及造芯设备、落砂及清理设备、金属型铸造设备、材料准备设备安装应区分设备类型、重量，按设计图示数量，分别以“台”为计量单位。

二、抛丸清理室安装，应区分设备重量，按设计图示数量，分别以“台”为计量单位。

三、铸铁平台安装，应区分平台的不同安装方式，按设计图示重量，以“10t”为计量单位。

一、砂处理设备

工作内容：开箱清点、场内运输、外观检查、设备清洗、吊装、连接、安装就位、调整、固定、单体调试。

计量单位：台

编号				1-3-1	1-3-2	1-3-3	1-3-4
项目				设备重量（t 以内）			
				2	4	6	8
		名称	单位	消耗量			
人工	000203000	综合二类工	工日	8.567	12.255	16.727	20.422
材料	031509007	平垫铁（综合）	kg	4.700	7.530	17.460	19.400
	031509010	斜垫铁（综合）	kg	4.590	7.640	14.810	17.290
	012901009	热轧薄钢板 δ1.6～1.9	kg	1.100	1.430	1.430	1.650
	031507018	镀锌铁丝 ϕ2.8～4.0	kg	0.616	0.616	0.924	0.924
	050301004	木板（综合）	m^3	0.012	0.020	0.022	0.054
	140307001	煤油	kg	2.137	3.003	3.465	3.511
	140303001	机油（综合）	kg	0.144	0.222	0.222	0.333
	140901003	黄油钙基脂	kg	0.089	0.167	0.167	0.222
	850103006	其他材料费（占材料费）	%	5.000	5.000	5.000	5.000
机械	990401035	载重汽车 10t	台班	—	0.200	0.300	0.300
	990305020	叉式起重机 5t	台班	0.250	—	—	—
	990304016	汽车式起重机 16t	台班	—	0.500	0.500	0.900

工作内容：开箱清点、场内运输、外观检查、设备清洗、吊装、连接、安装就位、调整、固定、单体调试。

计量单位：台

编号				1-3-5	1-3-6	1-3-7	1-3-8
项目				设备重量（t 以内）			
				10	12	15	20
		名称	单位	消耗量			
人工	000203000	综合二类工	工日	25.488	30.201	37.449	49.436
材料	031509007	平垫铁（综合）	kg	25.230	41.400	48.290	59.840
	031509010	斜垫铁（综合）	kg	22.230	36.690	45.860	55.040
	012901009	热轧薄钢板 δ1.6～1.9	kg	1.650	2.030	2.200	2.500
	031507018	镀锌铁丝 ϕ2.8～4.0	kg	1.232	1.515	2.400	3.000
	050301004	木板（综合）	m^3	0.059	0.073	0.083	0.090
	140307001	煤油	kg	4.620	5.683	6.825	7.350
	140303001	机油（综合）	kg	0.333	0.410	0.707	0.707
	140901003	黄油钙基脂	kg	0.333	0.410	0.354	0.354

续前

编号				1-3-5	1-3-6	1-3-7	1-3-8
项目				设备重量（t 以内）			
				10	12	15	20
名称			单位	消耗量			
材料	050105001	道木（综合）	m^3	—	—	0.062	0.069
	850103006	其他材料费（占材料费）	%	5.000	5.000	5.000	5.000
机械	990401035	载重汽车 10t	台班	0.300	0.300	0.400	0.500
	990304016	汽车式起重机 16t	台班	0.500	—	—	—
	990304024	汽车式起重机 25t	台班	0.500	0.500	—	—
	990304004	汽车式起重机 8t	台班	—	0.500	0.700	0.600
	990304028	汽车式起重机 30t	台班	—	—	0.500	—
	990304040	汽车式起重机 50t	台班	—	—	—	0.500

二、造型及造芯设备

工作内容：开箱清点、场内运输、外观检查、设备清洗、吊装、连接、安装就位、调整、固定、单体调试。

计量单位：台

编号				1-3-9	1-3-10	1-3-11	1-3-12	1-3-13
项目				设备重量（t 以内）				
				1	2	4	6	8
名称			单位	消耗量				
人工	000203000	综合二类工	工日	6.840	12.936	21.441	32.056	41.767
材料	031509007	平垫铁（综合）	kg	2.820	5.820	20.700	27.600	31.050
	031509010	斜垫铁（综合）	kg	3.060	4.940	18.300	22.800	27.500
	012901009	热轧薄钢板 δ1.6～1.9	kg	0.750	1.000	1.260	1.540	1.600
	031507018	镀锌铁丝 ϕ2.8～4.0	kg	0.420	0.560	0.720	1.320	1.200
	050301004	木板（综合）	m^3	0.020	0.026	0.028	0.054	0.054
	140307001	煤油	kg	3.139	4.185	4.712	7.491	9.420
	140303001	机油（综合）	kg	0.152	0.202	0.273	0.333	0.404
	140901003	黄油钙基脂	kg	0.152	0.202	0.273	0.333	0.404
	020101005	橡胶板 δ5～10	kg	5.250	7.000	8.100	—	—
	850103006	其他材料费（占材料费）	%	5.000	5.000	5.000	5.000	5.000
机械	990401035	载重汽车 10t	台班	—	—	0.200	0.500	0.500
	990305020	叉式起重机 5t	台班	0.200	0.300	—	—	—
	990304016	汽车式起重机 16t	台班	—	—	0.500	0.500	0.800

工作内容：开箱清点、场内运输、外观检查、设备清洗、吊装、连接、安装就位、调整、固定、单体调试。

计量单位：台

编号				1-3-14	1-3-15	1-3-16	1-3-17
项目				设备重量（t 以内）			
				10	15	20	25
		名称	单位	消耗量			
人工	000203000	综合二类工	工日	47.625	67.257	79.591	96.294
材料	031509007	平垫铁（综合）	kg	34.790	37.950	44.840	48.290
	031509010	斜垫铁（综合）	kg	32.100	36.690	41.280	45.860
	012901009	热轧薄钢板 δ1.6～1.9	kg	1.600	2.000	2.000	2.500
	031507018	镀锌铁丝 ϕ2.8～4.0	kg	2.400	2.400	3.600	3.600
	050301004	木板（综合）	m^3	0.075	0.083	0.103	0.134
	050105001	道木（综合）	m^3	0.062	0.062	0.069	0.069
	140307001	煤油	kg	11.520	13.080	14.640	19.890
	140303001	机油（综合）	kg	0.606	0.808	1.010	1.010
	140901003	黄油钙基脂	kg	0.404	0.505	0.505	0.505
	850103006	其他材料费（占材料费）	%	5.000	5.000	5.000	5.000
机械	990401035	载重汽车 10t	台班	0.500	0.500	0.500	0.500
	990304028	汽车式起重机 30t	台班	1.000	—	—	—
	990304040	汽车式起重机 50t	台班	—	0.800	0.900	1.000

三、落砂及清理设备

工作内容：开箱清点、场内运输、外观检查、设备清洗、吊装、连接、安装就位、调整、固定、单体调试。

计量单位：台

编号				1-3-18	1-3-19	1-3-20	1-3-21	1-3-22	1-3-23
项目				设备重量（t 以内）					
				0.5	1	3	5	8	12
		名称	单位	消耗量					
人工	000203000	综合二类工	工日	2.346	3.775	10.888	15.797	25.135	37.372
材料	031509007	平垫铁（综合）	kg	2.820	5.820	19.400	25.230	32.300	35.120
	031509010	斜垫铁（综合）	kg	3.060	4.940	17.640	22.230	30.580	32.100
	012901009	热轧薄钢板 δ1.6～1.9	kg	0.750	1.000	1.300	1.300	1.800	3.000
	031507018	镀锌铁丝 ϕ2.8～4.0	kg	0.420	0.560	0.560	0.840	1.120	1.800
	050301004	木板（综合）	m^3	0.011	0.014	0.018	0.031	0.054	0.063
	050105001	道木（综合）	m^3	—	—	—	—	—	0.004
	140307001	煤油	kg	0.788	1.050	2.100	3.150	6.300	8.400

续前

编号				1-3-18	1-3-19	1-3-20	1-3-21	1-3-22	1-3-23
项目				设备重量（t以内）					
				0.5	1	3	5	8	12
名称			单位	消耗量					
材料	140303001	机油（综合）	kg	0.076	0.101	0.202	0.202	0.505	0.808
	140901003	黄油钙基脂	kg	0.076	0.101	0.152	0.303	0.404	0.606
	850103006	其他材料费（占材料费）	%	5.000	5.000	5.000	5.000	5.000	5.000
机械	990401035	载重汽车 10t	台班	—	—	—	0.500	0.500	0.500
	990305020	叉式起重机 5t	台班	0.200	0.300	0.500	—	—	—
	990304004	汽车式起重机 8t	台班	—	—	0.300	0.800	0.500	1.000
	990304016	汽车式起重机 16t	台班	—	—	—	—	0.500	0.500

四、抛丸清理室

工作内容： 开箱清点、场内运输、外观检查、设备清洗、吊装、连接、安装就位、调整、固定、单体调试。

计量单位： 台

编号				1-3-24	1-3-25	1-3-26	1-3-27
项目				设备重量（t以内）			
				5	10	15	20
名称			单位	消耗量			
人工	000203000	综合二类工	工日	46.258	87.160	124.514	170.494
材料	031509007	平垫铁（综合）	kg	10.530	21.060	23.850	27.220
	031509010	斜垫铁（综合）	kg	9.880	19.750	21.576	25.200
	012101008	角钢 60	kg	2.000	2.800	4.000	5.000
	012901009	热轧薄钢板 δ1.6～1.9	kg	2.000	2.800	4.000	5.000
	012903011	热轧中厚钢板 δ8～20	kg	4.000	7.000	10.000	10.000
	031507018	镀锌铁丝 ϕ2.8～4.0	kg	2.000	2.100	3.000	3.000
	031301009	低碳钢焊条 J427（综合）	kg	22.050	41.160	58.800	60.900
	050301004	木板（综合）	m^3	0.020	0.034	0.048	0.061
	050105001	道木（综合）	m^3	0.007	0.005	0.007	0.007
	140307001	煤油	kg	4.680	5.817	8.310	9.870
	140303001	机油（综合）	kg	1.010	1.061	1.515	1.515
	140901003	黄油钙基脂	kg	0.404	0.354	0.505	0.505
	142315001	凡士林	kg	0.500	0.490	0.700	0.800
	142909001	氧气	m^3	6.120	8.568	12.240	14.280
	142907002	乙炔气	kg	2.354	3.295	4.708	5.492

续前

编号				1-3-24	1-3-25	1-3-26	1-3-27
项目				设备重量（t 以内）			
				5	10	15	20
名称			单位	消耗量			
材料	140505001	铅油（厚漆）	kg	1.000	1.400	2.000	2.200
	130115001	调和漆	kg	0.300	0.350	0.500	0.600
	130505002	防锈漆 C53-1	kg	0.300	0.350	0.500	0.600
	040915003	黑铅粉	kg	0.500	0.700	1.000	1.200
	020112007	无石棉橡胶板高压 $\delta1\sim6$	kg	2.000	1.540	2.200	3.400
	023503019	无石棉松绳 $\phi13\sim19$	kg	1.100	1.400	2.000	2.500
	020101005	橡胶板 $\delta5\sim10$	kg	1.500	1.820	2.600	4.600
	850103006	其他材料费（占材料费）	%	5.000	5.000	5.000	5.000
机械	990401035	载重汽车 10t	台班	—	0.200	0.300	0.500
	990304016	汽车式起重机 16t	台班	0.850	1.300	1.500	1.700
	990304024	汽车式起重机 25t	台班	—	0.300	—	—
	990304028	汽车式起重机 30t	台班	—	—	0.300	0.300
	990901010	交流弧焊机 21kV · A	台班	5.000	6.500	8.000	8.500

工作内容：开箱清点、场内运输、外观检查、设备清洗、吊装、连接、安装就位、调整、固定、单体调试。

计量单位：台

编号				1-3-28	1-3-29	1-3-30
项目				设备重量（t 以内）		
				35	40	50
名称			单位	消耗量		
人工	000203000	综合二类工	工日	289.198	319.799	375.434
材料	031509007	平垫铁（综合）	kg	29.700	35.640	39.600
	031509010	斜垫铁（综合）	kg	27.720	30.240	32.760
	012101008	角钢 60	kg	6.000	10.000	12.000
	012901009	热轧薄钢板 $\delta1.6\sim1.9$	kg	7.000	14.000	16.000
	012903011	热轧中厚钢板 $\delta8\sim20$	kg	16.000	24.000	28.000
	031507018	镀锌铁丝 $\phi2.8\sim4.0$	kg	5.000	8.500	10.000
	031301009	低碳钢焊条 J427（综合）	kg	65.100	73.500	76.650
	050301004	木板（综合）	m^3	0.121	0.169	0.169
	050105001	道木（综合）	m^3	0.007	0.007	0.007
	140307001	煤油	kg	12.480	27.120	31.260
	140303001	机油（综合）	kg	2.020	3.535	4.040
	140901003	黄油钙基脂	kg	0.808	1.212	1.616
	142315001	凡士林	kg	1.000	1.200	1.200

续前

编号				1-3-28	1-3-29	1-3-30
项目				设备重量（t以内）		
				35	40	50
名称			单位	消耗量		
材料	142909001	氧气	m^3	21.420	24.480	26.520
	142907002	乙炔气	kg	8.238	9.415	10.200
	140505001	铅油（厚漆）	kg	2.500	3.000	3.000
	130115001	调和漆	kg	0.750	1.000	1.200
	130505002	防锈漆 C53-1	kg	0.750	1.000	1.200
	040915003	黑铅粉	kg	1.500	1.600	1.600
	020112007	无石棉橡胶板高压 δ1～6	kg	5.500	7.000	7.300
	023503019	无石棉松绳 ϕ13～19	kg	3.500	4.400	4.600
	020101005	橡胶板 δ5～10	kg	6.700	8.200	8.500
	850103006	其他材料费（占材料费）	%	5.000	5.000	5.000
机械	990401035	载重汽车 10t	台班	0.500	0.800	0.800
	990304016	汽车式起重机 16t	台班	3.800	4.200	6.300
	990304040	汽车式起重机 50t	台班	0.400	—	—
	990304052	汽车式起重机 75t	台班	—	0.400	—
	990304064	汽车式起重机 100t	台班	—	—	0.600
	990901010	交流弧焊机 21kV·A	台班	11.500	14.000	16.000

五、金属型铸造设备

工作内容： 开箱清点、场内运输、外观检查、设备清洗、吊装、连接、安装就位、调整、固定、单体调试。

计量单位： 台

编号				1-3-31	1-3-32	1-3-33	1-3-34	1-3-35
项目				设备重量（t以内）				
				1	3	5	7	9
名称			单位	消耗量				
人工	000203000	综合二类工	工日	6.948	19.212	26.478	35.250	43.009
材料	031509007	平垫铁（综合）	kg	2.820	7.760	11.640	13.580	20.690
	031509010	斜垫铁（综合）	kg	3.060	7.410	9.880	12.350	18.350
	012903028	热轧中厚钢板 δ31 以外	kg	20.000	31.200	40.000	60.000	45.000
	031507018	镀锌铁丝 ϕ2.8～4.0	kg	0.560	0.874	0.840	1.260	0.840
	013503001	紫铜板（综合）	kg	0.100	0.156	0.200	0.300	0.200

续前

编　　号				1-3-31	1-3-32	1-3-33	1-3-34	1-3-35
项　　目				设备重量（t 以内）				
				1	3	5	7	9
名　　称			单位	消　耗　量				
材料	050301004	木板（综合）	m^3	0.015	0.023	0.031	0.047	0.053
	140307001	煤油	kg	2.412	3.309	3.910	5.184	5.964
	140303001	机油（综合）	kg	0.152	0.237	0.202	0.303	0.303
	140901003	黄油钙基脂	kg	0.101	0.158	0.202	0.303	0.202
	020101005	橡胶板 δ5～10	kg	0.200	0.312	0.200	0.300	—
	850103006	其他材料费（占材料费）	%	5.000	5.000	5.000	5.000	5.000
机械	990401035	载重汽车 10t	台班	—	—	0.300	0.300	0.500
	990305020	叉式起重机 5t	台班	0.300	0.400	—	—	—
	990304012	汽车式起重机 12t	台班	—	—	0.500	—	—
	990304016	汽车式起重机 16t	台班	—	—	—	0.500	0.650

计量单位：台

编　　号				1-3-36	1-3-37	1-3-38	1-3-39	1-3-40
项　　目				设备重量（t 以内）				
				12	15	20	25	30
名　　称			单位	消　耗　量				
人工	000203000	综合二类工	工日	57.051	70.817	85.625	106.200	122.519
材料	031509007	平垫铁（综合）	kg	24.150	31.050	56.060	61.660	72.870
	031509010	斜垫铁（综合）	kg	22.930	27.520	51.040	58.330	65.620
	012903028	热轧中厚钢板 δ31 以外	kg	50.000	50.000	60.000	60.000	60.000
	031507018	镀锌铁丝 ϕ2.8～4.0	kg	1.800	2.400	3.600	3.600	4.000
	013503001	紫铜板（综合）	kg	0.200	0.300	0.500	0.800	0.800
	050301004	木板（综合）	m^3	0.075	0.083	0.121	0.134	0.156
	140307001	煤油	kg	7.320	9.420	11.520	16.770	23.040
	140303001	机油（综合）	kg	0.303	0.404	0.505	0.707	1.010
	140901003	黄油钙基脂	kg	0.202	0.303	0.303	0.404	0.404
	050105001	道木（综合）	m^3	—	0.021	0.021	0.021	0.028
	850103006	其他材料费（占材料费）	%	5.000	5.000	5.000	5.000	5.000
机械	990401035	载重汽车 10t	台班	0.400	0.500	0.500	0.500	0.500
	990304016	汽车式起重机 16t	台班	—	0.500	0.500	1.000	1.500
	990304028	汽车式起重机 30t	台班	0.900	0.500	—	—	—
	990304040	汽车式起重机 50t	台班	—	—	0.500	0.500	0.600

工作内容：开箱清点、场内运输、外观检查、设备清洗、吊装、连接、安装就位、调整、固定、单体调试。

计量单位：台

编号				1-3-41	1-3-42	1-3-43	1-3-44
项目				设备重量（t 以内）			
				40	45	50	55
名称			单位	消耗量			
人工	000203000	综合二类工	工日	163.299	177.055	195.416	215.323
材料	031509007	平垫铁（综合）	kg	78.480	82.400	86.520	95.300
	031509010	斜垫铁（综合）	kg	72.910	76.560	80.380	87.490
	012903028	热轧中厚钢板 δ31 以外	kg	80.000	96.000	105.600	80.000
	031507018	镀锌铁丝 ϕ2.8～4.0	kg	5.000	6.000	6.600	6.000
	013503001	紫铜板（综合）	kg	1.000	1.200	1.320	1.000
	050301004	木板（综合）	m^3	0.163	0.196	0.215	0.188
	050105001	道木（综合）	m^3	0.069	0.083	0.091	0.069
	140307001	煤油	kg	28.560	33.948	37.343	34.560
	140303001	机油（综合）	kg	1.212	1.454	1.600	1.515
	140901003	黄油钙基脂	kg	0.606	0.727	0.800	0.909
	850103006	其他材料费（占材料费）	%	5.000	5.000	5.000	5.000
机械	990401035	载重汽车 10t	台班	1.000	1.000	1.000	1.000
	990304016	汽车式起重机 16t	台班	2.000	3.000	3.500	2.000
	990304052	汽车式起重机 75t	台班	0.650	0.750	—	—
	990304064	汽车式起重机 100t	台班	—	—	0.500	0.800

六、材料准备设备

工作内容：开箱清点、场内运输、外观检查、设备清洗、吊装、连接、安装就位、调整、固定、单体调试。

计量单位：台

编号				1-3-45	1-3-46	1-3-47	1-3-48
项目				设备重量（t 以内）			
				1	3	5	8
名称			单位	消耗量			
人工	000203000	综合二类工	工日	10.274	23.937	35.556	48.215
材料	031509007	平垫铁（综合）	kg	5.640	11.640	17.280	31.990
	031509010	斜垫铁（综合）	kg	6.120	9.880	15.990	30.580
	012903011	热轧中厚钢板 δ8～20	kg	18.000	30.000	35.000	40.000
	031507018	镀锌铁丝 ϕ2.8～4.0	kg	1.500	2.500	3.000	3.000
	031301009	低碳钢焊条 J427（综合）	kg	0.210	0.263	0.411	0.587

续前

编　　号				1-3-45	1-3-46	1-3-47	1-3-48
项　　目				设备重量（t 以内）			
				1	3	5	8
名　　称			单位	消　耗　量			
材料	050301004	木板（综合）	m^3	0.001	0.018	0.031	0.036
	140307001	煤油	kg	3.150	5.250	6.300	7.350
	140303001	机油（综合）	kg	0.505	1.010	1.010	1.212
	140901003	黄油钙基脂	kg	0.505	0.707	1.010	1.010
	142909001	氧气	m^3	—	—	1.020	2.040
	142907002	乙炔气	kg	—	—	0.392	0.785
	850103006	其他材料费（占材料费）	%	5.000	5.000	5.000	5.000
机械	990401035	载重汽车 10t	台班	—	—	—	0.500
	990305020	叉式起重机 5t	台班	0.250	0.500	0.400	—
	990304012	汽车式起重机 12t	台班	—	—	0.300	—
	990304028	汽车式起重机 30t	台班	—	—	—	0.450
	990901010	交流弧焊机 21kV · A	台班	0.200	0.400	0.500	0.500

七、铸 铁 平 台

工作内容：开箱清点、场内运输、外观检查、吊装、连接、安装就位、调整、固定。

计量单位：10t

编　　号				1-3-49	1-3-50	1-3-51	1-3-52	1-3-53
项　　目				方型平台			铸梁式平台	
				基础上灌浆	基础上不灌浆	支架上	基础上灌浆	基础上不灌浆
名　　称			单位	消　耗　量				
人工	000203000	综合二类工	工日	44.357	25.898	20.601	100.704	59.403
材料	031509010	斜垫铁（综合）	kg	—	—	—	50.000	80.000
	031509007	平垫铁（综合）	kg	—	—	—	50.000	80.000
	050301004	木板（综合）	m^3	0.273	0.080	0.070	1.106	0.465
	050105002	道木 250mm × 200mm × 2500mm	根	—	—	0.280	—	—
	140307001	煤油	kg	2.360	2.360	1.790	1.320	1.320
	140303001	机油（综合）	kg	0.500	0.340	0.350	0.160	0.160
	850103006	其他材料费（占材料费）	%	5.000	5.000	5.000	5.000	5.000
机械	990401035	载重汽车 10t	台班	0.400	0.300	0.600	1.000	0.500
	990304004	汽车式起重机 8t	台班	0.600	0.600	0.700	0.800	0.700

第四章

起重设备安装

第四章

[illegible]

说 明

一、本章内容包括桥式起重机、吊钩门式起重机、梁式起重机、电动壁行悬臂挂式起重机、旋臂壁式起重机、悬臂立柱式起重机、电动葫芦、单轨小车安装。

1. 桥式起重机：包括电动双梁桥式起重机、吊钩抓斗电磁铁三用桥式起重机、双小车吊钩桥式起重机、加料及双钩挂梁桥式起重机。

2. 梁式起重机：包括电动单梁起重机、手动单梁起重机、电动单梁悬挂起重机、手动单梁悬挂起重机、手动双梁起重机。

3. 旋臂壁式起重机：电动旋臂壁式起重机、手动旋臂壁式起重机。

4. 悬臂立柱式起重机：电动悬臂立柱式起重机、手动悬臂立柱式起重机。

二、本章适用范围：

1. 工业用的起重设备安装，起重量为 0.5～400t。

2. 适用于不同结构、不同用途的电动（手动）起重机安装。

三、本章包括以下工作内容：

1. 起重机静负荷、动负荷及超负荷试运转。

2. 必需的端梁铆接。

3. 解体供货的起重机现场组装。

四、本章不包括以下工作内容：

1. 试运转所需重物的供应和搬运。

2. 脚手架搭拆。

工程量计算规则

一、起重机安装应区分其型号、规格、起重量，按设计图示数量，分别以“台”为计量单位。

二、电动葫芦及单轨小车安装，应区分起重量，按设计图示数量，分别以“台”为计量单位。

一、桥式起重机

1. 电动双梁桥式起重机

工作内容： 施工准备、吊装就位、安装找正、端梁铆接、起重机现场组装、起重机静负荷、动负荷及超负荷试运转、配合检查验收。

计量单位：台

编号				1-4-1	1-4-2	1-4-3	1-4-4	1-4-5	1-4-6
项目				起重量（t 以内）					
				5		10		15/3	
				跨距（m 以内）					
				19.5	31.5	19.5	31.5	19.5	31.5
名称			单位	消耗量					
人工	000203000	综合二类工	工日	52.549	61.186	60.548	72.968	63.150	75.905
材料	012900017	钢板 δ4.5～7	kg	0.460	0.460	0.575	0.575	0.575	0.575
	050301004	木板（综合）	m^3	0.048	0.080	0.053	0.080	0.071	0.080
	050105001	道木（综合）	m^3	0.258	0.258	0.258	0.258	0.258	0.258
	140307001	煤油	kg	7.875	8.676	11.223	12.416	15.724	17.194
	140303001	机油（综合）	kg	2.644	2.922	3.699	4.089	5.278	5.833
	140901003	黄油钙基脂	kg	4.861	5.214	6.186	6.451	8.131	8.838
	142909001	氧气	m^3	2.978	3.295	3.029	3.315	3.488	7.405
	142907002	乙炔气	kg	1.145	1.267	1.165	1.275	1.342	2.848
	031301009	低碳钢焊条 J427（综合）	kg	4.988	5.513	5.985	6.615	7.329	7.802
	850103006	其他材料费（占材料费）	%	3.000	3.000	3.000	3.000	3.000	3.000
机械	990403020	平板拖车组 20t	台班	0.500	0.500	0.500	0.500	0.500	0.500
	990304016	汽车式起重机 16t	台班	1.500	1.000	1.000	1.000	1.000	1.500
	990304024	汽车式起重机 25t	台班	—	1.000	0.500	—	0.500	—
	990304040	汽车式起重机 50t	台班	—	—	—	1.000	—	1.000
	990503030	电动单筒慢速卷扬机 50kN	台班	1.000	1.000	1.000	1.500	2.000	2.000
	990901010	交流弧焊机 21kV·A	台班	1.250	1.250	1.250	1.250	1.600	1.750

工作内容： 施工准备、吊装就位、安装找正、端梁铆接、起重机现场组装、起重机静负荷、动负荷及超负荷试运转、配合检查验收。

计量单位：台

编号				1-4-7	1-4-8	1-4-9	1-4-10	1-4-11	1-4-12
项目				起重量（t 以内）					
				20/5		30/5		50/10	
				跨距（m 以内）					
				19.5	31.5	19.5	31.5	19.5	31.5
名称			单位	消耗量					
人工	000203000	综合二类工	工日	71.540	80.275	85.848	95.386	103.011	114.464
材料	012900017	钢板 δ4.5～7	kg	0.690	0.690	0.920	0.920	1.495	1.495

续前

编号				1-4-7	1-4-8	1-4-9	1-4-10	1-4-11	1-4-12
项目				起重量（t 以内）					
				20/5		30/5		50/10	
				跨距（m 以内）					
				19.5	31.5	19.5	31.5	19.5	31.5
名称			单位	消耗量					
材料	050301004	木板（综合）	m^3	0.075	0.113	0.093	0.138	0.125	0.163
	050105001	道木（综合）	m^3	0.258	0.258	0.258	0.258	0.516	0.516
	140307001	煤油	kg	17.444	18.638	18.993	20.685	29.610	32.734
	140303001	机油（综合）	kg	6.333	6.999	7.389	8.166	9.500	10.500
	140901003	黄油钙基脂	kg	9.721	10.252	10.605	11.754	12.373	12.991
	142909001	氧气	m^3	3.978	4.396	4.417	4.498	4.519	4.600
	142907002	乙炔气	kg	1.530	1.691	1.699	1.730	1.738	1.769
	031301009	低碳钢焊条 J427（综合）	kg	8.022	8.075	9.083	9.324	9.482	10.479
	850103006	其他材料费（占材料费）	%	3.000	3.000	3.000	3.000	3.000	3.000
机械	990304064	汽车式起重机 100t	台班	—	1.000	—	1.000	—	1.000
	990304052	汽车式起重机 75t	台班	—	—	0.500	—	1.000	—
	990403020	平板拖车组 20t	台班	0.500	0.500	0.500	0.500	0.500	0.500
	990304024	汽车式起重机 25t	台班	0.500	—	1.000	1.000	1.000	1.000
	990304040	汽车式起重机 50t	台班	0.500	1.000	0.500	—	1.000	—
	990503030	电动单筒慢速卷扬机 50kN	台班	2.000	2.000	2.000	2.000	2.000	2.000
	990901010	交流弧焊机 21kV·A	台班	1.750	1.750	1.750	1.750	1.750	2.000

工作内容：施工准备、吊装就位、安装找正、端梁铆接、起重机现场组装、起重机静负荷、动负荷及超负荷试运转、配合检查验收。 **计量单位：**台

编号				1-4-13	1-4-14	1-4-15	1-4-16	1-4-17	1-4-18
项目				起重量（t 以内）					
				75/20		100/20		150/30	
				跨距（m 以内）					
				19.5	31.5	22	31	22	31
名称			单位	消耗量					
人工	000203000	综合二类工	工日	123.325	141.278	160.087	176.578	245.945	276.807
材料	012900017	钢板 δ4.5～7	kg	1.955	1.955	2.070	2.070	2.530	2.530
	050301004	木板（综合）	m^3	0.175	0.225	0.288	0.363	0.400	0.488
	050105001	道木（综合）	m^3	0.516	0.516	0.773	0.773	0.773	0.773
	140307001	煤油	kg	40.294	44.954	49.875	51.765	56.110	57.790
	140303001	机油（综合）	kg	11.855	12.587	15.554	16.020	18.887	19.454
	140901003	黄油钙基脂	kg	16.791	17.675	19.796	20.326	30.048	30.931
	142909001	氧气	m^3	6.089	6.467	9.486	9.690	12.750	13.464
	142907002	乙炔气	kg	2.342	2.487	3.648	3.727	4.904	5.178

续前

编号				1-4-13	1-4-14	1-4-15	1-4-16	1-4-17	1-4-18
项目				起重量（t 以内）					
				75/20		100/20		150/30	
				跨距（m 以内）					
				19.5	31.5	22	31	22	31
		名称	单位	消耗量					
材料	031301009	低碳钢焊条 J427（综合）	kg	11.498	12.212	13.472	13.881	15.089	15.330
	850103006	其他材料费（占材料费）	%	3.000	3.000	3.000	3.000	3.000	3.000
机械	990403020	平板拖车组 20t	台班	0.500	—	—	—	—	—
	990304024	汽车式起重机 25t	台班	0.500	0.500	0.500	0.500	0.500	0.500
	990304040	汽车式起重机 50t	台班	0.500	0.500	1.000	1.500	2.000	2.000
	990304064	汽车式起重机 100t	台班	1.000	1.500	1.000	2.000	1.500	2.500
	990401030	载重汽车 8t	台班	0.500	0.500	0.500	0.500	0.500	0.500
	990503030	电动单筒慢速卷扬机 50kN	台班	2.000	2.500	2.500	3.000	3.000	4.000
	990403025	平板拖车组 30t	台班	—	0.500	0.500	0.500	1.000	1.000
	990901010	交流弧焊机 21kV·A	台班	2.500	2.840	3.130	3.300	3.500	3.930

工作内容：施工准备、吊装就位、安装找正、端梁铆接、起重机现场组装、起重机静负荷、动负荷及超负荷试运转、配合检查验收。　　　　**计量单位：**台

编号				1-4-19	1-4-20	1-4-21	1-4-22
项目				起重量（t 以内）			
				200/30		250/30	
				跨距（m 以内）			
				22	31	22	31
		名称	单位	消耗量			
人工	000203000	综合二类工	工日	296.986	327.564	376.150	420.014
材料	012900017	钢板 δ4.5～7	kg	2.530	2.530	2.645	2.645
	050301004	木板（综合）	m^3	0.425	0.525	0.500	0.625
	050105001	道木（综合）	m^3	0.773	0.773	1.031	1.031
	140307001	煤油	kg	62.344	64.221	68.579	70.639
	140303001	机油（综合）	kg	22.220	22.887	25.553	26.320
	140901003	黄油钙基脂	kg	33.583	38.001	42.420	43.304
	142909001	氧气	m^3	26.143	26.928	28.234	29.080
	142907002	乙炔气	kg	10.055	10.357	10.859	11.185
	341111001	木柴	kg	14.000	14.000	20.000	20.000
	031301009	低碳钢焊条 J427（综合）	kg	16.706	17.210	18.323	18.869
	850103006	其他材料费（占材料费）	%	3.000	3.000	3.000	3.000

续前

编号				1-4-19	1-4-20	1-4-21	1-4-22
项目				起重量（t 以内）			
				200/30		250/30	
				跨距（m 以内）			
				22	31	22	31
名称			单位	消耗量			
机械	990401030	载重汽车 8t	台班	1.500	1.500	1.500	1.500
	990403015	平板拖车组 15t	台班	—	—	0.500	0.500
	990403030	平板拖车组 40t	台班	1.000	1.000	1.000	1.000
	990304024	汽车式起重机 25t	台班	2.000	1.500	2.000	3.500
	990304040	汽车式起重机 50t	台班	2.500	2.000	2.500	2.000
	990304064	汽车式起重机 100t	台班	2.000	3.500	3.000	3.500
	990503030	电动单筒慢速卷扬机 50kN	台班	4.000	5.000	6.000	6.000
	990901010	交流弧焊机 21kV·A	台班	4.280	4.410	4.690	4.840

工作内容：施工准备、吊装就位、安装找正、端梁铆接、起重机现场组装、起重机静负荷、动负荷及超负荷试运转、配合检查验收。

计量单位：台

编号				1-4-23	1-4-24	1-4-25
项目				起重量（t 以内）		
				300/50		400/80
				跨距（m 以内）		
				22	31	
名称			单位	消耗量		
人工	000203000	综合二类工	工日	417.446	474.375	558.601
材料	012900017	钢板 δ4.5～7	kg	3.450	3.450	5.750
	050301004	木板（综合）	m^3	0.563	0.625	1.000
	050105001	道木（综合）	m3	1.031	1.031	1.388
	140307001	煤油	kg	74.118	77.058	81.375
	140303001	机油（综合）	kg	27.775	28.609	33.330
	140901003	黄油钙基脂	kg	54.793	56.560	91.910
	142909001	氧气	m3	29.284	30.161	33.150
	142907002	乙炔气	kg	11.263	11.600	12.750
机械	341111001	木柴	kg	24.000	24.000	25.000
	031301009	低碳钢焊条 J427（综合）	kg	20.475	21.945	26.780
	850103006	其他材料费（占材料费）	%	3.000	3.000	3.000
	990401030	载重汽车 8t	台班	1.500	1.500	2.000
	990401045	载重汽车 15t	台班	1.000	1.000	1.000
	990403015	平板拖车组 15t	台班	0.500	0.500	1.000

续前

编　号				1-4-23	1-4-24	1-4-25
项　目				起重量（t 以内）		
				300/50		400/80
				跨距（m 以内）		
				22	31	
名　称			单位	消　耗　量		
机械	990403030	平板拖车组 40t	台班	1.000	1.500	2.000
	990304024	汽车式起重机 25t	台班	2.000	3.500	5.000
	990304040	汽车式起重机 50t	台班	3.000	2.500	2.000
	990304064	汽车式起重机 100t	台班	3.500	4.000	5.000
	990503030	电动单筒慢速卷扬机 50kN	台班	7.000	7.000	8.000
	990901010	交流弧焊机 21kV · A	台班	5.250	5.630	6.870

2. 吊钩抓斗电磁铁三用桥式起重机

工作内容：施工准备、吊装就位、安装找正、端梁铆接、起重机现场组装、起重机静负荷、动负荷及超负荷试运转、配合检查验收。　**计量单位：**台

编　号				1-4-26	1-4-27	1-4-28	1-4-29
项　目				起重量（t 以内）			
				5		10	
				跨距（m 以内）			
				19.5	31.5	19.5	31.5
名　称			单位	消　耗　量			
人工	000203000	综合二类工	工日	60.095	79.155	79.906	86.108
材料	012900017	钢板 δ4.5～7	kg	1.027	1.027	1.208	1.208
	050301004	木板（综合）	m³	0.066	0.110	0.092	0.131
	050105001	道木（综合）	m³	0.351	0.351	0.351	0.351
	140307001	煤油	kg	10.385	11.483	12.199	13.483
	140303001	机油（综合）	kg	4.550	5.016	5.542	6.125
	140901003	黄油钙基脂	kg	7.489	8.287	10.142	10.199
	142909001	氧气	m³	3.127	3.460	3.203	3.674
	142907002	乙炔气	kg	1.203	1.331	1.232	1.413
	031301009	低碳钢焊条 J427（综合）	kg	4.719	5.215	5.767	6.318
	850103006	其他材料费（占材料费）	%	3.000	3.000	3.000	3.000
机械	990403010	平板拖车组 10t	台班	0.591	0.686	0.651	0.730
	990304016	汽车式起重机 16t	台班	0.740	0.886	0.886	0.886
	990304024	汽车式起重机 25t	台班	0.886	1.050	1.050	1.050
	990901010	交流弧焊机 21kV · A	台班	1.323	1.323	1.897	1.897

工作内容： 施工准备、吊装就位、安装找正、端梁铆接、起重机现场组装、起重机静负荷、动负荷及超负荷试运转、配合检查验收。

计量单位：台

编号				1-4-30	1-4-31	1-4-32	1-4-33
项目				起重量（t 以内）			
				15		20	
				跨距（m 以内）			
				19.5	31.5	19.5	31.5
名称			单位	消耗量			
人工	000203000	综合二类工	工日	89.723	102.171	104.577	118.135
材料	012900017	钢板 δ4.5～7	kg	1.328	1.328	1.328	1.328
	050301004	木板（综合）	m^3	0.126	0.184	0.158	0.210
	050105001	道木（综合）	m^3	0.351	0.351	0.351	0.351
	140307001	煤油	kg	13.718	15.176	15.187	15.187
	140303001	机油（综合）	kg	6.159	6.742	6.765	6.999
	140901003	黄油钙基脂	kg	11.461	12.667	11.878	12.806
	142909001	氧气	m^3	3.567	3.781	3.749	4.070
	142907002	乙炔气	kg	1.372	1.454	1.442	1.565
	031301009	低碳钢焊条 J427（综合）	kg	6.328	6.946	7.056	7.166
	850103006	其他材料费（占材料费）	%	3.000	3.000	3.000	3.000
机械	990403020	平板拖车组 20t	台班	0.591	0.591	0.656	0.730
	990304016	汽车式起重机 16t	台班	1.000	—	—	—
	990304024	汽车式起重机 25t	台班	0.866	0.866	0.866	0.866
	990304040	汽车式起重机 50t	台班	—	1.050	1.050	—
	990304052	汽车式起重机 75t	台班	—	—	—	1.050
	990901010	交流弧焊机 21kV · A	台班	1.935	1.935	2.084	2.084

3. 双小车吊钩桥式起重机

工作内容： 施工准备、吊装就位、安装找正、端梁铆接、起重机现场组装、起重机静负荷、动负荷及超负荷试运转、配合检查验收。

计量单位：台

编号				1-4-34	1-4-35	1-4-36	1-4-37
项目				起重量（t 以内）			
				5 + 5		10 + 10	
				跨距（m 以内）			
				19.5	31.5	19.5	31.5
名称			单位	消耗量			
人工	000203000	综合二类工	工日	63.045	78.805	72.869	87.717
材料	012900017	钢板 δ4.5～7	kg	0.920	0.920	0.920	1.035
	050301004	木板（综合）	m^3	0.050	0.050	0.068	0.080
	050105001	道木（综合）	m^3	0.258	0.258	0.258	0.258

续前

编号				1-4-34	1-4-35	1-4-36	1-4-37
项目				起重量（t 以内）			
				5＋5		10＋10	
				跨距（m 以内）			
				19.5	31.5	19.5	31.5
		名称	单位	消耗量			
材料	140307001	煤油	kg	11.235	11.235	12.416	13.466
	140303001	机油（综合）	kg	4.755	4.755	5.255	6.333
	140901003	黄油钙基脂	kg	8.404	8.404	9.288	10.075
	142909001	氧气	m^3	2.978	2.978	3.040	3.295
	142907002	乙炔气	kg	1.145	1.145	1.169	1.267
	031301009	低碳钢焊条 J427（综合）	kg	4.494	4.494	4.967	5.492
	850103006	其他材料费（占材料费）	%	3.000	3.000	3.000	3.000
机械	990401030	载重汽车 8t	台班	0.500	0.500	0.500	0.500
	990403010	平板拖车组 10t	台班	0.500	0.500	0.500	0.500
	990304016	汽车式起重机 16t	台班	1.000	1.000	1.000	1.000
	990304024	汽车式起重机 25t	台班	0.500	—	1.000	—
	990304040	汽车式起重机 50t	台班	—	0.500	—	1.000
	990503030	电动单筒慢速卷扬机 50kN	台班	1.000	1.000	1.000	1.500
	990901010	交流弧焊机 21kV · A	台班	1.000	1.000	1.500	1.500

工作内容：施工准备、吊装就位、安装找正、端梁铆接、起重机现场组装、起重机静负荷、动负荷及超负荷试运转、配合检查验收。　　**计量单位：**台

编号				1-4-38	1-4-39	1-4-40	1-4-41	1-4-42
项目				起重量（t 以内）				
				2×50/10	2×75/10	2×100/20	2×125/25	2×150/25
				跨距（m 以内）				
				22			25	
		名称	单位	消耗量				
人工	000203000	综合二类工	工日	144.215	172.663	223.493	246.942	270.539
材料	012900017	钢板 δ4.5～7	kg	1.898	1.955	2.875	3.335	4.600
	050301004	木板（综合）	m^3	0.250	0.275	0.320	0.375	0.388
	050105001	道木（综合）	m^3	0.516	0.516	0.773	0.773	0.773
	140307001	煤油	kg	42.329	43.641	49.875	57.881	59.719
	140303001	机油（综合）	kg	11.855	12.221	15.554	19.554	19.998
	140901003	黄油钙基脂	kg	24.887	25.629	28.280	38.001	38.885
	142909001	氧气	m^3	6.089	6.273	12.240	20.400	25.500
	142907002	乙炔气	kg	2.342	2.413	4.708	7.846	9.808

续前

编号				1-4-38	1-4-39	1-4-40	1-4-41	1-4-42
项目				起重量（t 以内）				
				2×50/10	2×75/10	2×100/20	2×125/25	2×150/25
				跨距（m 以内）				
				22			25	
		名称	单位	消耗量				
材料	031301009	低碳钢焊条 J427（综合）	kg	10.629	12.361	14.095	14.720	15.435
	850103006	其他材料费（占材料费）	%	3.000	3.000	3.000	3.000	3.000
机械	990401030	载重汽车 8t	台班	1.000	1.000	1.500	1.500	1.500
	990403020	平板拖车组 20t	台班	1.000	1.000	—	—	—
	990403030	平板拖车组 40t	台班	—	—	0.500	0.500	0.500
	990304016	汽车式起重机 16t	台班	1.500	1.000	2.000	2.500	3.000
	990304040	汽车式起重机 50t	台班	—	1.000	1.000	1.500	1.500
	990304064	汽车式起重机 100t	台班	2.000	2.500	2.000	2.000	2.000
	990503030	电动单筒慢速卷扬机 50kN	台班	4.000	4.000	4.000	5.000	5.000
	990901010	交流弧焊机 21kV·A	台班	2.000	2.500	3.000	3.000	3.500

工作内容：施工准备、吊装就位、安装找正、端梁铆接、起重机现场组装、起重机静负荷、动负荷及超负荷试运转、配合检查验收。

计量单位：台

编号				1-4-43	1-4-44	1-4-45
项目				起重量（t 以内）		
				2×200/40	2×250/40	2×300/50
				跨距（m 以内）		
				25		
		名称	单位	消耗量		
人工	000203000	综合二类工	工日	326.659	413.754	459.182
材料	012900017	钢板 δ4.5～7	kg	5.175	5.405	6.325
	050301004	木板（综合）	m^3	0.500	0.563	0.588
	050105001	道木（综合）	m^3	0.773	1.031	1.031
	140307001	煤油	kg	64.706	70.875	78.449
	140303001	机油（综合）	kg	22.998	26.331	28.886
	140901003	黄油钙基脂	kg	53.555	61.863	81.323
	142909001	氧气	m^3	27.030	29.172	30.600
	142907002	乙炔气	kg	10.396	11.220	11.769
	031301009	低碳钢焊条 J427（综合）	kg	17.125	19.005	22.050
	850103006	其他材料费（占材料费）	%	3.000	3.000	3.000
机械	990401030	载重汽车 8t	台班	2.000	2.500	3.000
	990403030	平板拖车组 40t	台班	0.500	1.000	1.500
	990304016	汽车式起重机 16t	台班	2.000	2.000	2.500
	990304040	汽车式起重机 50t	台班	2.000	2.000	2.000
	990304064	汽车式起重机 100t	台班	2.000	2.500	3.000
	990503030	电动单筒慢速卷扬机 50kN	台班	5.000	6.000	7.000
	990901010	交流弧焊机 21kV·A	台班	4.000	4.500	4.500

4. 加料及双钩挂梁桥式起重机

工作内容： 施工准备、吊装就位、安装找正、端梁铆接、起重机现场组装、起重机静负荷、动负荷及超负荷试运转、配合检查验收。

计量单位：台

编号				1-4-46	1-4-47	1-4-48	1-4-49	1-4-50	1-4-51
项目				起重量（t 以内）					
				3/10	5/20	5＋5		20＋20	
				跨距（m 以内）					
				16.5	19	19.5	31.5	19	28
		名称	单位	消耗量					
人工	000203000	综合二类工	工日	160.809	183.346	90.298	101.247	134.844	153.732
材料	012900017	钢板 δ4.5～7	kg	3.795	3.910	0.920	0.920	1.495	1.610
	050301004	木板（综合）	m^3	0.200	0.250	0.070	0.100	0.250	0.275
	050105001	道木（综合）	m^3	0.516	0.516	0.258	0.258	0.258	0.258
	140307001	煤油	kg	45.150	45.281	3.413	12.311	15.488	23.901
	140303001	机油（综合）	kg	12.221	12.665	4.666	5.222	6.444	8.333
	140901003	黄油钙基脂	kg	24.126	25.452	8.396	9.279	12.373	13.698
	142909001	氧气	m^3	6.120	6.528	2.958	3.264	3.468	3.978
	142907002	乙炔气	kg	2.354	2.511	1.138	1.255	1.334	1.530
	031301009	低碳钢焊条 J427（综合）	kg	11.498	12.600	4.410	4.935	6.510	6.825
	850103006	其他材料费（占材料费）	%	3.000	3.000	3.000	3.000	3.000	3.000
机械	990401030	载重汽车 8t	台班	0.500	0.500	0.500	0.500	0.500	0.500
	990403020	平板拖车组 20t	台班	—	—	0.500	0.500	0.500	0.500
	990403025	平板拖车组 30t	台班	0.500	0.500	—	—	—	—
	990304016	汽车式起重机 16t	台班	1.000	1.000	0.500	0.500	1.000	1.000
	990304024	汽车式起重机 25t	台班	—	—	1.000	—	1.000	—
	990304040	汽车式起重机 50t	台班	0.500	0.500	—	1.000	—	1.000
	990304064	汽车式起重机 100t	台班	1.000	2.000	—	—	—	—
	990503030	电动单筒慢速卷扬机 50kN	台班	3.000	3.000	1.000	1.500	2.000	3.000
	990901010	交流弧焊机 21kV·A	台班	2.500	2.500	1.000	1.500	1.500	1.500

二、吊钩门式起重机

工作内容： 施工准备、吊装就位、安装找正、端梁铆接、起重机现场组装、起重机静负荷、动负荷及超负荷试运转、配合检查验收。

计量单位： 台

编号				1-4-52	1-4-53	1-4-54	1-4-55
项目				起重量（t 以内）			
				5		10	
				跨距（m 以内）			
				26	35	26	35
名称			单位	消耗量			
人工	000203000	综合二类工	工日	120.299	131.656	132.904	143.219
材料	012900017	钢板 δ4.5～7	kg	0.575	0.575	0.690	0.690
	050301004	木板（综合）	m^3	0.094	0.125	0.113	0.146
	050105001	道木（综合）	m^3	0.258	0.258	0.258	0.258
	140307001	煤油	kg	15.724	17.194	17.325	18.559
	140303001	机油（综合）	kg	5.278	5.833	6.333	6.999
	140901003	黄油钙基脂	kg	8.131	8.838	9.721	10.252
	142909001	氧气	m^3	3.488	3.703	3.978	4.396
	142907002	乙炔气	kg	1.342	1.424	1.530	1.691
	031301009	低碳钢焊条 J427（综合）	kg	14.658	15.603	14.910	16.149
	850103006	其他材料费（占材料费）	%	3.000	3.000	3.000	3.000
机械	990403010	平板拖车组 10t	台班	0.500	0.500	0.500	0.500
	990304024	汽车式起重机 25t	台班	0.500	0.500	0.500	0.500
	990304040	汽车式起重机 50t	台班	1.000	1.000	1.500	1.500
	990901010	交流弧焊机 21kV·A	台班	3.500	3.500	3.500	3.500

工作内容： 施工准备、吊装就位、安装找正、端梁铆接、起重机现场组装、起重机静负荷、动负荷及超负荷试运转、配合检查验收。

计量单位： 台

编号				1-4-56	1-4-57	1-4-58	1-4-59
项目				起重量（t 以内）			
				15/3		20/5	
				跨距（m 以内）			
				26	35	26	35
名称			单位	消耗量			
人工	000203000	综合二类工	工日	140.944	160.499	164.276	185.578
材料	012900017	钢板 δ4.5～7	kg	0.920	0.920	1.380	1.380
	050301004	木板（综合）	m^3	0.140	0.173	0.151	0.190

续前

编号				1-4-56	1-4-57	1-4-58	1-4-59
项目				起重量（t 以内）			
				15/3		20/5	
				跨距（m 以内）			
				26	35	26	35
		名称	单位	消耗量			
材料	050105001	道木（综合）	m^3	0.258	0.258	0.258	0.258
	140307001	煤油	kg	21.551	21.893	24.360	28.206
	140303001	机油（综合）	kg	7.389	8.166	8.888	9.999
	140901003	黄油钙基脂	kg	10.605	11.754	12.373	12.991
	142909001	氧气	m^3	4.039	4.498	4.182	4.600
	142907002	乙炔气	kg	1.553	1.730	1.608	1.769
	031301009	低碳钢焊条 J427（综合）	kg	17.070	18.648	18.963	20.475
	850103006	其他材料费（占材料费）	%	3.000	3.000	3.000	3.000
机械	990401030	载重汽车 8t	台班	1.000	1.000	1.000	1.000
	990403020	平板拖车组 20t	台班	0.500	0.500	1.000	1.000
	990304016	汽车式起重机 16t	台班	1.500	1.500	1.500	1.000
	990304024	汽车式起重机 25t	台班	—	—	—	1.000
	990304052	汽车式起重机 75t	台班	1.000	—	—	—
	990304064	汽车式起重机 100t	台班	—	1.000	1.000	1.500
	990901010	交流弧焊机 21kV · A	台班	4.000	4.000	4.000	4.500

三、梁式起重机

工作内容： 施工准备、吊装就位、安装找正、端梁铆接、起重机现场组装、起重机静负荷、动负荷及超负荷试运转、配合检查验收。

计量单位： 台

编号				1-4-60	1-4-61	1-4-62	1-4-63	1-4-64	1-4-65
项目				电动单梁起重机		手动单梁起重机		电动单梁悬挂起重机	手动单梁悬挂起重机
				起重机重量（t 以内）					
				3	5	3	10	3	
				跨距（m 以内）					
				17		14		12	
		名称	单位	消耗量					
人工	000203000	综合二类工	工日	19.982	24.485	13.268	18.258	12.391	10.915
材料	050301004	木板（综合）	m^3	0.010	0.019	0.004	0.006	0.008	0.005

续前

编号				1-4-60	1-4-61	1-4-62	1-4-63	1-4-64	1-4-65
项目				电动单梁起重机		手动单梁起重机		电动单梁悬挂起重机	手动单梁悬挂起重机
				起重机重量（t 以内）					
				3	3	3	3	3	3
				跨距（m 以内）					
				17		17		17	
名称			单位	消耗量					
材料	050105001	道木（综合）	m^3	0.104	0.104	0.104	0.104	0.104	0.104
	140307001	煤油	kg	3.873	5.381	4.174	5.959	3.938	3.938
	140303001	机油（综合）	kg	1.278	1.667	1.222	1.667	0.945	0.945
	140901003	黄油钙基脂	kg	1.944	2.651	1.944	2.651	1.989	1.989
	850103006	其他材料费（占材料费）	%	3.000	3.000	3.000	3.000	3.000	3.000
机械	990401030	载重汽车 8t	台班	0.200	0.500	0.200	0.200	0.200	0.200
	990304004	汽车式起重机 8t	台班	0.500	—	0.500	—	0.500	0.500
	990304016	汽车式起重机 16t	台班	—	0.500	—	0.500	—	—

工作内容：施工准备、吊装就位、安装找正、端梁铆接、起重机现场组装、起重机静负荷、动负荷及超负荷试运转、配合检查验收。

计量单位：台

编号				1-4-66	1-4-67	1-4-68	1-4-69
项目				手动双梁起重机			
				起重机重量（t 以内）			
				10		20	
				跨距（m 以内）			
				13	17	13	17
名称			单位	消耗量			
人工	000203000	综合二类工	工日	20.928	24.960	27.159	28.680
材料	050301004	木板（综合）	m^3	0.013	0.015	0.016	0.025
	050105001	道木（综合）	m^3	0.104	0.104	0.104	0.104
	140307001	煤油	kg	5.775	5.868	6.064	7.219
	140303001	机油（综合）	kg	1.078	1.111	1.778	1.778
	140901003	黄油钙基脂	kg	1.061	1.149	1.326	1.414
	850103006	其他材料费（占材料费）	%	3.000	3.000	3.000	3.000
机械	990401030	载重汽车 8t	台班	0.400	0.400	0.500	0.500
	990403010	平板拖车组 10t	台班	0.200	0.300	0.200	0.300
	990304016	汽车式起重机 16t	台班	0.500	1.000	1.000	1.000

四、电动壁行悬臂挂式起重机

工作内容：施工准备、吊装就位、安装找正、端梁铆接、起重机现场组装、起重机静负荷、动负荷及超负荷试运转、配合检查验收。

计量单位：台

编号				1-4-70	1-4-71
项目				电动壁行悬挂式起重机（臂长 6m 以内）	
				起重量（t 以内）	
				1	5
		名称	单位	消耗量	
人工	000203000	综合二类工	工日	17.176	25.012
材料	050301004	木板（综合）	m^3	0.014	0.030
	050105001	道木（综合）	m^3	0.041	0.041
	140307001	煤油	kg	2.231	3.426
	140303001	机油（综合）	kg	1.111	1.333
	140901003	黄油钙基脂	kg	1.591	2.209
	850103006	其他材料费（占材料费）	%	3.000	3.000
机械	990401030	载重汽车 8t	台班	0.200	0.300
	990304004	汽车式起重机 8t	台班	0.200	—
	990304016	汽车式起重机 16t	台班	—	0.500

五、旋臂壁式起重机

工作内容：施工准备、吊装就位、安装找正、端梁铆接、起重机现场组装、起重机静负荷、动负荷及超负荷试运转、配合检查验收。

计量单位：台

编号				1-4-72	1-4-73	1-4-74	1-4-75
项目				电动旋臂壁式起重机（臂长 6m 以内）		手动旋臂壁式起重机（臂长 6m 以内）	
				起重量（t 以内）			
				1	5	0.5	3
		名称	单位	消耗量			
人工	000203000	综合二类工	工日	11.343	15.788	9.250	10.638
材料	050301004	木板（综合）	m^3	0.005	0.006	0.003	0.005
	050105001	道木（综合）	m^3	0.041	0.041	0.041	0.041
	140307001	煤油	kg	2.494	3.938	1.575	3.426
	140303001	机油（综合）	kg	1.222	1.667	0.667	1.667

续前

编号				1-4-72	1-4-73	1-4-74	1-4-75
项目				电动旋臂壁式起重机（臂长 6m 以内）		手动旋臂壁式起重机（臂长 6m 以内）	
				起重量（t 以内）			
				1	5	0.5	3
名称			单位	消耗量			
材料	140901003	黄油钙基脂	kg	1.856	2.209	0.972	1.768
	850103006	其他材料费（占材料费）	%	3.000	3.000	3.000	3.000
机械	990401030	载重汽车 8t	台班	0.200	0.300	0.200	0.200
	990304004	汽车式起重机 8t	台班	0.300	—	0.200	0.400
	990304016	汽车式起重机 16t	台班	—	0.500	—	—

六、悬臂立柱式起重机

工作内容：施工准备、吊装就位、安装找正、端梁铆接、起重机现场组装、起重机静负荷、动负荷及超负荷试运转、配合检查验收。

计量单位：台

编号				1-4-76	1-4-77	1-4-78	1-4-79
项目				电动悬臂立柱式起重机（臂长 6m 以内）		手动悬臂立柱式起重机（臂长 6m 以内）	
				起重量（t 以内）			
				1	5	0.5	3
名称			单位	消耗量			
人工	000203000	综合二类工	工日	13.219	17.838	10.431	14.231
材料	050301004	木板（综合）	m^3	0.005	0.009	0.005	0.008
	050105001	道木（综合）	m^3	0.041	0.041	0.041	0.041
	140307001	煤油	kg	3.281	4.463	1.365	3.281
	140303001	机油（综合）	kg	1.411	1.922	0.667	1.667
	140901003	黄油钙基脂	kg	2.139	2.545	1.017	1.944
	850103006	其他材料费（占材料费）	%	3.000	3.000	3.000	3.000
机械	990401030	载重汽车 8t	台班	0.100	0.500	0.100	0.300
	990304004	汽车式起重机 8t	台班	0.200	—	0.200	0.400
	990304016	汽车式起重机 16t	台班	—	0.500	—	—

七、电动葫芦

工作内容： 施工准备、吊装就位、安装找正、散件现场组装、起重机静负荷、动负荷及超负荷试运转、配合检查验收。

计量单位： 台

编　号				1-4-80	1-4-81
项　目				起重量（t 以内）	
				2	10
名　称			单位	消　耗　量	
人工	000203000	综合二类工	工日	5.313	9.698
材料	050301004	木板（综合）	m^3	0.002	0.004
	140307001	煤油	kg	1.975	2.179
	140303001	机油（综合）	kg	0.935	0.989
	140901003	黄油钙基脂	kg	1.269	1.326
	850103006	其他材料费（占材料费）	%	5.000	5.000
机械	990401030	载重汽车 8t	台班	0.100	0.100
	990304004	汽车式起重机 8t	台班	0.300	—
	990304016	汽车式起重机 16t	台班	—	0.400
	990503030	电动单筒慢速卷扬机 50kN	台班	1.000	1.000

八、单轨小车

工作内容： 施工准备、吊装就位、安装找正、散件现场组装、起重机静负荷、动负荷及超负荷试运转、配合检查验收。

计量单位： 台

编　号				1-4-82	1-4-83
项　目				起重量（t 以内）	
				5	10
名　称			单位	消　耗　量	
人工	000203000	综合二类工	工日	4.479	5.745
材料	050301004	木板（综合）	m^3	0.005	0.004
	140307001	煤油	kg	1.544	1.800
	140303001	机油（综合）	kg	0.707	0.800
	140901003	黄油钙基脂	kg	1.313	1.400
	850103006	其他材料费（占材料费）	%	5.000	5.000
机械	990304016	汽车式起重机 16t	台班	0.300	0.300

第五章

起重机轨道安装

说 明

一、本章内容包括钢梁上安装轨道[钢统 1001]、混凝土梁上安装轨道[G325]、GB110 鱼腹式混凝土梁上安装轨道、C7221 鱼腹式混凝土梁上安装轨道[C7224]、混凝土梁上安装轨道[DJ46]、电动壁行及悬臂起重机轨道安装、地平面上安装轨道、电动葫芦及单轨小车工字钢轨道安装、悬挂工字钢轨道及“8”字型轨道安装、车挡的制作与安装。

二、本章适用于工业用起重输送设备的轨道安装、地轨安装。

三、本章不包括以下工作内容：

1. 吊车梁调整及轨道枕木干燥、加工、制作。

2. “8”字形轨道加工制作。

3. “8”字形轨道工字钢轨的立柱、吊架、支架、辅助梁等的制作与安装。

四、轨道附属的各种垫板、连接板、压板、固定板、鱼尾板、连接螺栓、垫圈、垫板、垫片等部件配件均按随钢轨定货考虑的。

工程量计算规则

一、起重机轨道安装应区分轨道型号、规格及安装方式，按设计图示单根轨道长度，分别以“10m”为计量单位。

二、车挡制作应按设计图示尺寸，以“t”为计量单位。

三、车挡安装应区分单个车挡的重量，按设计图示数量，分别以“组”为计量单位（车档安装每4个为一组）。

一、钢梁上安装轨道[钢统 1001]

工作内容：施工准备、测量、领料、下料、矫正、钻孔、吊装、组对安装、调整、连接固定、配合检查验收。

计量单位：10m

编号				1-5-1	1-5-2	1-5-3	1-5-4
项目				焊接式		弯钩螺栓式	
				每 750mm 焊 120mm		$A = 675$	
				□50 × 50	□60 × 60	24kg/m	38kg/m
名称			单位	消耗量			
人工	000203000	综合二类工	工日	4.208	4.422	4.304	4.831
材料	370100003	钢轨	m	(10.800)	(10.800)	(10.800)	(10.800)
	142909001	氧气	m^3	0.408	0.510	0.408	0.612
	142907002	乙炔气	kg	0.157	0.196	0.157	0.235
	031301009	低碳钢焊条 J427（综合）	kg	4.000	4.000	0.250	0.250
	850103006	其他材料费（占材料费）	%	5.000	5.000	5.000	5.000
机械	990403010	平板拖车组 10t	台班	0.060	0.060	0.060	0.060
	990304016	汽车式起重机 16t	台班	0.110	0.110	0.110	0.120
	990761020	摩擦压力机 3000kN	台班	0.070	0.080	0.080	0.120
	990901010	交流弧焊机 21kV · A	台班	0.480	0.480	0.100	0.100

工作内容：施工准备、测量、领料、下料、矫正、钻孔、吊装、组对安装、调整、连接固定、配合检查验收。

计量单位：10m

编号				1-5-5	1-5-6	1-5-7	1-5-8
项目				弯钩螺栓式		压板螺栓式	
				$A = 675$		$A = 600$，$B = 220$	
				43kg/m	50kg/m	38kg/m	43kg/m
名称			单位	消耗量			
人工	000203000	综合二类工	工日	5.006	5.200	5.318	5.463
材料	370100003	钢轨	m	(10.800)	(10.800)	(10.800)	(10.800)
	142909001	氧气	m^3	0.663	0.816	0.612	0.663
	142907002	乙炔气	kg	0.255	0.314	0.235	0.255
	031301009	低碳钢焊条 J427（综合）	kg	0.250	0.250	7.780	7.780
	850103006	其他材料费（占材料费）	%	5.000	5.000	5.000	5.000
机械	990403010	平板拖车组 10t	台班	0.065	0.065	0.065	0.065
	990304016	汽车式起重机 16t	台班	0.120	0.120	0.120	0.120
	990761020	摩擦压力机 3000kN	台班	0.120	0.160	0.120	0.120
	990901010	交流弧焊机 21kV · A	台班	0.100	0.100	0.940	0.940

工作内容： 施工准备、测量、领料、下料、矫正、钻孔、吊装、组对安装、调整、连接固定、配合检查验收。

计量单位： 10m

编号				1-5-9	1-5-10	1-5-11	1-5-12
项目				压板螺栓式			
				$A=600$，$B=220$		$A=600$，$B=260$	
				QU70	QU80	QU100	QU120
名称			单位	消耗量			
人工	000203000	综合二类工	工日	5.600	5.940	6.026	7.307
材料	370100003	钢轨	m	（10.800）	（10.800）	（10.800）	（10.800）
	142909001	氧气	m^3	0.918	1.020	1.224	1.530
	142907002	乙炔气	kg	0.353	0.392	0.471	0.588
	031301009	低碳钢焊条 J427（综合）	kg	7.780	7.780	9.550	9.550
	850103006	其他材料费（占材料费）	%	5.000	5.000	5.000	5.000
机械	990403010	平板拖车组 10t	台班	0.065	0.070	0.075	0.075
	990304016	汽车式起重机 16t	台班	0.120	0.120	0.130	0.130
	990761020	摩擦压力机 3000kN	台班	0.120	0.160	0.200	0.240
	990901010	交流弧焊机 21kV·A	台班	0.940	0.940	1.140	1.140

二、混凝土梁上安装轨道[G325]

工作内容： 施工准备、测量、领料、下料、矫正、钻孔、吊装、组对安装、调整、连接固定、配合检查验收。

计量单位： 10m

编号				1-5-13	1-5-14	1-5-15
项目				标准图号		
				DGL-1、2、3		
				固定型式（纵向孔距$A=600$mm）		
				钢底板螺栓焊接式		
				横向孔距B（mm）		
				240 以内		
				轨道型号		
				□40 × 40	□50 × 50	24kg/m
名称			单位	消耗量		
人工	000203000	综合二类工	工日	6.175	6.291	6.467
材料	370100003	钢轨	m	（10.800）	（10.800）	（10.800）
	050301004	木板（综合）	m^3	0.020	0.020	0.020
	142909001	氧气	m^3	1.428	1.428	1.428
	142907002	乙炔气	kg	0.549	0.549	0.549
	031301009	低碳钢焊条 J427（综合）	kg	7.490	7.490	7.490
	850103006	其他材料费（占材料费）	%	5.000	5.000	5.000
机械	990403010	平板拖车组 10t	台班	0.050	0.060	0.060
	990304016	汽车式起重机 16t	台班	0.100	0.110	0.110
	990761020	摩擦压力机 3000kN	台班	0.060	0.070	0.080
	990901010	交流弧焊机 21kV·A	台班	0.900	0.900	0.900

工作内容： 施工准备、测量、领料、下料、矫正、钻孔、吊装、组对安装、调整、连接固定、配合检查验收。

计量单位：10m

编号				1-5-16	1-5-17
项目				标准图号	
				DGL-4、5、6	DGL-7、8、9、10
				固定型式（纵向孔距*A*＝600mm）	
				压板螺栓式	
				横向孔距*B*（mm）	
				260 以内	
				轨道型号	
				24kg/m	38kg/m
		名称	单位	消耗量	
人工	000203000	综合二类工	工日	5.932	7.052
材料	370100003	钢轨	m	（10.800）	（10.800）
	050301004	木板（综合）	m^3	0.020	0.020
	142909001	氧气	m^3	1.428	1.632
	142907002	乙炔气	kg	0.549	0.628
	031301009	低碳钢焊条 J427（综合）	kg	0.500	0.900
	850103006	其他材料费（占材料费）	%	5.000	5.000
机械	990403010	平板拖车组 10t	台班	0.060	0.065
	990304016	汽车式起重机 16t	台班	0.110	0.120
	990761020	摩擦压力机 3000kN	台班	0.080	0.120
	990901010	交流弧焊机 21kV·A	台班	0.120	0.160

工作内容： 施工准备、测量、领料、下料、矫正、钻孔、吊装、组对安装、调整、连接固定、配合检查验收。

计量单位：10m

编号				1-5-18	1-5-19	1-5-20
项目				标准图号		
				DGL-11、12、13、14、15	DGL-16、17、18	DGL-19、20、21、22、23
				固定型式（纵向孔距*A*＝600mm）		
				弹性（分段）垫压板螺栓式		
				横向孔距*B*（mm）		
				280 以内		
				轨道型号		
				38kg/m	43kg/m	50kg/m
		名称	单位	消耗量		
人工	000203000	综合二类工	工日	7.305	7.500	7.792
材料	370100003	钢轨	m	（10.800）	（10.800）	（10.800）
	050301004	木板（综合）	m^3	0.020	0.020	0.020

续前

编号				1-5-18	1-5-19	1-5-20
项目				标准图号		
				DGL-11、12、13、14、15	DGL-16、17、18	DGL-19、20、21、22、23
				固定型式（纵向孔距$A=600$mm）		
				弹性（分段）垫压板螺栓式		
				横向孔距B（mm）		
				280以内		
				轨道型号		
				38kg/m	43kg/m	50kg/m
名称			单位	消耗量		
材料	142909001	氧气	m^3	1.632	1.683	1.836
	142907002	乙炔气	kg	0.628	0.647	0.706
	031301009	低碳钢焊条 J427（综合）	kg	0.900	1.700	1.700
	850103006	其他材料费（占材料费）	%	5.000	5.000	5.000
机械	990403010	平板拖车组 10t	台班	0.065	0.065	0.065
	990304016	汽车式起重机 16t	台班	0.120	0.120	0.120
	990761020	摩擦压力机 3000kN	台班	0.120	0.120	0.160
	990901010	交流弧焊机 21kV·A	台班	0.160	0.230	0.230

工作内容：施工准备、测量、领料、下料、矫正、钻孔、吊装、组对安装、调整、连接固定、配合检查验收。

计量单位：10m

编号				1-5-21	1-5-22
项目				标准图号	
				DGL-24、25	DGL-26、27
				固定型式（纵向孔距$A=600$mm）	
				弹性（分段）垫压板螺栓式	
				横向孔距B（mm）	
				280以内	
				轨道型号	
				QU100	QU120
名称			单位	消耗量	
人工	000203000	综合二类工	工日	6.737	7.271
材料	370100003	钢轨	m	（10.800）	（10.800）
	050301004	木板（综合）	m^3	0.020	0.020
	142909001	氧气	m^3	2.244	2.550
	142907002	乙炔气	kg	0.863	0.981
	031301009	低碳钢焊条 J427（综合）	kg	1.700	1.700
	850103006	其他材料费（占材料费）	%	5.000	5.000
机械	990403010	平板拖车组 10t	台班	0.075	0.075
	990304016	汽车式起重机 16t	台班	0.130	0.130
	990761020	摩擦压力机 3000kN	台班	0.200	0.240
	990901010	交流弧焊机 21kV·A	台班	0.230	0.230

三、鱼腹式混凝土梁上安装轨道[GB110]

工作内容：施工准备、测量、领料、下料、矫正、钻孔、吊装、组对安装、调整、连接固定、配合检查验收。

计量单位：10m

				1-5-23	1-5-24
编　号				1-5-23	1-5-24
项　目				标准图号	
				GB109DGL-1	GB109DGL-2
				固定型式（纵向孔距$A=750$mm）	
				弹性（分段）垫压板螺栓式	
				横向孔距B（mm）	
				230 以内	
				轨道型号	
				38kg/m	43kg/m
名　称			单位	消　耗　量	
人工	000203000	综合二类工	工日	6.915	7.060
材料	370100003	钢轨	m	（10.800）	（10.800）
	050301004	木板（综合）	m^3	0.020	0.020
	142909001	氧气	m^3	1.632	1.683
	142907002	乙炔气	kg	0.628	0.647
	031301009	低碳钢焊条 J427（综合）	kg	0.400	0.400
	850103006	其他材料费（占材料费）	%	5.000	5.000
机械	990403010	平板拖车组 10t	台班	0.060	0.060
	990304016	汽车式起重机 16t	台班	0.120	0.120
	990761020	摩擦压力机 3000kN	台班	0.160	0.120
	990901010	交流弧焊机 21kV·A	台班	0.100	0.100

工作内容：施工准备、测量、领料、下料、矫正、钻孔、吊装、组对安装、调整、连接固定、配合检查验收。

计量单位：10m

编号				1-5-25	1-5-26	1-5-27
项目				标准图号		
				GB109DGL-3	GB109DGL-4	GB109DGL-5
				固定型式（纵向孔距$A=750$mm）		
				弹性（全长）垫压板螺栓式		
				横向孔距B（mm）		
				230 以内		250 以内
				轨道型号		
				38kg/m	43kg/m	50kg/m
名称			单位	消耗量		
人工	000203000	综合二类工	工日	6.876	7.071	7.353
材料	370100003	钢轨	m	（10.800）	（10.800）	（10.800）
	050301004	木板（综合）	m^3	0.020	0.020	0.020
	142909001	氧气	m^3	1.632	1.683	1.836
	142907002	乙炔气	kg	0.628	0.647	0.706
	031301009	低碳钢焊条 J427（综合）	kg	0.400	0.400	0.400
	850103006	其他材料费（占材料费）	%	5.000	5.000	5.000
机械	990403010	平板拖车组 10t	台班	0.065	0.065	0.065
	990304016	汽车式起重机 16t	台班	0.120	0.130	0.130
	990761020	摩擦压力机 3000kN	台班	0.120	0.120	0.160
	990901010	交流弧焊机 21kV·A	台班	0.100	0.100	0.100

工作内容：施工准备、测量、领料、下料、矫正、钻孔、吊装、组对安装、调整、连接固定、配合检查验收。

计量单位：10m

编号				1-5-28	1-5-29
项目				标准图号	
				GB109DGL-6	GB109DGL-7
				固定型式（纵向孔距$A=750$mm）	
				弹性（分段）垫压板螺栓式	
				横向孔距B（mm）	
				250 以内	
				轨道型号	
				QU100	QU120
名称			单位	消耗量	
人工	000203000	综合二类工	工日	8.269	8.999
材料	370100003	钢轨	m	（10.800）	（10.800）
	050301004	木板（综合）	m^3	0.020	0.010

续前

编　号				1-5-28	1-5-29
项　目				标准图号	
				GB109DGL-6	GB109DGL-7
				固定型式（纵向孔距$A = 750$mm）	
				弹性（分段）垫压板螺栓式	
				横向孔距B（mm）	
				250 以内	
				轨道型号	
				QU100	QU120
名　称			单位	消　耗　量	
材料	142909001	氧气	m^3	2.244	2.550
	142907002	乙炔气	kg	0.863	0.981
	031301009	低碳钢焊条 J427（综合）	kg	0.400	0.400
	850103006	其他材料费（占材料费）	%	5.000	5.000
机械	990403010	平板拖车组 10t	台班	0.075	0.075
	990304016	汽车式起重机 16t	台班	0.130	0.130
	990761020	摩擦压力机 3000kN	台班	0.200	0.240
	990901010	交流弧焊机 21kV · A	台班	0.100	0.100

四、鱼腹式混凝土梁上安装轨道[C7224]

工作内容：施工准备、测量、领料、下料、矫正、钻孔、吊装、组对安装、调整、连接固定、配合检查验收。

计量单位：10m

编　号				1-5-30	1-5-31	1-5-32
项　目				标准图号		
				DGL-1、2、3	DGL-4	DGL-5、6
				固定型式（纵向孔距$A = 600$mm）		
				弹性（分段）垫压板螺栓式		
				横向孔距B（mm）		
				250 以内	220 以内	250 以内
				轨道型号		
				38kg/m	43kg/m	50kg/m
名　称			单位	消　耗　量		
人工	000203000	综合二类工	工日	6.963	7.158	7.411
材料	370100003	钢轨	m	（10.800）	（10.800）	（10.800）
	050301004	木板（综合）	m^3	0.020	0.020	0.020

续前

编号				1-5-30	1-5-31	1-5-32
项目				标准图号		
				DGL-1、2、3	DGL-4	DGL-5、6
				固定型式（纵向孔距$A = 600$mm）		
				弹性（分段）垫压板螺栓式		
				横向孔距B（mm）		
				250 以内	220 以内	250 以内
				轨道型号		
				38kg/m	43kg/m	50kg/m
名称			单位	消耗量		
材料	142909001	氧气	m^3	1.632	1.683	1.836
	142907002	乙炔气	kg	0.628	0.647	0.706
	031301009	低碳钢焊条 J427（综合）	kg	0.900	1.700	1.700
	850103006	其他材料费（占材料费）	%	5.000	5.000	5.000
机械	990403010	平板拖车组 10t	台班	0.065	0.065	0.065
	990304016	汽车式起重机 16t	台班	0.120	0.120	0.120
	990761020	摩擦压力机 3000kN	台班	0.120	0.120	0.160
	990901010	交流弧焊机 21kV·A	台班	0.160	0.230	0.230

工作内容：施工准备、测量、领料、下料、矫正、钻孔、吊装、组对安装、调整、连接固定、配合检查验收。

计量单位：10m

编号				1-5-33	1-5-34	1-5-35
项目				标准图号		
				DGL-7	DGL-26、27	DGL-9
				固定型式（纵向孔距$A = 600$mm）		
				弹性（全长）垫压板螺栓式	弹性（分段）垫压板螺栓式	
				横向孔距B（mm）		
				250 以内		
				轨道型号		
				50kg/m	QU100	QU120
名称			单位	消耗量		
人工	000203000	综合二类工	工日	7.597	8.288	9.018
材料	370100003	钢轨	m	（10.800）	（10.800）	（10.800）
	050301004	木板（综合）	m^3	0.020	0.020	0.020
	142909001	氧气	m^3	2.100	2.244	2.550
	142907002	乙炔气	kg	0.808	0.863	0.981
	031301009	低碳钢焊条 J427（综合）	kg	1.700	1.700	1.700
	850103006	其他材料费（占材料费）	%	5.000	5.000	5.000
机械	990403010	平板拖车组 10t	台班	0.065	0.075	0.075
	990304016	汽车式起重机 16t	台班	0.130	0.130	0.130
	990761020	摩擦压力机 3000kN	台班	0.160	0.200	0.240
	990901010	交流弧焊机 21kV·A	台班	0.230	0.230	0.230

五、混凝土梁上安装轨道[DJ46]

工作内容： 施工准备、测量、领料、下料、矫正、钻孔、吊装、组对安装、调整、连接固定、配合检查验收。

计量单位： 10m

编号				1-5-36	1-5-37	1-5-38	1-5-39	1-5-40
项目				标准图号				
				DGN-1、2	DGN-3		DGN-4	
				固定型式（纵向孔距$A=600$mm）				
				弹性（分段）垫压板螺栓式				
				横向孔距B（mm）				
				240 以内	260 以内		280 以内	
				轨道型号				
				38kg/m	43kg/m	QU70	50kg/m	QU80
		名称	单位	消耗量				
人工	000203000	综合二类工	工日	7.246	7.402	9.018	7.744	8.045
材料	370100003	钢轨	m	（10.800）	（10.800）	（10.800）	（10.800）	（10.800）
	050301004	木板（综合）	m^3	0.020	0.020	0.020	0.020	0.020
	142909001	氧气	m^3	1.632	1.683	1.938	1.800	2.040
	142907002	乙炔气	kg	0.628	0.647	0.745	0.692	0.785
	031301009	低碳钢焊条 J427（综合）	kg	0.900	0.900	0.900	0.900	0.900
	850103006	其他材料费（占材料费）	%	5.000	5.000	5.000	5.000	5.000
机械	990403010	平板拖车组 10t	台班	0.060	0.060	0.060	0.060	0.070
	990304016	汽车式起重机 16t	台班	0.120	0.120	0.120	0.120	0.120
	990761020	摩擦压力机 3000kN	台班	0.120	0.120	0.120	0.160	0.160
	990901010	交流弧焊机 21kV·A	台班	0.160	0.160	0.160	0.160	0.160

工作内容： 施工准备、测量、领料、下料、矫正、钻孔、吊装、组对安装、调整、连接固定、配合检查验收。

计量单位： 10m

编号				1-5-41	1-5-42	1-5-43	1-5-44
项目				标准图号			
				DGN-5		DGN-6	DGN-7
				固定型式（纵向孔距$A=600$mm）			
				弹性（分段）垫压板螺栓式			
				横向孔距B（mm）			
				280 以内			
				轨道型号			
				50kg/m	QU80	QU100	QU120
		名称	单位	消耗量			
人工	000203000	综合二类工	工日	7.840	8.121	8.620	9.340
材料	370100003	钢轨	m	（10.800）	（10.800）	（10.800）	（10.800）
	050301004	木板（综合）	m^3	0.020	0.020	0.020	0.020
	142909001	氧气	m^3	1.836	2.100	2.244	2.550

续前

编号				1-5-41	1-5-42	1-5-43	1-5-44
项目				标准图号			
				DGN-5		DGN-6	DGN-7
				固定型式（纵向孔距$A = 600$mm）			
				弹性（分段）垫压板螺栓式			
				横向孔距B（mm）			
				280 以内			
				轨道型号			
				50kg/m	QU80	QU100	QU120
名称			单位	消耗量			
材料	142907002	乙炔气	kg	0.706	0.808	0.863	0.981
	031301009	低碳钢焊条 J427（综合）	kg	0.900	0.900	0.900	0.900
	850103006	其他材料费（占材料费）	%	5.000	5.000	5.000	5.000
机械	990403010	平板拖车组 10t	台班	0.065	0.070	0.075	0.075
	990304016	汽车式起重机 16t	台班	0.120	0.120	0.130	0.130
	990761020	摩擦压力机 3000kN	台班	0.160	0.160	0.200	0.240
	990901010	交流弧焊机 21kV · A	台班	0.160	0.160	0.160	0.160

六、电动壁行及悬臂起重机轨道安装

工作内容： 施工准备、测量、领料、下料、矫正、钻孔、吊装、组对安装、调整、连接固定、配合检查验收。

计量单位： 10m

编号				1-5-45	1-5-46	1-5-47	1-5-48	1-5-49	1-5-50
项目				安装部位					
				在上部钢梁上安装侧轨		在下部混凝土梁上安装平轨		在下部混凝土梁上安装侧轨	
				固定型式					
				角钢焊接螺栓式		⌊型钢垫板焊接式		钢垫板焊接式	
				轨道型号					
				□50 × 50	□60 × 60	□50 × 50	□60 × 60	□50 × 50	□60 × 60
名称			单位	消耗量					
人工	000203000	综合二类工	工日	4.733	5.074	5.785	6.087	5.795	6.126
材料	370100003	钢轨	m	（10.800）	（10.800）	（10.800）	（10.800）	（10.800）	（10.800）
	050301004	木板（综合）	m^3	0.005	0.005	0.010	0.010	0.010	0.010
	142909001	氧气	m^3	0.612	0.663	0.612	0.663	0.612	0.663
	142907002	乙炔气	kg	0.235	0.255	0.235	0.255	0.235	0.255
	031301009	低碳钢焊条 J427（综合）	kg	13.300	14.850	17.200	18.940	17.200	18.940
	850103006	其他材料费（占材料费）	%	5.000	5.000	5.000	5.000	5.000	5.000

续前

编　　号				1-5-45	1-5-46	1-5-47	1-5-48	1-5-49	1-5-50
项　　目				安装部位					
				在上部钢梁上安装侧轨		在下部混凝土梁上安装平轨		在下部混凝土梁上安装侧轨	
				固定型式					
				角钢焊接螺栓式		└型钢垫板焊接式		钢垫板焊接式	
				轨道型号					
				□50×50	□60×60	□50×50	□60×60	□50×50	□60×60
名　　称			单位	消　耗　量					
机械	990403010	平板拖车组 10t	台班	0.060	0.060	0.060	0.060	0.060	0.060
	990304016	汽车式起重机 16t	台班	0.110	0.110	0.110	0.110	0.110	0.110
	990761020	摩擦压力机 3000kN	台班	0.070	0.080	0.070	0.080	0.070	0.080
	990901010	交流弧焊机 21kV·A	台班	1.600	1.820	2.060	2.270	2.060	2.270

七、地平面上安装轨道

工作内容：施工准备、测量、领料、下料、矫正、钻孔、吊装、组对安装、调整、连接固定、配合检查验收。

计量单位：10m

编　　号				1-5-51	1-5-52	1-5-53	1-5-54	1-5-55	1-5-56
项　　目				固定型式					
				预埋钢底板焊接式			预埋螺栓式		
				轨道型号					
				24kg/m	38kg/m	43kg/m	24kg/m	38kg/m	43kg/m
名　　称			单位	消　耗　量					
人工	000203000	综合二类工	工日	4.831	5.932	6.077	4.480	5.444	5.785
材料	370100003	钢轨	m	(10.800)	(10.800)	(10.800)	(10.800)	(10.800)	(10.800)
	142909001	氧气	m^3	0.408	0.612	0.663	0.408	0.612	0.663
	142907002	乙炔气	kg	0.157	0.235	0.255	0.157	0.235	0.255
	031301009	低碳钢焊条 J427（综合）	kg	4.000	4.000	4.000	—	—	—
	850103006	其他材料费（占材料费）	%	5.000	5.000	5.000	5.000	5.000	5.000
机械	990403010	平板拖车组 10t	台班	0.060	0.060	0.060	0.060	0.060	0.060
	990304004	汽车式起重机 8t	台班	0.110	0.110	0.110	0.110	0.110	0.110
	990761020	摩擦压力机 3000kN	台班	0.080	0.120	0.120	0.080	0.120	0.120
	990901010	交流弧焊机 21kV·A	台班	0.480	0.480	0.480	—	—	—

八、电动葫芦及单轨小车工字钢轨道安装

工作内容： 施工准备、测量、领料、下料、矫正、钻孔、吊装、组对安装、调整、连接固定、配合检查验收。

计量单位： 10m

编号				1-5-57	1-5-58	1-5-59	1-5-60	1-5-61
项目				轨道型号				
				Ⅰ12.6	Ⅰ14	Ⅰ16	Ⅰ18	Ⅰ20
名称			单位	消耗量				
人工	000203000	综合二类工	工日	3.993	4.324	4.519	4.772	4.957
材料	370100003	钢轨	m	(10.800)	(10.800)	(10.800)	(10.800)	(10.800)
	142909001	氧气	m^3	2.683	2.846	2.938	3.488	4.682
	012900017	钢板 δ4.5～7	kg	0.720	0.720	0.720	1.030	1.030
	142907002	乙炔气	kg	1.032	1.095	1.130	1.342	1.801
	031301009	低碳钢焊条 J427（综合）	kg	1.320	1.690	2.410	2.670	2.810
	850103006	其他材料费（占材料费）	%	5.000	5.000	5.000	5.000	5.000
机械	990403010	平板拖车组 10t	台班	0.050	0.050	0.060	0.060	0.060
	990304004	汽车式起重机 8t	台班	0.100	0.100	0.110	0.110	0.110
	990761020	摩擦压力机 3000kN	台班	0.090	0.100	0.120	0.140	0.170
	990901010	交流弧焊机 21kV·A	台班	0.240	0.300	0.460	0.500	0.500

工作内容： 施工准备、测量、领料、下料、矫正、钻孔、吊装、组对安装、调整、连接固定、配合检查验收。

计量单位： 10m

编号				1-5-62	1-5-63	1-5-64	1-5-65	1-5-66
项目				轨道型号				
				Ⅰ22	Ⅰ25	Ⅰ28	Ⅰ32	Ⅰ36
名称			单位	消耗量				
人工	000203000	综合二类工	工日	5.357	5.610	5.980	6.720	6.866
材料	370100003	钢轨	m	(10.800)	(10.800)	(10.800)	(10.800)	(10.800)
	142909001	氧气	m^3	6.426	6.610	8.262	8.486	10.465
	012900017	钢板 δ4.5～7	kg	1.030	1.030	1.540	1.540	2.600
	142907002	乙炔气	kg	2.472	2.542	3.178	3.264	4.025
	031301009	低碳钢焊条 J427（综合）	kg	3.920	4.550	4.950	7.080	7.840
	850103006	其他材料费（占材料费）	%	5.000	5.000	5.000	5.000	5.000
机械	990403010	平板拖车组 10t	台班	0.060	0.050	0.050	0.060	0.060
	990304004	汽车式起重机 8t	台班	0.110	0.100	0.100	0.110	0.110
	990761020	摩擦压力机 3000kN	台班	0.190	0.220	0.240	0.280	0.310
	990901010	交流弧焊机 21kV·A	台班	0.710	0.820	0.850	1.270	1.420

工作内容：施工准备、测量、领料、下料、矫正、钻孔、吊装、组对安装、调整、连接固定、配合检查验收。

计量单位：10m

编号				1-5-67	1-5-68	1-5-69	1-5-70	1-5-71
项目				轨道型号				
				I 40	I 45	I 50	I 56	I 63
		名称	单位	消耗量				
人工	000203000	综合二类工	工日	7.616	8.512	9.437	10.684	11.930
材料	370100003	钢轨	m	(10.800)	(10.800)	(10.800)	(10.800)	(10.800)
	142909001	氧气	m^3	10.741	12.852	12.852	12.852	12.852
	012900017	钢板 δ4.5～7	kg	2.600	3.600	3.600	4.500	4.500
	142907002	乙炔气	kg	4.131	4.943	4.943	4.943	4.943
	031301009	低碳钢焊条 J427（综合）	kg	8.550	11.120	12.940	17.050	19.790
	850103006	其他材料费（占材料费）	%	5.000	5.000	5.000	5.000	5.000
机械	990403010	平板拖车组 10t	台班	0.060	0.070	0.075	0.075	0.075
	990304004	汽车式起重机 8t	台班	0.110	0.120	0.130	0.130	0.130
	990761020	摩擦压力机 3000kN	台班	0.350	0.380	0.420	0.460	0.490
	990901010	交流弧焊机 21kV · A	台班	1.540	2.000	2.200	3.070	3.560

九、悬挂工字钢轨道及“8”字型轨道安装

工作内容：施工准备、测量、领料、下料、矫正、钻孔、吊装、组对安装、调整、连接固定、配合检查验收。

计量单位：10m

编号				1-5-72	1-5-73	1-5-74	1-5-75
项目				悬挂输送链钢轨安装			
				轨道型号			
				I 10	I 12.6	I 14	I 16
		名称	单位	消耗量			
人工	000203000	综合二类工	工日	4.762	4.870	5.162	5.347
材料	370100003	钢轨	m	(10.800)	(10.800)	(10.800)	(10.800)
	012900017	钢板 δ4.5～7	kg	0.720	0.720	0.720	0.720
	142909001	氧气	m^3	2.683	2.683	2.846	2.938
	142907002	乙炔气	kg	1.032	1.032	1.095	1.130
	031301009	低碳钢焊条 J427（综合）	kg	1.140	1.320	1.690	2.410
	850103006	其他材料费（占材料费）	%	5.000	5.000	5.000	5.000
机械	990403010	平板拖车组 10t	台班	0.050	0.050	0.050	0.060
	990304004	汽车式起重机 8t	台班	0.100	0.100	0.100	0.110
	990761020	摩擦压力机 3000kN	台班	0.070	0.080	0.100	0.120
	990901010	交流弧焊机 21kV · A	台班	0.200	0.240	0.300	0.430

工作内容： 施工准备、测量、领料、下料、矫正、钻孔、吊装、组对安装、调整、连接固定、配合检查验收。

计量单位： 10m

编号				1-5-76	1-5-77	1-5-78	1-5-79	1-5-80
项目				单梁悬挂起重机钢轨安装				
				轨道型号				
				I 16	I 18	I 20	I 22	I 25
名称			单位	消耗量				
人工	000203000	综合二类工	工日	4.042	4.372	4.470	4.918	5.200
材料	370100003	钢轨	m	（10.800）	（10.800）	（10.800）	（10.800）	（10.800）
	012900017	钢板 δ4.5～7	kg	0.720	1.030	1.030	1.030	1.030
	142909001	氧气	m^3	2.938	3.488	4.682	6.426	6.610
	142907002	乙炔气	kg	1.130	1.342	1.801	2.472	2.542
	031301009	低碳钢焊条 J427（综合）	kg	2.410	2.670	2.810	3.920	4.550
	850103006	其他材料费（占材料费）	%	5.000	5.000	5.000	5.000	5.000
机械	990403010	平板拖车组 10t	台班	0.060	0.060	0.060	0.060	0.065
	990304004	汽车式起重机 8t	台班	0.110	0.110	0.110	0.110	0.120
	990761020	摩擦压力机 3000kN	台班	0.120	0.140	0.170	0.190	0.220
	990901010	交流弧焊机 21kV · A	台班	0.430	0.480	0.500	0.660	0.820

工作内容： 施工准备、测量、领料、下料、矫正、钻孔、吊装、组对安装、调整、连接固定、配合检查验收。

计量单位： 10m

编号				1-5-81	1-5-82	1-5-83	1-5-84	1-5-85
项目				单梁悬挂起重机钢轨安装				
				轨道型号				
				I 28	I 32	I 36	I 40	I 45
名称			单位	消耗量				
人工	000203000	综合二类工	工日	5.668	6.380	6.681	7.402	8.512
材料	370100003	钢轨	m	（10.800）	（10.800）	（10.800）	（10.800）	（10.800）
	012900017	钢板 δ4.5～7	kg	1.540	1.540	2.600	2.600	3.600
	142909001	氧气	m^3	8.262	8.486	10.465	10.741	12.852
	142907002	乙炔气	kg	3.178	3.264	4.025	4.131	4.943
	031301009	低碳钢焊条 J427（综合）	kg	4.950	7.080	7.840	8.550	11.120
	850103006	其他材料费（占材料费）	%	5.000	5.000	5.000	5.000	5.000
机械	990403010	平板拖车组 10t	台班	0.065	0.065	0.065	0.070	0.070
	990304004	汽车式起重机 8t	台班	0.120	0.120	0.120	0.120	0.120
	990761020	摩擦压力机 3000kN	台班	0.240	0.280	0.310	0.350	0.380
	990901010	交流弧焊机 21kV · A	台班	0.890	1.270	1.420	1.540	1.850

工作内容：施工准备、测量、领料、下料、矫正、钻孔、吊装、组对安装、调整、连接固定、配合检查验收。

计量单位：10m

编号				1-5-86	1-5-87
项目				浇铸“8”字型轨道安装	
				轨道型号	
				单排	双排
名称			单位	消耗量	
人工	000203000	综合二类工	工日	3.487	5.181
材料	370100003	钢轨	m	（10.800）	（10.800）
	012900017	钢板 δ4.5～7	kg	0.520	1.030
	142909001	氧气	m^3	0.602	1.193
	142907002	乙炔气	kg	0.232	0.459
	031301009	低碳钢焊条 J427（综合）	kg	0.160	0.320
	850103006	其他材料费（占材料费）	%	5.000	5.000
机械	990403010	平板拖车组 10t	台班	0.070	0.070
	990304004	汽车式起重机 8t	台班	0.120	0.120
	990901010	交流弧焊机 21kV·A	台班	0.050	0.100

十、车挡制作与安装

工作内容：施工准备、领料、下料、调直、组装、焊接、配合检查验收。

计量单位：组

编号				1-5-88	1-5-89	1-5-90	1-5-91	1-5-92
项目				车挡安装每组4个				
				每个单重（t）				
				0.1	0.25	0.65	1	1.5
名称			单位	消耗量				
人工	000203000	综合二类工	工日	7.421	9.856	12.096	13.975	16.440
材料	050301004	木板（综合）	m^3	0.020	0.020	0.020	0.020	0.020
	850103006	其他材料费（占材料费）	%	5.000	5.000	5.000	5.000	5.000
机械	990401030	载重汽车 8t	台班	0.050	0.050	0.065	0.075	0.100
	990304004	汽车式起重机 8t	台班	0.100	0.100	0.150	0.200	0.250

工作内容：施工准备、领料、下料、调直、组装、焊接、配合检查验收。 **计量单位：**t

编号				1-5-93
项目				车挡制作
名称			单位	消耗量
人工	000203000	综合二类工	工日	21.914
材料	010100002	钢材	kg	（1100.000）
	142909001	氧气	m^3	5.661
	142907002	乙炔气	kg	2.177
	020101005	橡胶板 δ5～10	kg	41.580
	031301009	低碳钢焊条 J427（综合）	kg	19.810
	850103006	其他材料费（占材料费）	%	5.000
机械	990727020	立式钻床 35mm	台班	0.850
	990732030	剪板机 20×2000mm	台班	0.060
	990901010	交流弧焊机 21kV·A	台班	4.020

第六章

输送设备安装

第六课

[illegible]

说 明

一、本章内容包括斗式提升机、刮板输送机、板（裙）式输送机、悬挂输送机、固定式胶带输送机、螺旋式输送机、卸矿车及皮带秤安装。

二、本章包括以下工作内容：

机头、机尾、机架、轨道、托辊、拉紧装置、传动装置等安装及皮带敷设与连接。

三、本章不包括以下工作内容：

1. 钢制外壳、刮板、漏斗制作与安装。

2. 平台、梯子、栏杆制作与安装。

3. 输送带接头的疲劳性试验、震动频率检测试验、滚筒无损检测、安全保护装置灵敏可靠性试验等特殊试验。

工程量计算规则

一、斗式提升机安装应区分设备型号、公称高度，按设计图示数量，分别以“台”为计量单位。

二、刮板输送机、板（裙）式输送机应区分槽宽、输送长度，按设计图示数量，分别以“台”为计量单位。

刮板输送机安装项目中是按一组驱动装置计算的，超过一组时，按输送长度除以驱动装置组数（即 m/组），以所得 m/组数来选用相应安装项目。

例如：某刮板输送机，宽为 420mm，输送长度为 250m，其中共有四组驱动装置，则其 m/组为 250m 除以 4 组等于 62.5m/组，应选用“420mm 宽以内；80m/组以内”的安装项目，现该机有四组驱动装置，因此将该安装项目乘以系数 4.0，即得该台刮板输送机的安装费用。

三、悬挂式输送机安装应区分设备的驱动及转向装置、不同重量，按设计图示数量，分别以“台”为计量单位。

四、固定式胶带输送机安装应区分皮带宽度、输送长度，按设计图示数量，分别以“台”为计量单位。

五、螺旋式输送机安装应区分公称直径、机身长度，按设计图示数量，分别以“台”为计量单位。

六、皮带秤、卸矿车安装应区分皮带宽度，按设计图示数量，分别以“台”为计量单位。

七、皮带接头连接应区分皮带接头材质、宽度，按实际连接数量，分别以“个”为计量单位。

一、斗式提升机

工作内容：施工准备、设备开箱检验、基础处理、垫铁设置、设备吊装就位、设备部件清洗组装、与机械本体连接的冷却系统、润滑系统以及支架、防护罩等零件附件的安装、找平找正、垫铁点焊、油系统管线清洗、单机试车、配合检查验收。　**计量单位：**台

编　号				1-6-1	1-6-2	1-6-3	1-6-4	1-6-5	1-6-6
项　目				胶带式（D160、D250）			胶带式（D350、D450）		
				公称高度（m 以内）					
				12	22	32	12	22	32
		名　称	单位	消　耗　量					
人工	000203000	综合二类工	工日	22.750	31.682	41.085	28.639	39.834	54.169
材料	031509007	平垫铁（综合）	kg	3.920	4.560	8.480	3.920	4.560	8.480
	031509010	斜垫铁（综合）	kg	4.460	4.460	8.160	4.460	4.460	8.160
	012901003	热轧薄钢板 δ0.5～0.65	kg	0.500	0.600	0.700	0.550	0.650	0.750
	050301004	木板（综合）	m^3	0.010	0.011	0.014	0.016	0.021	0.028
	050105001	道木（综合）	m^3	0.005	0.005	0.005	0.005	0.005	0.005
	140307001	煤油	kg	4.810	5.601	6.392	6.325	6.945	7.907
	140303001	机油（综合）	kg	0.619	0.774	0.866	0.928	1.039	1.175
	140901003	黄油钙基脂	kg	1.348	1.438	1.630	1.685	1.888	2.192
	031301009	低碳钢焊条 J427（综合）	kg	0.672	0.777	0.882	0.777	0.882	0.987
	850103006	其他材料费（占材料费）	%	5.000	5.000	5.000	5.000	5.000	5.000
机械	990401030	载重汽车 8t	台班	—	—	0.300	—	0.300	0.400
	990305020	叉式起重机 5t	台班	0.400	0.600	0.700	0.400	0.600	0.700
	990304016	汽车式起重机 16t	台班	0.200	0.300	—	0.300	0.400	—
	990304024	汽车式起重机 25t	台班	—	—	0.400	—	—	0.500
	990901010	交流弧焊机 21kV·A	台班	0.250	0.300	0.300	0.300	0.350	0.400

工作内容：施工准备、设备开箱检验、基础处理、垫铁设置、设备吊装就位、设备部件清洗组装、与机械本体连接的冷却系统、润滑系统以及支架、防护罩等零件附件的安装、找平找正、垫铁点焊、油系统管线清洗、单机试车、配合检查验收。 **计量单位：**台

编号				1-6-7	1-6-8	1-6-9	1-6-10	1-6-11	1-6-12
项目				链式（ZL25、ZL35）			链式（ZL45、ZL60）		
				公称高度（m 以内）					
				12	22	32	12	22	32
名称			单位	消耗量					
人工	000203000	综合二类工	工日	28.774	39.570	51.605	34.058	48.966	64.716
材料	031509007	平垫铁（综合）	kg	3.920	4.560	8.480	3.920	4.560	8.480
	031509010	斜垫铁（综合）	kg	4.460	4.460	8.160	4.460	4.460	8.160
	012901003	热轧薄钢板 $\delta 0.5\sim0.65$	kg	0.500	0.600	0.700	0.550	0.600	0.750
	050301004	木板（综合）	m^3	0.004	0.018	0.021	0.024	0.031	0.040
	050105001	道木（综合）	m^3	0.005	0.005	0.005	0.005	0.005	0.005
	140307001	煤油	kg	5.535	6.325	7.116	7.393	7.854	8.764
	140303001	机油（综合）	kg	0.742	0.835	0.990	1.132	1.182	1.330
	140901003	黄油钙基脂	kg	1.630	1.855	2.135	2.135	2.529	2.866
	031301009	低碳钢焊条 J427（综合）	kg	0.735	0.840	0.924	0.798	0.924	1.029
	850103006	其他材料费（占材料费）	%	5.000	5.000	5.000	5.000	5.000	5.000
机械	990401030	载重汽车 8t	台班	—	—	0.300	—	0.300	0.400
	990304016	汽车式起重机 16t	台班	0.200	0.300	—	0.200	0.400	—
	990304024	汽车式起重机 25t	台班	—	—	0.500	—	—	0.500
	990901010	交流弧焊机 21kV·A	台班	0.250	0.250	0.250	0.250	0.250	0.250

二、刮板输送机

工作内容： 施工准备、设备开箱检验、基础处理、垫铁设置、设备吊装就位、设备部件清洗组装、与机械本体连接的冷却系统、润滑系统以及支架、防护罩等零件附件的安装、找平找正、垫铁点焊、油系统管线清洗、单机试车、配合检查验收。　**计量单位：** 台

编　号				1-6-13	1-6-14	1-6-15	1-6-16	1-6-17	1-6-18
项　目				槽宽（mm 以内）					
				420			530		
				输送机长度/驱动装置组数（m/组）					
				30	50	80	50	80	120
名　称			单位	消　耗　量					
人工	000203000	综合二类工	工日	42.180	70.126	98.355	81.455	111.567	140.701
材料	031509007	平垫铁（综合）	kg	54.744	78.542	114.240	78.542	114.240	161.840
	031509010	斜垫铁（综合）	kg	54.281	77.878	113.278	77.878	113.278	160.473
	012901003	热轧薄钢板 δ0.5～0.65	kg	0.700	0.900	1.100	0.900	1.100	160.480
	050301004	木板（综合）	m^3	0.005	0.015	0.033	0.015	0.033	0.051
	140307001	煤油	kg	7.051	7.841	8.895	9.040	10.240	11.438
	140303001	机油（综合）	kg	1.330	1.763	2.196	1.955	2.518	3.081
	140901003	黄油钙基脂	kg	2.416	3.091	3.652	3.551	4.349	5.146
	031301009	低碳钢焊条 J427（综合）	kg	1.029	1.281	1.533	1.491	1.764	2.037
	850103006	其他材料费（占材料费）	%	5.000	5.000	5.000	5.000	5.000	5.000
机械	990401030	载重汽车 8t	台班	—	0.200	0.400	0.300	0.500	1.000
	990304024	汽车式起重机 25t	台班	—	—	—	—	—	0.600
	990305020	叉式起重机 5t	台班	0.600	0.300	—	0.300	—	—
	990304016	汽车式起重机 16t	台班	—	0.500	0.600	0.400	0.900	—
	990901010	交流弧焊机 21kV·A	台班	0.500	0.500	1.000	1.000	1.000	1.000

工作内容：施工准备、设备开箱检验、基础处理、垫铁设置、设备吊装就位、设备部件清洗组装、与机械本体连接的冷却系统、润滑系统以及支架、防护罩等零件附件的安装、找平找正、垫铁点焊、油系统管线清洗、单机试车、配合检查验收。 **计量单位：**台

编号				1-6-19	1-6-20	1-6-21	1-6-22	1-6-23	1-6-24
项目				槽宽（mm 以内）					
				620				800	
				输送机长度/驱动装置组数（m/组）					
				80	120	170	250	170	250
名称			单位	消耗量					
人工	000203000	综合二类工	工日	128.944	167.767	209.743	286.511	277.458	314.949
材料	031509007	平垫铁（综合）	kg	114.240	161.840	221.344	257.040	221.344	257.040
	031509010	斜垫铁（综合）	kg	113.278	160.473	219.480	254.881	219.480	254.881
	012901003	热轧薄钢板 δ0.5～0.65	kg	1.100	1.300	1.500	1.800	1.500	1.800
	050301004	木板（综合）	m^3	0.040	0.098	0.199	0.335	0.204	0.366
	140307001	煤油	kg	11.781	13.098	14.416	16.459	16.512	18.831
	140303001	机油（综合）	kg	2.932	3.557	4.169	5.128	4.782	5.871
	140901003	黄油钙基脂	kg	4.988	5.887	6.786	8.191	7.786	9.315
	031301009	低碳钢焊条 J427（综合）	kg	2.037	2.352	2.646	3.108	2.982	3.486
	850103006	其他材料费（占材料费）	%	5.000	5.000	5.000	5.000	5.000	5.000
机械	990401030	载重汽车 8t	台班	0.200	0.200	0.300	0.300	0.400	0.400
	990304040	汽车式起重机 50t	台班	—	—	—	0.350	0.500	0.500
	990901010	交流弧焊机 21kV·A	台班	1.000	1.200	1.300	1.500	1.500	1.800
	990304016	汽车式起重机 16t	台班	0.300	0.300	—	—	—	—
	990304024	汽车式起重机 25t	台班	—	—	0.300	—	—	—

三、板（裙）式输送机

工作内容： 施工准备、设备开箱检验、基础处理、垫铁设置、设备吊装就位、设备部件清洗组装、与机械本体连接的冷却系统、润滑系统以及支架、防护罩等零件附件的安装、找平找正、垫铁点焊、油系统管线清洗、单机试车、配合检查验收。　**计量单位：** 台

编　号				1-6-25	1-6-26	1-6-27	1-6-28	1-6-29
项　目				链板宽度（mm 以内）				
				800		1000	1200	1500
				链轮中心距（m 以内）				
				6	10	3	5	10
		名　称	单位	消　耗　量				
人工	000203000	综合二类工	工日	15.987	19.859	14.773	18.153	41.159
材料	031509007	平垫铁（综合）	kg	12.728	16.964	14.840	15.009	16.960
	031509010	斜垫铁（综合）	kg	12.244	16.332	14.288	15.300	18.881
	012901003	热轧薄钢板 δ0.5～0.65	kg	1.100	1.600	1.000	1.160	1.650
	050301004	木板（综合）	m^3	0.016	0.020	0.015	0.026	0.120
	140307001	煤油	kg	7.947	8.776	7.485	8.407	10.595
	140303001	机油（综合）	kg	2.369	2.574	2.586	3.031	4.157
	140901003	黄油钙基脂	kg	2.247	2.247	2.472	2.697	2.921
	142909001	氧气	m^3	0.612	1.224	0.408	0.612	1.020
	142907002	乙炔气	kg	0.235	0.471	0.157	0.235	0.392
	031301009	低碳钢焊条 J427（综合）	kg	1.218	2.573	1.985	2.069	9.450
	850103006	其他材料费（占材料费）	%	5.000	5.000	5.000	5.000	5.000
机械	990305020	叉式起重机 5t	台班	0.500	0.600	0.400	0.500	0.300
	990503030	电动单筒慢速卷扬机 50kN	台班	0.150	0.200	0.200	0.300	0.300
	990901010	交流弧焊机 21kV·A	台班	0.500	1.000	0.500	0.850	2.500

工作内容：施工准备、设备开箱检验、基础处理、垫铁设置、设备吊装就位、设备部件清洗组装、与机械本体连接的冷却系统、润滑系统以及支架、防护罩等零件附件的安装、找平找正、垫铁点焊、油系统管线清洗、单机试车、配合检查验收。 **计量单位：**台

编号				1-6-30	1-6-31	1-6-32	1-6-33
项目				链板宽度（mm 以内）			
				1500	1800	2400	
				链轮中心距（m 以内）			
				15	12	5	12
名称			单位	消耗量			
人工	000203000	综合二类工	工日	65.555	71.192	61.040	81.111
材料	031509007	平垫铁（综合）	kg	18.024	18.024	14.842	19.088
	031509010	斜垫铁（综合）	kg	20.059	20.059	16.520	21.237
	012901003	热轧薄钢板 δ0.5～0.65	kg	2.170	3.050	2.160	3.150
	050301004	木板（综合）	m^3	0.210	0.404	0.014	0.408
	140307001	煤油	kg	14.126	16.261	14.931	19.002
	140303001	机油（综合）	kg	4.899	5.351	5.246	6.205
	140901003	黄油钙基脂	kg	3.596	4.270	4.450	4.675
	142909001	氧气	m^3	1.836	1.836	1.020	2.040
	142907002	乙炔气	kg	0.706	0.706	0.392	0.785
	031301009	低碳钢焊条 J427（综合）	kg	17.220	14.700	9.450	17.745
	850103006	其他材料费（占材料费）	%	5.000	5.000	5.000	5.000
机械	990401030	载重汽车 8t	台班	0.300	0.300	—	0.400
	990305020	叉式起重机 5t	台班	0.300	—	0.500	—
	990304016	汽车式起重机 16t	台班	—	0.250	—	0.400
	990901010	交流弧焊机 21kV·A	台班	4.100	2.860	2.500	3.150
	990503030	电动单筒慢速卷扬机 50kN	台班	0.400	0.200	0.400	0.200

四、悬挂输送机

工作内容： 施工准备、设备开箱检验、基础处理、垫铁设置、设备吊装就位、设备部件清洗组装、与机械本体连接的冷却系统、润滑系统以及支架、防护罩等零件附件的安装、找平找正、垫铁点焊、油系统管线清洗、单机试车、配合检查验收。　**计量单位：** 台

编　号				1-6-34	1-6-35	1-6-36	1-6-37	1-6-38	1-6-39
项　目				驱动装置			转向装置		
				重量（kg 以内）					
				200	700	1500	150	220	320
		名　称	单位	消　耗　量					
人工	000203000	综合二类工	工日	2.646	4.008	5.649	1.049	1.338	1.626
材料	012901003	热轧薄钢板 δ0.5～0.65	kg	4.000	9.120	6.000	1.500	1.800	2.100
	050301004	木板（综合）	m^3	0.001	0.001	0.004	0.001	0.001	0.001
	140307001	煤油	kg	1.977	2.636	3.294	0.198	0.264	0.330
	140303001	机油（综合）	kg	0.217	0.247	0.031	0.031	0.043	0.056
	140901003	黄油钙基脂	kg	0.225	0.225	0.225	0.281	0.304	0.326
	031301009	低碳钢焊条 J427（综合）	kg	0.315	0.336	0.378	0.336	0.483	0.630
	850103006	其他材料费（占材料费）	%	5.000	5.000	5.000	5.000	5.000	5.000
机械	990305020	叉式起重机 5t	台班	0.100	0.200	0.400	0.100	0.200	0.300
	990901010	交流弧焊机 21kV·A	台班	0.200	0.200	0.200	0.200	0.200	0.200
	990503030	电动单筒慢速卷扬机 50kN	台班	0.100	0.100	0.300	0.100	0.100	0.200

工作内容： 施工准备、设备开箱检验、基础处理、垫铁设置、设备吊装就位、设备部件清洗组装、与机械本体连接的冷却系统、润滑系统以及支架、防护罩等零件附件的安装、找平找正、垫铁点焊、油系统管线清洗、单机试车、配合检查验收。　**计量单位：** 台

编　号				1-6-40	1-6-41	1-6-42
项　目				拉紧装置		
				重量（kg 以内）		
				200	500	1000
		名　称	单位	消　耗　量		
人工	000203000	综合二类工	工日	1.492	2.442	3.977
材料	012901003	热轧薄钢板 δ0.5～0.65	kg	1.200	2.000	2.400
	050301004	木板（综合）	m^3	0.001	0.001	0.003
	140307001	煤油	kg	0.527	0.791	1.581
	140303001	机油（综合）	kg	0.062	0.124	0.247
	140901003	黄油钙基脂	kg	0.337	0.562	0.674
	031301009	低碳钢焊条 J427（综合）	kg	0.300	0.315	0.336
	850103006	其他材料费（占材料费）	%	5.000	5.000	5.000
机械	990305020	叉式起重机 5t	台班	0.100	0.200	0.200
	990901010	交流弧焊机 21kV·A	台班	0.200	0.200	0.200
	990503030	电动单筒慢速卷扬机 50kN	台班	0.100	0.100	0.200

工作内容：施工准备、设备开箱检验、基础处理、垫铁设置、设备吊装就位、设备部件清洗组装、与机械本体连接的冷却系统、润滑系统以及支架、防护罩等零件附件的安装、找平找正、垫铁点焊、油系统管线清洗、单机试车、配合检查验收。 **计量单位：台**

编号				1-6-43	1-6-44	1-6-45	1-6-46	1-6-47
项目				链条安装				试运转
				分类及节距（mm 以内）				
				链片式（100）	链片式（160）	链板式	链环式	
名称			单位	消耗量				
人工	000203000	综合二类工	工日	24.327	18.449	30.388	33.223	2.670
材料	050301004	木板（综合）	m^3	0.001	0.001	0.004	0.006	—
	140307001	煤油	kg	49.416	39.533	59.299	79.065	3.690
	140303001	机油（综合）	kg	5.568	3.712	5.568	7.424	1.929
	140901003	黄油钙基脂	kg	42.136	33.709	50.563	67.418	3.371
	850103006	其他材料费（占材料费）	%	5.000	5.000	5.000	5.000	5.000
机械	990305020	叉式起重机 5t	台班	0.100	0.100	0.200	0.200	—
	990503030	电动单筒慢速卷扬机 50kN	台班	0.100	0.100	0.100	0.100	—

五、固定式胶带输送机

工作内容：施工准备、设备开箱检验、基础处理、垫铁设置、设备吊装就位、设备部件清洗组装、与机械本体连接的冷却系统、润滑系统以及支架、防护罩等零件附件的安装、找平找正、垫铁点焊、油系统管线清洗、单机试车、配合检查验收。 **计量单位：台**

编号				1-6-48	1-6-49	1-6-50	1-6-51
项目				带宽（mm 以内）			
				650			
				输送长度（m 以内）			
				20	50	80	110
名称			单位	消耗量			
人工	000203000	综合二类工	工日	36.517	53.420	78.647	92.357
材料	031509007	平垫铁（综合）	kg	26.180	29.751	33.320	36.890
	031509010	斜垫铁（综合）	kg	25.964	29.501	33.044	36.580
	012901003	热轧薄钢板 δ0.5～0.65	kg	2.500	3.240	5.000	6.270
	050301004	木板（综合）	m^3	0.019	0.026	0.034	0.043
	050105001	道木（综合）	m^3	0.011	0.011	0.011	0.011
	140307001	煤油	kg	9.883	13.836	18.844	24.247
	140509004	橡胶溶剂 120#	kg	4.040	4.040	7.630	7.630
	140303001	机油（综合）	kg	2.648	3.588	4.330	5.339
	140901003	黄油钙基脂	kg	5.900	9.270	11.518	13.629
	142909001	氧气	m^3	6.548	7.058	7.640	8.140
	142907002	乙炔气	kg	2.518	2.715	2.938	3.131
	133503021	生胶	kg	0.690	0.690	1.300	1.300

续前

编号				1-6-48	1-6-49	1-6-50	1-6-51
项目				带宽（mm 以内）			
				650			
				输送长度（m 以内）			
				20	50	80	110
名称			单位	消耗量			
材料	133503022	熟胶	kg	0.930	0.930	1.750	1.750
	031301009	低碳钢焊条 J427（综合）	kg	3.959	4.379	4.862	5.208
	850103006	其他材料费（占材料费）	%	5.000	5.000	5.000	5.000
机械	990401030	载重汽车 8t	台班	—	0.200	0.300	0.400
	990305020	叉式起重机 5t	台班	0.300	0.200	0.300	0.300
	990304016	汽车式起重机 16t	台班	—	0.200	0.400	—
	990304024	汽车式起重机 25t	台班	—	—	—	0.400
	990901010	交流弧焊机 21kV · A	台班	1.200	1.500	2.000	2.000

工作内容： 施工准备、设备开箱检验、基础处理、垫铁设置、设备吊装就位、设备部件清洗组装、与机械本体连接的冷却系统、润滑系统以及支架、防护罩等零件附件的安装、找平找正、垫铁点焊、油系统管线清洗、单机试车、配合检查验收。 **计量单位：** 台

编号				1-6-52	1-6-53	1-6-54
项目				带宽（mm 以内）		
				650		
				输送长度（m 以内）		
				150	200	250
名称			单位	消耗量		
人工	000203000	综合二类工	工日	111.798	134.437	164.818
材料	031509007	平垫铁（综合）	kg	41.650	47.589	53.548
	031509010	斜垫铁（综合）	kg	41.300	47.187	53.100
	012901003	热轧薄钢板 δ0.5～0.65	kg	8.070	10.720	13.480
	050301004	木板（综合）	m^3	0.054	0.071	0.079
	050105001	道木（综合）	m^3	0.011	0.011	0.011
	140307001	煤油	kg	31.890	42.959	54.555
	140509004	橡胶溶剂 120#	kg	11.440	15.250	15.250
	140303001	机油（综合）	kg	6.768	8.865	11.061
	140901003	黄油钙基脂	kg	16.619	21.023	25.563
	142909001	氧气	m^3	9.078	10.220	11.108
	142907002	乙炔气	kg	3.492	3.931	4.272
	133503021	生胶	kg	1.950	2.600	2.600
	133503022	熟胶	kg	2.630	3.500	3.500
	031301009	低碳钢焊条 J427（综合）	kg	5.712	6.437	7.193
	850103006	其他材料费（占材料费）	%	5.000	5.000	5.000
机械	990401030	载重汽车 8t	台班	0.500	0.500	0.800
	990305020	叉式起重机 5t	台班	0.400	0.500	0.600
	990304024	汽车式起重机 25t	台班	0.400	0.500	0.700
	990901010	交流弧焊机 21kV · A	台班	2.000	2.500	2.600

工作内容： 施工准备、设备开箱检验、基础处理、垫铁设置、设备吊装就位、设备部件清洗组装、与机械本体连接的冷却系统、润滑系统以及支架、防护罩等零件附件的安装、找平找正、垫铁点焊、油系统管线清洗、单机试车、配合检查验收。 **计量单位：** 台

编号				1-6-55	1-6-56	1-6-57	1-6-58
项目				带宽（mm 以内）			
				1000			
				输送长度（m 以内）			
				20	50	80	110
名称			单位	消耗量			
人工	000203000	综合二类工	工日	46.753	68.818	99.275	123.752
材料	031509007	平垫铁（综合）	kg	30.936	34.510	37.810	41.654
	031509010	斜垫铁（综合）	kg	30.678	34.221	37.760	41.280
	012901003	热轧薄钢板 δ0.5～0.65	kg	4.050	5.850	7.850	9.850
	050301004	木板（综合）	m^3	0.020	0.029	0.038	0.048
	050105001	道木（综合）	m^3	0.011	0.011	0.011	0.011
	140307001	煤油	kg	11.201	16.604	23.324	30.045
	140509004	橡胶溶剂 120#	kg	10.150	10.150	19.250	19.250
	140303001	机油（综合）	kg	3.446	4.547	5.784	7.108
	140901003	黄油钙基脂	kg	10.506	14.214	17.821	21.080
	142909001	氧气	m^3	7.895	13.280	14.321	15.320
	142907002	乙炔气	kg	3.037	5.108	5.508	5.892
	133503021	生胶	kg	2.380	2.380	3.150	3.150
	133503022	熟胶	kg	1.660	1.660	4.500	4.500
	031301009	低碳钢焊条 J427（综合）	kg	7.109	7.707	8.306	8.904
	850103006	其他材料费（占材料费）	%	5.000	5.000	5.000	5.000
机械	990401030	载重汽车 8t	台班	0.200	0.200	0.300	0.300
	990305020	叉式起重机 5t	台班	0.200	0.200	0.200	0.200
	990304024	汽车式起重机 25t	台班	—	—	0.350	0.400
	990901010	交流弧焊机 21kV·A	台班	2.500	2.500	2.650	2.800
	990304016	汽车式起重机 16t	台班	0.350	0.400	—	—

工作内容：施工准备、设备开箱检验、基础处理、垫铁设置、设备吊装就位、设备部件清洗组装、与机械本体连接的冷却系统、润滑系统以及支架、防护罩等零件附件的安装、找平找正、垫铁点焊、油系统管线清洗、单机试车、配合检查验收。 **计量单位：**台

编号				1-6-59	1-6-60	1-6-61
项目				带宽（mm 以内）		
				1000		
				输送长度（m 以内）		
				150	200	250
名称			单位	消耗量		
人工	000203000	综合二类工	工日	151.633	178.585	221.890
材料	031509007	平垫铁（综合）	kg	46.091	52.361	58.314
	031509010	斜垫铁（综合）	kg	46.020	51.920	57.820
	012901003	热轧薄钢板 δ0.5～0.65	kg	12.750	16.650	21.060
	050301004	木板（综合）	m^3	0.061	0.084	0.103
	050105001	道木（综合）	m^3	0.011	0.011	0.011
	140307001	煤油	kg	39.407	52.578	67.601
	140509004	橡胶溶剂 120#	kg	28.880	38.500	38.500
	140303001	机油（综合）	kg	8.982	11.736	14.637
	140901003	黄油钙基脂	kg	25.709	32.506	39.585
	142909001	氧气	m^3	16.646	19.788	21.461
	142907002	乙炔气	kg	6.402	7.611	8.254
	133503021	生胶	kg	4.730	6.300	6.300
	133503022	熟胶	kg	6.750	9.000	9.000
	031301009	低碳钢焊条 J427（综合）	kg	9.744	10.983	12.285
	850103006	其他材料费（占材料费）	%	5.000	5.000	5.000
机械	990401030	载重汽车 8t	台班	0.400	0.800	0.800
	990305020	叉式起重机 5t	台班	0.300	1.000	1.000
	990304040	汽车式起重机 50t	台班	0.400	—	—
	990304052	汽车式起重机 75t	台班	—	0.500	0.500
	990901010	交流弧焊机 21kV·A	台班	3.000	3.000	3.500

工作内容：施工准备、设备开箱检验、基础处理、垫铁设置、设备吊装就位、设备部件清洗组装、与机械本体连接的冷却系统、润滑系统以及支架、防护罩等零件附件的安装、找平找正、垫铁点焊、油系统管线清洗、单机试车、配合检查验收。 计量单位：台

编号				1-6-62	1-6-63	1-6-64	1-6-65
项目				带宽（mm 以内）			
				1400			
				输送长度（m 以内）			
				20	50	80	110
名称			单位	消耗量			
人工	000203000	综合二类工	工日	61.977	90.251	130.486	157.813
材料	031509007	平垫铁（综合）	kg	36.720	42.840	48.960	55.080
	031509010	斜垫铁（综合）	kg	38.520	44.940	51.360	57.780
	012901003	热轧薄钢板 δ0.5～0.65	kg	5.500	8.410	11.710	14.120
	050301004	木板（综合）	m^3	0.024	0.034	0.043	0.054
	050105001	道木（综合）	m^3	0.011	0.011	0.011	0.011
	140307001	煤油	kg	15.154	20.571	28.859	37.029
	140509004	橡胶溶剂 120#	kg	21.700	21.700	41.000	41.000
	140303001	机油（综合）	kg	4.702	6.069	6.966	9.317
	140901003	黄油钙基脂	kg	17.753	20.293	25.506	30.226
	142909001	氧气	m^3	10.098	20.604	22.950	24.602
	142907002	乙炔气	kg	3.884	7.925	8.827	9.462
	133503021	生胶	kg	3.550	3.550	5.750	5.750
	133503022	熟胶	kg	5.150	5.150	9.800	9.800
	031301009	低碳钢焊条 J427（综合）	kg	9.240	11.361	12.527	13.419
	850103006	其他材料费（占材料费）	%	5.000	5.000	5.000	5.000
机械	990401030	载重汽车 8t	台班	0.200	0.200	0.300	0.300
	990305020	叉式起重机 5t	台班	1.300	1.400	1.500	1.800
	990304016	汽车式起重机 16t	台班	0.400	0.400	—	—
	990304024	汽车式起重机 25t	台班	—	—	0.400	0.600
	990901010	交流弧焊机 21kV·A	台班	2.600	2.850	3.000	3.400

工作内容：施工准备、设备开箱检验、基础处理、垫铁设置、设备吊装就位、设备部件清洗组装、与机械本体连接的冷却系统、润滑系统以及支架、防护罩等零件附件的安装、找平找正、垫铁点焊、油系统管线清洗、单机试车、配合检查验收。 **计量单位：**台

编号				1-6-66	1-6-67	1-6-68
项目				带宽（mm 以内）		
				1400		
				输送长度（m 以内）		
				150	200	250
	名称		单位	消耗量		
人工	000203000	综合二类工	工日	193.022	232.050	287.385
材料	031509007	平垫铁（综合）	kg	63.240	73.440	83.640
	031509010	斜垫铁（综合）	kg	66.340	77.040	87.740
	012901003	热轧薄钢板 δ0.5～0.65	kg	18.200	24.200	30.310
	050301004	木板（综合）	m^3	0.071	0.094	0.119
	050105001	道木（综合）	m^3	0.011	0.011	0.011
	140307001	煤油	kg	48.625	52.578	83.677
	140509004	橡胶溶剂 120#	kg	61.500	82.000	82.000
	140303001	机油（综合）	kg	11.754	15.342	19.035
	140901003	黄油钙基脂	kg	36.855	46.518	56.631
	142909001	氧气	m^3	27.030	30.600	34.109
	142907002	乙炔气	kg	10.396	11.769	13.119
	133503021	生胶	kg	8.630	11.500	11.500
	133503022	熟胶	kg	14.700	19.600	19.600
	031301009	低碳钢焊条 J427（综合）	kg	14.700	16.653	18.533
	850103006	其他材料费（占材料费）	%	5.000	5.000	5.000
机械	990401030	载重汽车 8t	台班	0.400	0.800	0.800
	990305020	叉式起重机 5t	台班	2.000	1.000	1.000
	990304052	汽车式起重机 75t	台班	—	0.650	0.650
	990304040	汽车式起重机 50t	台班	0.600	—	—
	990901010	交流弧焊机 21kV · A	台班	3.600	3.700	4.000

工作内容： 施工准备、设备开箱检验、基础处理、垫铁设置、设备吊装就位、设备部件清洗组装、与机械本体连接的冷却系统、润滑系统以及支架、防护罩等零件附件的安装、找平找正、垫铁点焊、油系统管线清洗、单机试车、配合检查验收。 **计量单位：台**

编号				1-6-69	1-6-70	1-6-71	1-6-72
项目				带宽（mm 以内）			
				1600			
				输送长度（m 以内）			
				20	50	80	110
名称			单位	消耗量			
人工	000203000	综合二类工	工日	93.124	129.151	178.581	214.228
材料	031509007	平垫铁（综合）	kg	75.902	86.254	93.500	106.950
	031509010	斜垫铁（综合）	kg	82.280	93.511	104.722	115.940
	012901003	热轧薄钢板 δ0.5～0.65	kg	7.150	10.930	15.200	18.000
	050301004	木板（综合）	m^3	0.031	0.044	0.055	0.070
	050105001	道木（综合）	m^3	0.014	0.014	0.014	0.014
	140509004	橡胶溶剂 120#	kg	28.200	28.200	53.000	53.000
	140307001	煤油	kg	19.766	26.355	38.215	48.757
	140303001	机油（综合）	kg	6.124	8.042	9.279	12.373
	140901003	黄油钙基脂	kg	23.034	26.405	33.709	39.327
	142909001	氧气	m^3	13.158	26.826	29.886	31.620
	142907002	乙炔气	kg	5.061	10.318	11.495	12.162
	133503021	生胶	kg	4.620	4.620	7.500	7.500
	133503022	熟胶	kg	6.700	6.700	13.000	13.000
	031301009	低碳钢焊条 J427（综合）	kg	12.012	14.805	16.275	17.850
	850103006	其他材料费（占材料费）	%	5.000	5.000	5.000	5.000
机械	990401030	载重汽车 8t	台班	0.300	0.400	0.500	0.600
	990305020	叉式起重机 5t	台班	3.000	3.300	3.500	4.000
	990304052	汽车式起重机 75t	台班	—	—	—	0.500
	990304024	汽车式起重机 25t	台班	0.500	0.500	—	—
	990901010	交流弧焊机 21kV·A	台班	3.200	3.500	4.100	4.500
	990304040	汽车式起重机 50t	台班	—	—	0.500	—

工作内容：施工准备、设备开箱检验、基础处理、垫铁设置、设备吊装就位、设备部件清洗组装、与机械本体连接的冷却系统、润滑系统以及支架、防护罩等零件附件的安装、找平找正、垫铁点焊、油系统管线清洗、单机试车、配合检查验收。 **计量单位：**台

编号				1-6-73	1-6-74	1-6-75
项目				带宽（mm 以内）		
				1600		
				输送长度（m 以内）		
				150	200	250
名称			单位	消耗量		
人工	000203000	综合二类工	工日	259.433	315.960	380.179
材料	031509007	平垫铁（综合）	kg	120.749	138.012	155.234
	031509010	斜垫铁（综合）	kg	130.888	149.600	168.300
	012901003	热轧薄钢板 δ0.5～0.65	kg	24.000	32.000	39.000
	050301004	木板（综合）	m^3	0.093	0.123	0.150
	050105001	道木（综合）	m^3	0.014	0.014	0.014
	140509004	橡胶溶剂 120#	kg	80.000	107.000	107.000
	140307001	煤油	kg	63.252	68.523	109.373
	140303001	机油（综合）	kg	15.466	19.796	24.745
	140901003	黄油钙基脂	kg	48.316	60.676	74.159
	142909001	氧气	m^3	35.700	39.780	44.880
	142907002	乙炔气	kg	13.731	15.300	17.262
	133503021	生胶	kg	11.000	15.000	15.000
	133503022	熟胶	kg	19.000	25.500	26.000
	031301009	低碳钢焊条 J427（综合）	kg	18.900	22.050	24.150
	850103006	其他材料费（占材料费）	%	5.000	5.000	5.000
机械	990401030	载重汽车 8t	台班	1.000	1.000	1.500
	990305020	叉式起重机 5t	台班	4.000	4.300	4.500
	990304052	汽车式起重机 75t	台班	0.700	—	—
	990304064	汽车式起重机 100t	台班	—	0.800	0.900
	990901010	交流弧焊机 21kV·A	台班	5.000	5.500	6.000

工作内容： 施工准备、设备开箱检验、基础处理、垫铁设置、设备吊装就位、设备部件清洗组装、与机械本体连接的冷却系统、润滑系统以及支架、防护罩等零件附件的安装、找平找正、垫铁点焊、油系统管线清洗、单机试车、配合检查验收。 **计量单位：台**

编号				1-6-76	1-6-77	1-6-78	1-6-79	1-6-80
项目				带宽（mm 以内）				
				2000				
				输送长度（m 以内）				
				20	100	150	250	500
名称			单位	消耗量				
人工	000203000	综合二类工	工日	102.230	243.034	279.552	406.741	503.798
材料	031509007	平垫铁（综合）	kg	87.933	117.301	134.550	151.800	255.313
	031509010	斜垫铁（综合）	kg	97.240	127.160	145.864	164.563	276.760
	012901003	热轧薄钢板 δ0.5～0.65	kg	7.150	18.000	24.000	39.000	45.100
	050301004	木板（综合）	m^3	0.031	0.070	0.093	0.150	0.200
	050105001	道木（综合）	m^3	0.014	0.014	0.014	0.014	0.015
	140509004	橡胶溶剂 120#	kg	28.200	53.000	80.000	107.000	113.500
	140307001	煤油	kg	19.766	48.757	63.252	109.373	113.076
	140303001	机油（综合）	kg	6.124	12.373	15.466	24.745	27.979
	140901003	黄油钙基脂	kg	23.034	39.327	48.316	74.159	83.905
	142909001	氧气	m^3	13.158	31.620	35.700	44.880	51.090
	142907002	乙炔气	kg	5.061	12.162	13.731	17.262	19.650
	133503021	生胶	kg	4.620	7.500	11.000	15.000	18.500
	133503022	熟胶	kg	6.700	13.000	19.000	26.000	30.500
	031301009	低碳钢焊条 J427（综合）	kg	12.012	17.850	18.900	24.150	29.460
	850103006	其他材料费（占材料费）	%	5.000	5.000	5.000	5.000	5.000
机械	990401030	载重汽车 8t	台班	0.500	0.800	1.200	1.600	2.000
	990305020	叉式起重机 5t	台班	3.000	4.000	4.000	4.500	5.000
	990304016	汽车式起重机 16t	台班	0.700	—	—	—	—
	990304024	汽车式起重机 25t	台班	—	1.300	1.800	—	—
	990901010	交流弧焊机 21kV · A	台班	4.000	5.500	6.000	7.000	8.000
	990304040	汽车式起重机 50t	台班	—	—	—	1.400	1.700

六、螺旋式输送机

工作内容：施工准备、设备开箱检验、基础处理、垫铁设置、设备吊装就位、设备部件清洗组装、与机械本体连接的冷却系统、润滑系统以及支架、防护罩等零件附件的安装、找平找正、垫铁点焊、油系统管线清洗、单机试车、配合检查验收。 **计量单位：**台

编号				1-6-81	1-6-82	1-6-83	1-6-84
项目				公称直径（mm 以内）			
				300			
				机身长度（m 以内）			
				6	11	16	21
		名称	单位	消耗量			
人工	000203000	综合二类工	工日	8.225	10.457	13.598	16.676
材料	031509007	平垫铁（综合）	kg	6.840	9.120	11.423	21.202
	031509010	斜垫铁（综合）	kg	6.696	8.928	11.160	21.413
	012901003	热轧薄钢板 $\delta0.5\sim0.65$	kg	0.280	0.410	0.600	0.780
	050301004	木板（综合）	m^3	0.006	0.006	0.008	0.008
	140307001	煤油	kg	3.663	4.454	5.232	6.023
	140303001	机油（综合）	kg	0.532	0.606	0.712	0.810
	140901003	黄油钙基脂	kg	1.494	1.641	1.820	2.011
	031301009	低碳钢焊条 J427（综合）	kg	0.462	0.735	1.113	1.449
	850103006	其他材料费（占材料费）	%	5.000	5.000	5.000	5.000
机械	990305020	叉式起重机 5t	台班	0.200	0.300	0.500	0.600
	990901010	交流弧焊机 21kV·A	台班	0.200	0.250	0.400	0.500
	990503030	电动单筒慢速卷扬机 50kN	台班	0.100	0.200	0.300	0.400

工作内容： 施工准备、设备开箱检验、基础处理、垫铁设置、设备吊装就位、设备部件清洗组装、与机械本体连接的冷却系统、润滑系统以及支架、防护罩等零件附件的安装、找平找正、垫铁点焊、油系统管线清洗、单机试车、配合检查验收。 **计量单位：** 台

编号				1-6-85	1-6-86	1-6-87	1-6-88
项目				公称直径（mm 以内）			
				600			
				机身长度（m 以内）			
				8	14	20	26
		名称	单位	消耗量			
人工	000203000	综合二类工	工日	13.899	17.264	21.821	26.465
材料	031509007	平垫铁（综合）	kg	6.840	9.120	11.423	21.202
	031509010	斜垫铁（综合）	kg	6.696	8.928	11.160	21.413
	012901003	热轧薄钢板 δ0.5～0.65	kg	0.450	0.630	0.870	1.110
	050301004	木板（综合）	m^3	0.021	0.024	0.026	0.029
	140307001	煤油	kg	4.679	5.680	6.682	7.815
	140303001	机油（综合）	kg	0.742	0.854	1.002	1.151
	140901003	黄油钙基脂	kg	2.192	2.393	2.674	2.944
	031301009	低碳钢焊条 J427（综合）	kg	0.630	1.008	1.512	2.016
	850103006	其他材料费（占材料费）	%	5.000	5.000	5.000	5.000
机械	990305020	叉式起重机 5t	台班	0.300	0.500	0.700	0.800
	990901010	交流弧焊机 21kV·A	台班	0.200	0.250	0.400	0.600
	990503030	电动单筒慢速卷扬机 50kN	台班	0.200	0.300	0.400	0.500

七、皮带秤安装

工作内容： 施工准备、设备开箱检验、基础处理、垫铁设置、设备吊装就位、设备部件清洗组装、与机械本体连接的冷却系统、润滑系统以及支架、防护罩等零件附件的安装、找平找正、垫铁点焊、油系统管线清洗、单机试车、配合检查验收。 **计量单位：** 台

编号				1-6-89	1-6-90	1-6-91
项目				带宽（mm 以内）		
				650	1000	1400
		名称	单位	消耗量		
人工	000203000	综合二类工	工日	8.838	10.985	13.226
材料	012901003	热轧薄钢板 δ0.5～0.65	kg	0.500	0.600	0.600
	031301009	低碳钢焊条 J427（综合）	kg	0.378	0.504	0.630
	050301004	木板（综合）	m^3	0.004	0.005	0.006
	140307001	煤油	kg	3.953	4.612	4.612
	140303001	机油（综合）	kg	0.309	0.433	0.433
	140901003	黄油钙基脂	kg	1.573	1.798	1.798
	092705004	碎布	kg	1.050	1.260	1.260
	850103006	其他材料费（占材料费）	%	3.000	3.000	3.000
机械	990305020	叉式起重机 5t	台班	0.100	0.200	0.300
	990901010	交流弧焊机 21kV·A	台班	0.189	0.252	0.315

八、卸 矿 车

工作内容：机头、机尾、机架、轨道、托辊、拉紧装置、传动装置等安装及皮带敷设。 **计量单位：**台

编 号				1-6-92	1-6-93	1-6-94
项 目				带宽（mm 以内）		
				650	1000	1400
名 称			单位	消 耗 量		
人工	000203000	综合二类工	工日	13.606	21.309	41.592
材料	010305001	不锈钢丝 ϕ1.2	kg	2.000	2.000	2.000
	050105001	道木（综合）	m^3	—	—	0.007
	140901002	黄干油钙基酯	kg	1.818	1.818	2.222
	140303001	机油（综合）	kg	0.818	0.818	1.202
	140307001	煤油	kg	4.200	4.200	5.250
	050301004	木板（综合）	m^3	0.006	0.006	0.023
	092705001	破布	kg	1.575	1.575	1.995
	012900027	普通钢板 δ4.1～7	kg	0.700	0.700	0.900
	140301003	汽油 92#	kg	0.612	0.612	0.816
	031301011	电焊条（综合）	kg	0.378	0.420	0.525
	850103006	其他材料费（占材料费）	%	5.000	5.000	5.000
机械	990305020	叉式起重机 5t	台班	0.200	0.300	0.400
	990501010	电动单筒快速卷扬机 5kN	台班	0.100	0.200	2.000
	990919030	电焊条烘干箱 60 × 50 × 75cm^3	台班	0.030	0.040	0.050
	990902010	硅整流弧焊机 15kV · A	台班	0.300	0.400	0.500

第七章

风 机 安 装

说 明

一、本章内容包括离心式通（引）风机、轴流通风机、回转式鼓风机、离心式鼓风机安装及拆装检查。

1. 离心式通（引）风机：包括中低压离心通风机、排尘离心通风机、耐腐蚀离心通风机、防爆离心通风机、高压离心通风机、锅炉离心通风机、抽烟通风机、多翼式离心通风机、硫黄鼓风机、恒温冷暖风机、暖风机、低噪声离心通风机、低噪声屋顶离心通风机安装。

2. 轴流通风机：包括工业用轴流通风机、冷却塔轴流通风机、防爆轴流通风机、可调轴流通风机、屋顶轴流通风机、隔爆型轴流式局部扇风机的安装。

3. 回转式鼓风机：包括罗茨鼓风机、HGY 型鼓风机、叶式鼓风机的安装。

4. 离心式鼓风机：带变速器及不带变速器的鼓风机安装。

二、本章包括以下工作内容：

1. 设备本体及与本体联体的附件、管道、润滑冷却装置等的清洗、刮研、组装、调试。

2. 离心式鼓风机（带增速机）的垫铁研磨。

3. 联轴器或皮带以及安全防护罩安装。

4. 设备带有的电动机的安装。

三、本章不包括以下工作内容，发生时应执行其他章节相关安装项目。

1. 支架、底座及防护罩、减震器的制作、修改。

2. 联轴器及键和键槽的加工制作。

3. 电动机的抽芯检查、干燥、配线、调试。

四、塑料风机及耐酸陶瓷风机安装，应执行离心式通（引）风机安装相应项目。

五、风机拆装检查包括以下工作内容：

设备本体及部件以及第一个阀门以内的管道等拆卸、清洗、检查、刮研、换油、调间隙及调配重、找正、找平、找中心、记录、组装复原。

六、凡设计或施工验收规范及技术资料规定，在实际施工中需要进行拆装检查工作时，方可执行本章拆装检查相应项目。

工程量计算规则

一、风机安装及拆装检查应区分设备类型、重量，按设计图示数量，分别以“台”为计量单位。

二、直联式风机按风机本体及电动机、变速器和底座的总重量计算。

三、非直联式风机，以风机本体和底座的总重量计算，不包括电动机重量，但电动机的安装已包括在安装项目内。

一、离心式通（引）风机

工作内容：施工准备、设备开箱检验、基础处理、垫铁设置、设备吊装就位、分体组装、找平找正、垫铁点焊、油箱清洁、单机试车、配合检查验收。 **计量单位：**台

编号				1-7-1	1-7-2	1-7-3	1-7-4	1-7-5
项目				设备重量（t以内）				
				0.3	0.5	1.1	1.5	2.2
名称			单位	消耗量				
人工	000203000	综合二类工	工日	5.580	6.576	11.459	15.300	19.897
材料	031509007	平垫铁（综合）	kg	4.710	4.710	6.280	18.463	18.463
材料	031509010	斜垫铁（综合）	kg	4.692	4.692	6.256	17.480	17.480
材料	012901009	热轧薄钢板 δ1.6～1.9	kg	0.300	0.300	0.400	0.600	0.600
材料	013503004	紫铜板 δ0.25～0.5	kg	0.100	0.200	0.300	0.400	0.500
材料	050301004	木板（综合）	m^3	0.006	0.008	0.009	0.012	0.015
材料	140307001	煤油	kg	2.888	4.331	5.775	6.320	8.663
材料	140303001	机油（综合）	kg	0.824	0.824	1.237	1.850	2.473
材料	140901003	黄油钙基脂	kg	0.247	0.247	0.371	0.506	0.619
材料	142909001	氧气	m^3	1.020	1.020	1.020	1.360	1.530
材料	142907002	乙炔气	kg	0.392	0.392	0.392	0.523	0.588
材料	020112007	无石棉橡胶板高压 δ1～6	kg	0.300	0.300	0.400	0.500	0.600
材料	031301009	低碳钢焊条 J427（综合）	kg	0.210	0.210	0.315	0.433	0.525
材料	850103006	其他材料费（占材料费）	%	5.000	5.000	5.000	5.000	5.000
机械	990305020	叉式起重机 5t	台班	0.100	0.100	0.200	0.200	0.300
机械	990901010	交流弧焊机 21kV·A	台班	0.100	0.100	0.200	0.300	0.400

工作内容：施工准备、设备开箱检验、基础处理、垫铁设置、设备吊装就位、分体组装、找平找正、垫铁点焊、油箱清洁、单机试车、配合检查验收。 **计量单位：台**

编号				1-7-6	1-7-7	1-7-8	1-7-9	1-7-10
项目				设备重量（t 以内）				
				3	5	7	10	15
名称			单位	消耗量				
人工	000203000	综合二类工	工日	26.805	32.502	54.623	65.421	82.637
材料	031509007	平垫铁（综合）	kg	18.463	30.772	42.373	50.005	64.025
	031509010	斜垫铁（综合）	kg	17.480	27.968	38.512	46.020	57.024
	012901009	热轧薄钢板 δ1.6～1.9	kg	1.000	1.500	2.000	3.000	3.500
	013503004	紫铜板 δ0.25～0.5	kg	0.600	0.700	0.800	0.800	1.200
	050301004	木板（综合）	m^3	0.015	0.019	0.029	0.031	0.033
	050105001	道木（综合）	m^3	0.011	0.014	0.014	0.021	0.025
	140307001	煤油	kg	8.663	10.106	11.550	14.438	17.325
	140303001	机油（综合）	kg	2.473	4.122	4.946	6.595	8.244
	140901003	黄油钙基脂	kg	0.990	1.237	1.485	1.856	2.475
	142909001	氧气	m^3	2.040	3.060	3.060	4.080	6.120
	142907002	乙炔气	kg	0.785	1.177	1.177	1.569	2.354
	020112007	无石棉橡胶板高压 δ1～6	kg	1.000	1.500	2.000	3.000	3.000
	031301009	低碳钢焊条 J427（综合）	kg	0.525	0.840	1.050	1.575	1.890
	850103006	其他材料费（占材料费）	%	5.000	5.000	5.000	5.000	5.000
机械	990401035	载重汽车 10t	台班	—	—	0.200	0.200	—
	990401045	载重汽车 15t	台班	—	—	—	—	0.200
	990304016	汽车式起重机 16t	台班	—	—	0.500	0.500	—
	990304024	汽车式起重机 25t	台班	—	—	—	—	0.500
	990305020	叉式起重机 5t	台班	0.400	0.500	—	—	—
	990901010	交流弧焊机 21kV·A	台班	0.300	0.400	0.500	0.550	0.600

工作内容：施工准备、设备开箱检验、基础处理、垫铁设置、设备吊装就位、分体组装、找平找正、垫铁点焊、油箱清洁、单机试车、配合检查验收。　　**计量单位：**台

编号				1-7-11	1-7-12	1-7-13
项目				设备重量（t 以内）		
				20	30	40
名称			单位	消耗量		
人工	000203000	综合二类工	工日	97.590	102.410	112.650
材料	031509007	平垫铁（综合）	kg	78.751	139.810	150.720
	031509010	斜垫铁（综合）	kg	73.240	123.970	138.300
	012901009	热轧薄钢板 δ1.6～1.9	kg	4.000	4.500	5.000
	013503004	紫铜板 δ0.25～0.5	kg	1.500	2.000	2.500
	050301004	木板（综合）	m^3	0.035	0.037	0.040
	050105001	道木（综合）	m^3	0.028	0.031	0.035
	140307001	煤油	kg	23.100	34.650	51.975
	140303001	机油（综合）	kg	9.893	12.861	16.718
	140901003	黄油钙基脂	kg	3.712	4.324	4.961
	142909001	氧气	m^3	9.180	9.680	10.200
	142907002	乙炔气	kg	3.531	3.723	3.923
	020112007	无石棉橡胶板高压 δ1～6	kg	4.000	5.000	5.500
	031301009	低碳钢焊条 J427（综合）	kg	2.100	2.310	2.510
	850103006	其他材料费（占材料费）	%	5.000	5.000	5.000
机械	990401045	载重汽车 15t	台班	0.250	—	—
	990403030	平板拖车组 40t	台班	—	0.250	0.300
	990304024	汽车式起重机 25t	台班	0.250	—	—
	990304040	汽车式起重机 50t	台班	0.300	0.600	0.700
	990901010	交流弧焊机 21kV·A	台班	0.700	0.760	0.820

二、轴流通风机

工作内容： 施工准备、设备开箱检验、基础处理、垫铁设置、设备吊装就位、分体组装、找平找正、垫铁点焊、油箱清洁、单机试车、配合检查验收。　　**计量单位：台**

编号				1-7-14	1-7-15	1-7-16	1-7-17	1-7-18
项目				设备重量（t以内）				
				0.2	0.5	1	2	3
名称			单位	消耗量				
人工	000203000	综合二类工	工日	4.494	6.650	9.260	14.538	19.765
材料	031509007	平垫铁（综合）	kg	4.710	4.710	6.280	18.460	18.460
	031509010	斜垫铁（综合）	kg	4.692	4.692	6.256	17.480	17.480
	012901009	热轧薄钢板 δ1.6～1.9	kg	0.300	0.300	0.500	0.800	1.000
	050301004	木板（综合）	m^3	0.006	0.006	0.010	0.010	0.010
	140307001	煤油	kg	1.444	2.166	2.888	5.775	7.219
	140303001	机油（综合）	kg	0.495	0.495	0.824	1.237	1.649
	140901003	黄油钙基脂	kg	0.147	0.282	0.371	0.495	0.495
	142909001	氧气	m^3	1.020	1.020	1.020	2.040	2.040
	142907002	乙炔气	kg	0.392	0.392	0.392	0.785	0.785
	031301009	低碳钢焊条 J427（综合）	kg	0.210	0.210	0.420	0.525	0.630
	850103006	其他材料费（占材料费）	%	5.000	5.000	5.000	5.000	5.000
机械	990305020	叉式起重机 5t	台班	0.100	0.100	0.200	0.200	0.400
	990901010	交流弧焊机 21kV·A	台班	0.100	0.100	0.100	0.200	0.200

工作内容：施工准备、设备开箱检验、基础处理、垫铁设置、设备吊装就位、分体组装、找平找正、垫铁点焊、油箱清洁、单机试车、配合检查验收。 **计量单位：**台

编号				1-7-19	1-7-20	1-7-21	1-7-22	1-7-23
项目				设备重量（t 以内）				
				5	8	10	15	20
名称			单位	消耗量				
人工	000203000	综合二类工	工日	36.178	55.309	67.568	88.535	108.201
材料	031509007	平垫铁（综合）	kg	30.772	42.373	50.005	73.853	80.598
	031509010	斜垫铁（综合）	kg	28.000	38.512	46.020	65.712	75.230
	012901009	热轧薄钢板 δ1.6～1.9	kg	1.000	1.500	2.000	3.000	4.000
	050301004	木板（综合）	m^3	0.014	0.023	0.028	0.044	0.044
	050105001	道木（综合）	m^3	0.014	0.021	0.021	0.028	0.041
	140307001	煤油	kg	8.663	11.550	14.438	18.769	21.656
	140303001	机油（综合）	kg	3.298	4.946	6.595	8.244	9.893
	140901003	黄油钙基脂	kg	0.619	1.237	1.485	2.475	3.712
	142909001	氧气	m^3	3.060	4.080	6.120	9.180	9.180
	142907002	乙炔气	kg	1.177	1.569	2.354	3.531	3.531
	031301009	低碳钢焊条 J427（综合）	kg	0.300	0.350	0.400	0.500	4.200
	020112007	无石棉橡胶板高压 δ1～6	kg	1.500	1.800	2.000	2.500	3.000
	850103006	其他材料费（占材料费）	%	5.000	5.000	5.000	5.000	5.000
机械	990401035	载重汽车 10t	台班	—	0.200	0.200	—	—
	990401045	载重汽车 15t	台班	—	—	—	0.200	0.250
	990305020	叉式起重机 5t	台班	0.500	—	—	—	—
	990304040	汽车式起重机 50t	台班	—	—	—	—	1.000
	990304016	汽车式起重机 16t	台班	—	0.350	—	—	—
	990304024	汽车式起重机 25t	台班	—	—	0.500	0.750	0.300
	990901010	交流弧焊机 21kV·A	台班	0.300	0.350	0.400	0.500	0.800
	871137001	激光轴对中仪	台班	—	—	—	—	0.450

工作内容：施工准备、设备开箱检验、基础处理、垫铁设置、设备吊装就位、分体组装、找平找正、垫铁点焊、油箱清洁、单机试车、配合检查验收。 计量单位：台

编号				1-7-24	1-7-25	1-7-26	1-7-27	1-7-28
项目				设备重量（t 以内）				
				30	40	50	60	70
名称			单位	消耗量				
人工	000203000	综合二类工	工日	130.267	157.616	178.357	211.799	237.702
材料	031509007	平垫铁（综合）	kg	89.829	127.358	139.868	162.024	202.844
	031509010	斜垫铁（综合）	kg	80.696	103.530	127.448	161.400	200.900
	012901009	热轧薄钢板 δ1.6～1.9	kg	5.000	5.000	6.000	7.000	7.000
	050301004	木板（综合）	m^3	0.075	0.088	0.115	0.115	0.125
	050105001	道木（综合）	m^3	0.055	0.083	0.110	0.138	0.206
	140307001	煤油	kg	28.875	36.094	43.313	50.531	57.750
	140303001	机油（综合）	kg	12.366	14.839	16.488	20.610	24.732
	140901003	黄油钙基脂	kg	4.330	4.949	5.568	6.186	7.424
	142909001	氧气	m^3	12.240	18.360	18.360	24.480	24.480
	142907002	乙炔气	kg	4.708	7.062	7.062	9.415	9.415
	020112007	无石棉橡胶板高压 δ1～6	kg	3.200	3.500	3.800	4.000	4.500
	031301009	低碳钢焊条 J427（综合）	kg	6.300	8.400	10.500	12.600	14.700
	850103006	其他材料费（占材料费）	%	5.000	5.000	5.000	5.000	5.000
机械	990403020	平板拖车组 20t	台班	0.250	0.300	0.500	—	—
	990403025	平板拖车组 30t	台班	—	—	—	0.500	0.500
	990403040	平板拖车组 60t	台班	—	—	0.400	0.450	0.500
	990304024	汽车式起重机 25t	台班	0.300	0.300	0.300	0.300	0.500
	990304040	汽车式起重机 50t	台班	1.200	1.500	—	—	—
	990304064	汽车式起重机 100t	台班	—	—	1.100	1.500	2.000
	990901010	交流弧焊机 21kV · A	台班	1.000	1.200	1.500	2.000	2.300
	871137001	激光轴对中仪	台班	0.500	0.550	0.600	0.650	0.730

三、回转式鼓风机

工作内容：施工准备、设备开箱检验、基础处理、垫铁设置、设备吊装就位、分体组装、找平找正、垫铁点焊、油箱清洁、单机试车、配合检查验收。

计量单位：台

编　号				1-7-29	1-7-30	1-7-31	1-7-32
项　目				设备重量（t 以内）			
				0.5	1	2	3
名　称			单位	消　耗　量			
人工	000203000	综合二类工	工日	11.590	16.040	20.299	24.493
材料	031509007	平垫铁（综合）	kg	6.280	13.565	16.956	16.956
	031509010	斜垫铁（综合）	kg	6.256	9.952	12.440	12.440
	012901009	热轧薄钢板 δ1.6～1.9	kg	0.400	0.500	0.800	0.800
	050301004	木板（综合）	m^3	0.006	0.010	0.015	0.024
	140307001	煤油	kg	5.775	6.641	8.374	9.818
	140303001	机油（综合）	kg	0.824	1.237	1.649	1.649
	140901003	黄油钙基脂	kg	0.619	0.990	1.237	1.237
	142909001	氧气	m^3	1.020	1.020	1.020	1.530
	142907002	乙炔气	kg	0.392	0.392	0.392	0.588
	020112007	无石棉橡胶板高压 δ1～6	kg	0.500	0.700	1.000	1.000
	031301009	低碳钢焊条 J427（综合）	kg	0.368	0.578	0.578	0.945
	850103006	其他材料费（占材料费）	%	5.000	5.000	5.000	5.000
机械	990305020	叉式起重机 5t	台班	0.200	0.200	0.300	0.300
	990901010	交流弧焊机 21kV·A	台班	0.100	0.200	0.200	0.300

工作内容：施工准备、设备开箱检验、基础处理、垫铁设置、设备吊装就位、分体组装、找平找正、垫铁点焊、油箱清洁、单机试车、配合检查验收。 计量单位：台

编号				1-7-33	1-7-34	1-7-35	1-7-36
项目				设备重量（t 以内）			
				5	8	12	15
名称			单位	消耗量			
人工	000203000	综合二类工	工日	30.935	46.156	59.690	80.528
材料	031509007	平垫铁（综合）	kg	20.310	20.310	36.926	87.920
	031509010	斜垫铁（综合）	kg	19.250	19.250	31.170	80.760
	012901009	热轧薄钢板 δ1.6～1.9	kg	1.000	1.000	1.800	2.300
	050301004	木板（综合）	m^3	0.028	0.031	0.034	0.038
	140307001	煤油	kg	11.550	14.438	15.881	18.769
	140303001	机油（综合）	kg	2.061	2.473	3.298	4.122
	140901003	黄油钙基脂	kg	1.671	1.856	2.227	2.475
	142909001	氧气	m^3	2.040	3.060	4.080	5.100
	142907002	乙炔气	kg	0.785	1.177	1.569	1.962
	020112007	无石棉橡胶板高压 δ1～6	kg	1.500	1.500	1.800	2.400
	031301009	低碳钢焊条 J427（综合）	kg	1.313	1.890	2.625	3.150
	850103006	其他材料费（占材料费）	%	5.000	5.000	5.000	5.000
机械	990401035	载重汽车 10t	台班	—	0.200	—	—
	990401045	载重汽车 15t	台班	—	—	0.250	0.250
	990305020	叉式起重机 5t	台班	0.500	—	—	—
	990304016	汽车式起重机 16t	台班	0.300	0.500	0.500	—
	990304024	汽车式起重机 25t	台班	—	0.250	0.300	0.800
	990901010	交流弧焊机 21kV·A	台班	0.400	0.450	0.500	0.800
	871137001	激光轴对中仪	台班	—	0.300	0.350	0.400

四、离心式鼓风机

1. 离心式鼓风机（带变速器）

工作内容：施工准备、设备开箱检验、基础处理、垫铁设置、设备吊装就位、分体组装、找平找正、垫铁点焊、油箱清洁、单机试车、配合检查验收。 **计量单位：台**

编号				1-7-37	1-7-38	1-7-39	1-7-40	1-7-41
项目				设备重量（t 以内）				
				0.5	1	3	5	7
名称			单位	消耗量				
人工	000203000	综合二类工	工日	9.417	15.242	28.719	41.784	58.517
材料	031509007	平垫铁（综合）	kg	5.181	6.908	20.309	33.849	46.610
	031509010	斜垫铁（综合）	kg	5.161	6.882	19.228	30.765	42.363
	013503004	紫铜板 δ0.25～0.5	kg	0.220	0.330	0.660	0.770	0.880
	050301004	木板（综合）	m^3	0.009	0.010	0.017	0.021	0.032
	050105001	道木（综合）	m^3	—	—	0.012	0.015	0.015
	140307001	煤油	kg	4.764	6.353	9.529	11.117	12.705
	140303001	机油（综合）	kg	0.906	1.361	2.720	4.534	5.441
	140901003	黄油钙基脂	kg	0.272	0.408	1.089	1.361	1.634
	142909001	氧气	m^3	1.122	1.122	2.244	3.366	3.366
	142907002	乙炔气	kg	0.432	0.432	0.863	1.295	1.295
	020112007	无石棉橡胶板高压 δ1～6	kg	0.330	0.440	1.100	1.650	2.200
	031301009	低碳钢焊条 J427（综合）	kg	0.231	0.347	0.578	0.924	1.155
	850103006	其他材料费（占材料费）	%	5.000	5.000	5.000	5.000	5.000
机械	990401035	载重汽车 10t	台班	—	—	—	—	0.300
	990305020	叉式起重机 5t	台班	0.300	0.300	0.330	0.500	—
	990304016	汽车式起重机 16t	台班	—	—	0.200	—	—
	990304024	汽车式起重机 25t	台班	—	—	—	0.500	0.800
	991003050	电动空气压缩机 6m^3/min	台班	—	—	—	0.100	0.100
	990901010	交流弧焊机 21kV·A	台班	0.200	0.200	0.250	0.300	0.400

工作内容：施工准备、设备开箱检验、基础处理、垫铁设置、设备吊装就位、分体组装、找平找正、垫铁点焊、油箱清洁、单机试车、配合检查验收。 **计量单位：**台

编号				1-7-42	1-7-43	1-7-44	1-7-45
项目				设备重量（t以内）			
				10	15	20	25
名称			单位	消耗量			
人工	000203000	综合二类工	工日	81.280	99.991	120.524	136.191
材料	031509007	平垫铁（综合）	kg	55.006	70.428	86.626	153.791
	031509010	斜垫铁（综合）	kg	50.622	62.726	80.564	136.367
	013503004	紫铜板 δ0.25～0.5	kg	0.880	1.320	1.650	2.200
	050301004	木板（综合）	m^3	0.034	0.036	0.039	0.041
	050105001	道木（综合）	m^3	0.023	0.028	0.031	0.034
	140307001	煤油	kg	15.882	19.058	25.410	38.115
	140303001	机油（综合）	kg	7.255	9.068	10.882	14.147
	140901003	黄油钙基脂	kg	2.042	2.723	4.083	4.756
	142909001	氧气	m^3	4.488	6.732	10.098	10.648
	142907002	乙炔气	kg	1.726	2.589	3.884	4.095
	020112007	无石棉橡胶板高压 δ1～6	kg	3.300	3.300	4.400	5.500
	031301009	低碳钢焊条 J427（综合）	kg	1.733	2.079	2.310	2.541
	850103006	其他材料费（占材料费）	%	5.000	5.000	5.000	5.000
机械	990401035	载重汽车 10t	台班	0.230	—	—	—
	990401045	载重汽车 15t	台班	—	0.250	0.280	0.320
	990304016	汽车式起重机 16t	台班	0.500	—	—	—
	990304024	汽车式起重机 25t	台班	0.500	0.750	—	—
	990304040	汽车式起重机 50t	台班	—	—	0.600	0.750
	991003050	电动空气压缩机 $6m^3$/min	台班	0.100	0.100	0.100	0.100
	990901010	交流弧焊机 21kV·A	台班	0.600	1.500	2.000	2.000
	871137001	激光轴对中仪	台班	0.350	0.400	0.450	0.500

2. 离心式鼓风机（不带变速器）

工作内容： 施工准备、设备开箱检验、基础处理、垫铁设置、设备吊装就位、分体组装、轴承部位间隙检查、轴对中、找平找正、垫铁点焊、油箱清洁、单机试车、配合检查验收。

计量单位：台

编号				1-7-46	1-7-47	1-7-48	1-7-49	1-7-50
项目				设备重量（t 以内）				
				0.5	1	2	3	5
		名称	单位	消耗量				
人工	000203000	综合二类工	工日	8.001	13.072	22.625	30.513	42.236
材料	031509007	平垫铁（综合）	kg	4.404	5.872	17.263	18.989	28.772
	031509010	斜垫铁（综合）	kg	4.387	5.850	16.344	17.978	26.150
	013503004	紫铜板 δ0.25～0.5	kg	0.187	0.281	0.468	0.561	0.655
	050301004	木板（综合）	m^3	0.008	0.009	0.014	0.015	0.018
	050105001	道木（综合）	m^3	—	—	—	0.010	0.013
	140307001	煤油	kg	4.049	5.400	8.100	8.910	9.449
	140303001	机油（综合）	kg	0.770	1.157	2.312	2.543	3.854
	140901003	黄油钙基脂	kg	0.231	0.347	0.579	0.926	1.157
	142909001	氧气	m^3	0.954	0.954	1.431	1.907	2.861
	142907002	乙炔气	kg	0.367	0.367	0.550	0.733	1.100
	020112007	无石棉橡胶板高压 δ1～6	kg	0.281	0.374	0.561	0.935	1.402
	031301009	低碳钢焊条 J427（综合）	kg	0.196	0.295	0.491	0.491	0.785
	850103006	其他材料费（占材料费）	%	5.000	5.000	5.000	5.000	5.000
机械	990305020	叉式起重机 5t	台班	0.200	0.210	0.210	0.300	0.520
	991003050	电动空气压缩机 $6m^3/min$	台班	0.100	0.100	0.100	0.100	0.100
	990901010	交流弧焊机 21kV·A	台班	0.100	0.100	0.100	0.200	0.300

工作内容： 施工准备、设备开箱检验、基础处理、垫铁设置、设备吊装就位、分体组装、轴承部位间隙检查、轴对中、找平找正、垫铁点焊、油箱清洁、单机试车、配合检查验收。

计量单位：台

编号				1-7-51	1-7-52	1-7-53	1-7-54	1-7-55
项目				设备重量（t 以内）				
				7	10	15	20	30
名称			单位	消耗量				
人工	000203000	综合二类工	工日	59.688	70.343	92.136	107.092	125.449
材料	031509007	平垫铁（综合）	kg	39.618	46.755	62.587	73.632	130.722
	031509010	斜垫铁（综合）	kg	36.009	43.029	58.207	68.479	115.912
	013503004	紫铜板 δ0.25～0.5	kg	0.748	0.748	1.150	1.402	1.870
	050301004	木板（综合）	m^3	0.027	0.029	0.030	0.033	0.035
	050105001	道木（综合）	m^3	0.013	0.020	0.022	0.026	0.029
	140307001	煤油	kg	10.799	13.500	17.710	21.598	32.398
	140303001	机油（综合）	kg	4.625	6.167	7.585	9.250	12.025
	140901003	黄油钙基脂	kg	1.389	1.736	2.846	3.471	4.043
	142909001	氧气	m^3	2.861	3.815	7.038	8.583	9.051
	142907002	乙炔气	kg	1.100	1.467	2.707	3.301	3.481
	020112007	无石棉橡胶板高压 δ1～6	kg	1.870	2.805	3.067	3.740	4.675
	031301009	低碳钢焊条 J427（综合）	kg	0.982	1.473	1.610	1.964	2.160
	850103006	其他材料费（占材料费）	%	5.000	5.000	5.000	5.000	5.000
机械	990401045	载重汽车 15t	台班	—	—	0.200	0.250	—
	990304024	汽车式起重机 25t	台班	—	—	0.650	—	—
	990304040	汽车式起重机 50t	台班	—	—	—	0.600	0.700
	990403030	平板拖车组 40t	台班	—	—	—	—	0.250
	990401035	载重汽车 10t	台班	0.200	0.200	—	—	—
	990305020	叉式起重机 5t	台班	—	0.500	0.500	—	—
	990304016	汽车式起重机 16t	台班	0.500	0.500	—	—	—
	991003050	电动空气压缩机 6m³/min	台班	0.100	0.100	0.100	0.100	0.500
	990901010	交流弧焊机 21kV·A	台班	0.400	0.600	0.730	0.893	0.982
	871137001	激光轴对中仪	台班	—	0.350	0.400	0.450	0.500

工作内容： 施工准备、设备开箱检验、基础处理、垫铁设置、设备吊装就位、分体组装、轴承部位间隙检查、轴对中、找平找正、垫铁点焊、油箱清洁、单机试车、配合检查验收。

计量单位：台

编号				1-7-56	1-7-57	1-7-58	1-7-59
项目				设备重量（t 以内）			
				40	60	90	120
		名称	单位	消耗量			
人工	000203000	综合二类工	工日	146.253	168.785	267.029	422.463
材料	031509007	平垫铁（综合）	kg	140.923	139.209	174.408	218.508
	031509010	斜垫铁（综合）	kg	129.311	136.795	189.929	263.701
	013503004	紫铜板 δ0.25～0.5	kg	2.338	3.107	3.809	7.444
	050301004	木板（综合）	m^3	0.035	0.037	0.042	0.049
	050105001	道木（综合）	m^3	0.033	0.037	0.054	0.079
	140307001	煤油	kg	48.597	49.569	83.400	144.115
	140303001	机油（综合）	kg	15.631	19.623	21.978	24.615
	140901003	黄油钙基脂	kg	4.123	3.534	3.576	5.402
	142909001	氧气	m^3	9.537	10.509	10.530	12.319
	142907002	乙炔气	kg	3.668	4.042	4.050	4.738
	020112007	无石棉橡胶板高压 δ1～6	kg	5.143	5.290	7.041	9.375
	031301009	低碳钢焊条 J427（综合）	kg	2.347	2.355	3.022	3.877
	850103006	其他材料费（占材料费）	%	5.000	5.000	5.000	5.000
机械	990403030	平板拖车组 40t	台班	0.300	—	—	—
	990403040	平板拖车组 60t	台班	—	0.450	0.500	0.800
	990304024	汽车式起重机 25t	台班	0.300	0.300	1.000	2.000
	990304040	汽车式起重机 50t	台班	0.750	—	—	—
	990304064	汽车式起重机 100t	台班	—	1.000	—	—
	990304072	汽车式起重机 120t	台班	—	—	2.000	2.500
	991003050	电动空气压缩机 $6m^3/min$	台班	0.500	1.000	1.500	2.000
	990901010	交流弧焊机 21kV·A	台班	1.067	1.070	1.374	1.762
	871137001	激光轴对中仪	台班	0.550	0.650	1.000	1.250

五、补 充 项 目

1. 风机拆装检查

（1）离心式通（引）风机

工作内容： 设备本体及部件以及第一个阀门以内的管道等拆卸、清洗、检查、刮研、换油、调间隙及调配重、找正、找平、找中心、记录、组装复原。

计量单位： 台

编 号				1-7-60	1-7-61	1-7-62	1-7-63	1-7-64
项 目				设备重量（t 以内）				
				0.3	0.5	1.1	1.5	2.2
名 称			单位	消 耗 量				
人工	000203000	综合二类工	工日	1.800	2.900	4.836	7.649	11.020
材料	013503004	紫铜板 δ0.25～0.5	kg	0.020	0.030	0.050	0.050	0.100
	140307001	煤油	kg	1.000	1.000	1.600	2.000	2.500
	140303001	机油（综合）	kg	0.200	0.300	0.500	0.800	1.000
	140901003	黄油钙基脂	kg	0.200	0.300	0.400	0.500	0.700
	031102005	铁砂布 $0^{\#}$～$2^{\#}$	张	1.000	1.000	1.500	1.500	2.000
	133501005	研磨膏	盒	0.100	0.200	0.500	0.500	1.000
	133503012	密封胶	支	0.200	0.200	0.300	0.500	0.500
	850103006	其他材料费（占材料费）	%	5.000	5.000	5.000	5.000	5.000

工作内容： 设备本体及部件以及第一个阀门以内的管道等拆卸、清洗、检查、刮研、换油、调间隙及调配重、找正、找平、找中心、记录、组装复原。

计量单位： 台

编 号				1-7-65	1-7-66	1-7-67	1-7-68	1-7-69
项 目				设备重量（t 以内）				
				3.0	5.0	7	10	15
名 称			单位	消 耗 量				
人工	000203000	综合二类工	工日	15.297	23.560	33.060	41.990	57.760
材料	013503004	紫铜板 δ0.25～0.5	kg	0.150	0.250	0.350	0.500	0.750
	140307001	煤油	kg	3.000	5.000	7.000	10.000	15.000
	140303001	机油（综合）	kg	1.500	2.000	3.000	4.000	6.000
	140901003	黄油钙基脂	kg	0.800	1.000	1.400	2.000	3.000
	133503012	密封胶	支	0.750	1.000	1.000	1.000	1.500
	031102005	铁砂布 $0^{\#}$～$2^{\#}$	张	2.000	3.000	4.000	5.000	7.000
	133501005	研磨膏	盒	1.000	1.000	1.000	1.500	1.500
	850103006	其他材料费（占材料费）	%	5.000	5.000	5.000	5.000	5.000
机械	990304016	汽车式起重机 16t	台班	—	—	—	0.500	0.600

工作内容：设备本体及部件以及第一个阀门以内的管道等拆卸、清洗、检查、刮研、换油、调间隙及调配重、找正、找平、找中心、记录、组装复原。 计量单位：台

编号				1-7-70	1-7-71	1-7-72
项目				设备重量（t 以内）		
				20	30	40
名称			单位	消耗量		
人工	000203000	综合二类工	工日	76.196	100.500	132.580
材料	013503004	紫铜板 δ0.25～0.5	kg	1.000	1.250	1.500
	140307001	煤油	kg	20.000	30.000	40.000
	140303001	机油（综合）	kg	8.000	10.000	12.000
	140901003	黄油钙基脂	kg	4.000	6.000	8.000
	133503012	密封胶	支	2.000	2.500	3.000
	031102005	铁砂布 $0^{\#}$～$2^{\#}$	张	10.000	13.000	16.000
	133501005	研磨膏	盒	2.000	2.500	3.000
	850103006	其他材料费（占材料费）	%	5.000	5.000	5.000
机械	990304024	汽车式起重机 25t	台班	0.500	0.800	1.000

（2）轴流通风机

工作内容：设备本体及部件以及第一个阀门以内的管道等拆卸、清洗、检查、刮研、换油、调间隙及调配重、找正、找平、找中心、记录、组装复原。 计量单位：台

编号				1-7-73	1-7-74	1-7-75	1-7-76	1-7-77
项目				设备重量（t 以内）				
				0.2	0.5	1.0	2.0	3.0
名称			单位	消耗量				
人工	000203000	综合二类工	工日	0.900	2.900	5.400	10.735	15.010
材料	013503004	紫铜板 δ0.25～0.5	kg	0.020	0.030	0.040	0.100	0.200
	140307001	煤油	kg	1.000	1.500	2.000	4.000	5.000
	140303001	机油（综合）	kg	0.300	0.400	0.400	0.800	1.200
	140901003	黄油钙基脂	kg	0.200	0.300	0.400	0.600	0.900
	031102005	铁砂布 $0^{\#}$～$2^{\#}$	张	1.000	2.000	2.000	4.000	4.000
	133501005	研磨膏	盒	0.100	0.100	0.200	0.400	0.500
	133503012	密封胶	支	0.200	0.200	0.300	0.500	0.500
	850103006	其他材料费（占材料费）	%	5.000	5.000	5.000	5.000	5.000

工作内容：设备本体及部件以及第一个阀门以内的管道等拆卸、清洗、检查、刮研、换油、调间隙及调配重、找正、找平、找中心、记录、组装复原。

计量单位：台

编号				1-7-78	1-7-79	1-7-80	1-7-81	1-7-82
项目				设备重量（t 以内）				
				5.0	8.0	10	15	20
名称			单位	消耗量				
人工	000203000	综合二类工	工日	22.420	32.015	41.135	54.475	68.400
材料	013503004	紫铜板 δ0.25～0.5	kg	0.300	0.400	0.500	0.600	1.000
	140307001	煤油	kg	8.000	10.000	12.000	15.000	20.000
	140303001	机油（综合）	kg	2.000	3.000	3.500	4.000	8.000
	133503012	密封胶	支	0.500	0.800	1.000	1.000	1.250
	140901003	黄油钙基脂	kg	1.500	2.000	2.500	3.000	4.000
	031102005	铁砂布 0#～2#	张	5.000	6.000	8.000	10.000	15.000
	133501005	研磨膏	盒	1.000	1.000	1.000	2.000	3.000
	850103006	其他材料费（占材料费）	%	5.000	5.000	5.000	5.000	5.000
机械	990304016	汽车式起重机 16t	台班	—	—	0.500	0.600	—
	990304024	汽车式起重机 25t	台班	—	—	—	—	0.500

工作内容：设备本体及部件以及第一个阀门以内的管道等拆卸、清洗、检查、刮研、换油、调间隙及调配重、找正、找平、找中心、记录、组装复原。

计量单位：台

编号				1-7-83	1-7-84	1-7-85	1-7-86	1-7-87
项目				设备重量（t 以内）				
				30	40	50	60	70
名称			单位	消耗量				
人工	000203000	综合二类工	工日	81.100	105.600	122.500	147.000	171.500
材料	013503004	紫铜板 δ0.25～0.5	kg	1.200	1.500	1.800	2.000	2.500
	140307001	煤油	kg	35.000	45.000	60.000	70.000	80.000
	140303001	机油（综合）	kg	12.000	16.000	20.000	24.000	30.000
	140901003	黄油钙基脂	kg	6.000	8.000	10.000	12.000	15.000
	133503012	密封胶	支	1.500	2.000	2.000	2.000	2.000
	031102005	铁砂布 0#～2#	张	20.000	25.000	30.000	35.000	40.000
	133501005	研磨膏	盒	3.000	4.000	5.000	6.000	7.000
	850103006	其他材料费（占材料费）	%	5.000	5.000	5.000	5.000	5.000
机械	990304024	汽车式起重机 25t	台班	0.600	0.700	0.750	0.850	0.900

（3）回转式鼓风机

工作内容：设备本体及部件以及第一个阀门以内的管道等拆卸、清洗、检查、刮研、换油、调间隙及调配重、找正、找平、找中心、记录、组装复原。 **计量单位：**台

编号				1-7-88	1-7-89	1-7-90	1-7-91
项目				设备重量（t 以内）			
				0.5	1.0	2.0	3.0
名称			单位	消耗量			
人工	000203000	综合二类工	工日	3.000	5.600	9.690	14.630
材料	013503004	紫铜板 δ0.25～0.5	kg	0.020	0.050	0.100	0.150
	140307001	煤油	kg	1.500	2.000	4.000	5.000
	140303001	机油（综合）	kg	0.300	0.500	0.800	1.200
	140901003	黄油钙基脂	kg	0.200	0.300	0.500	0.600
	031102005	铁砂布 0#～2#	张	2.000	3.000	4.000	5.000
	133501005	研磨膏	盒	0.100	0.200	0.500	0.600
	133503012	密封胶	支	0.200	0.300	0.500	0.500
	850103006	其他材料费（占材料费）	%	5.000	5.000	5.000	5.000

工作内容：设备本体及部件以及第一个阀门以内的管道等拆卸、清洗、检查、刮研、换油、调间隙及调配重、找正、找平、找中心、记录、组装复原。 **计量单位：**台

编号				1-7-92	1-7-93	1-7-94	1-7-95
项目				设备重量（t 以内）			
				5	8	12	15
名称			单位	消耗量			
人工	000203000	综合二类工	工日	23.750	36.100	43.500	58.600
材料	013503004	紫铜板 δ0.25～0.5	kg	0.250	0.400	0.600	0.750
	140307001	煤油	kg	6.000	10.000	15.000	20.000
	140303001	机油（综合）	kg	2.000	3.000	4.000	5.000
	140901003	黄油钙基脂	kg	1.000	1.500	2.000	3.000
	031102005	铁砂布 0#～2#	张	5.000	6.000	8.000	10.000
	133501005	研磨膏	盒	1.000	1.000	2.000	2.000
	133503012	密封胶	支	0.500	0.800	1.000	1.000
	850103006	其他材料费（占材料费）	%	5.000	5.000	5.000	5.000
机械	990304016	汽车式起重机 16t	台班	—	—	0.500	0.600

（4）离心式鼓风机

①离心式鼓风机（带变速器）

工作内容：设备本体及部件以及第一个阀门以内的管道等拆卸、清洗、检查、刮研、换油、调间隙及调配重、找正、找平、找中心、记录、组装复原。 **计量单位：**台

编号				1-7-96	1-7-97	1-7-98	1-7-99	1-7-100
项目				设备重量（t以内）				
				0.5	1.0	3.0	5.0	7.0
名称			单位	消耗量				
人工	000203000	综合二类工	工日	10.580	17.630	27.921	42.560	58.805
材料	013503004	紫铜板 δ0.25～0.5	kg	0.250	0.250	0.250	0.250	0.350
	140307001	煤油	kg	3.000	3.000	3.000	5.000	7.000
	140303001	机油（综合）	kg	1.500	1.500	2.000	2.000	3.000
	140901003	黄油钙基脂	kg	1.000	1.000	1.000	1.200	1.500
	133503012	密封胶	支	0.300	0.500	0.500	0.750	0.750
	133501005	研磨膏	盒	0.500	0.500	1.000	1.000	1.500
	031102005	铁砂布 0#～2#	张	—	—	—	5.000	8.000
	850103006	其他材料费（占材料费）	%	5.000	5.000	5.000	5.000	5.000

工作内容：设备本体及部件以及第一个阀门以内的管道等拆卸、清洗、检查、刮研、换油、调间隙及调配重、找正、找平、找中心、记录、组装复原。 **计量单位：**台

编号				1-7-101	1-7-102	1-7-103	1-7-104
项目				设备重量（t以内）			
				10	15	20	25
名称			单位	消耗量			
人工	000203000	综合二类工	工日	73.900	89.600	118.580	136.400
材料	013503004	紫铜板 δ0.25～0.5	kg	0.500	0.750	1.000	1.250
	140307001	煤油	kg	10.000	15.000	24.000	30.000
	140303001	机油（综合）	kg	4.000	6.000	10.000	13.000
	140901003	黄油钙基脂	kg	2.000	3.000	4.000	5.000
	031102005	铁砂布 0#～2#	张	10.000	20.000	25.000	30.000
	133503012	密封胶	支	1.000	1.000	1.500	1.500
	133501005	研磨膏	盒	2.000	3.000	4.000	4.000
	850103006	其他材料费（占材料费）	%	5.000	5.000	5.000	5.000
机械	990304016	汽车式起重机 16t	台班	0.550	0.650	—	—
	990304024	汽车式起重机 25t	台班	—	—	0.550	0.650
	871137001	激光轴对中仪	台班	0.350	0.450	0.500	0.550

② 离心式鼓风机（不带变速器）

工作内容：设备本体及部件以及第一个阀门以内的管道等拆卸、清洗、检查、刮研、换油、调间隙及调配重、找正、找平、找中心、记录、组装复原。

计量单位：台

编号				1-7-105	1-7-106	1-7-107	1-7-108	1-7-109
项目				设备重量（t 以内）				
				0.5	1.0	2.0	3.0	5.0
		名称	单位	消耗量				
人工	000203000	综合二类工	工日	4.800	9.200	15.010	20.995	32.870
材料	013503004	紫铜板 δ0.25～0.5	kg	0.030	0.050	0.100	0.150	0.250
	140307001	煤油	kg	1.000	1.600	2.500	4.000	6.000
	140303001	机油（综合）	kg	0.300	0.400	1.000	1.200	2.000
	140901003	黄油钙基脂	kg	0.200	0.300	0.600	0.900	1.500
	133503012	密封胶	支	0.200	0.300	0.300	0.500	0.500
	031102005	铁砂布 0#～2#	张	2.000	3.000	3.000	4.000	6.000
	133501005	研磨膏	盒	0.200	0.300	0.500	0.800	1.000
	850103006	其他材料费（占材料费）	%	5.000	5.000	5.000	5.000	5.000

工作内容：设备本体及部件以及第一个阀门以内的管道等拆卸、清洗、检查、刮研、换油、调间隙及调配重、找正、找平、找中心、记录、组装复原。

计量单位：台

编号				1-7-110	1-7-111	1-7-112	1-7-113	1-7-114
项目				设备重量（t 以内）				
				7	10	15	20	30
		名称	单位	消耗量				
人工	000203000	综合二类工	工日	53.295	60.325	81.700	101.650	134.500
材料	013503004	紫铜板 δ0.25～0.5	kg	0.350	0.500	0.750	0.800	1.200
	140307001	煤油	kg	8.000	12.000	16.000	25.000	35.000
	140303001	机油（综合）	kg	2.800	4.000	5.000	8.000	12.000
	140901003	黄油钙基脂	kg	1.800	2.500	3.000	4.000	5.000
	133503012	密封胶	支	0.500	1.000	1.000	2.000	2.000
	031102005	铁砂布 0#～2#	张	6.000	8.000	10.000	12.000	15.000
	133501005	研磨膏	盒	1.500	2.000	2.000	3.000	3.000
	850103006	其他材料费（占材料费）	%	5.000	5.000	5.000	5.000	5.000
机械	990304016	汽车式起重机 16t	台班	—	0.500	0.600	—	—
	871137001	激光轴对中仪	台班	—	0.350	0.400	0.450	0.450
	990304024	汽车式起重机 25t	台班	—	—	—	0.500	0.600

工作内容：设备本体及部件以及第一个阀门以内的管道等拆卸、清洗、检查、刮研、换油、调间隙及调配重、找正、找平、找中心、记录、组装复原。 **计量单位：**台

编号				1-7-115	1-7-116	1-7-117	1-7-118
项目				设备重量（t 以内）			
				40	60	90	120
名称			单位	消耗量			
人工	000203000	综合二类工	工日	151.100	192.850	254.410	338.220
材料	013503004	紫铜板 δ0.25～0.5	kg	1.800	2.000	2.500	3.000
	140307001	煤油	kg	50.000	80.000	100.000	150.000
	140303001	机油（综合）	kg	16.000	25.000	30.000	40.000
	140901003	黄油钙基脂	kg	6.000	6.000	9.000	12.000
	133503012	密封胶	支	2.000	2.500	2.500	3.000
	031102005	铁砂布 0#～2#	张	20.000	30.000	40.000	50.000
	133501005	研磨膏	盒	4.000	5.000	6.000	7.000
	850103006	其他材料费（占材料费）	%	5.000	5.000	5.000	5.000
机械	990304024	汽车式起重机 25t	台班	0.700	0.800	0.900	—
	990304040	汽车式起重机 50t	台班	—	—	—	0.500
	871137001	激光轴对中仪	台班	0.500	0.600	0.800	1.000

第八章

泵安装

说　明

一、本章内容包括离心式泵、旋涡泵、电动往复泵、柱塞泵、蒸汽往复泵、计量泵、螺杆泵及齿轮油泵、真空泵、屏蔽泵、小型潜水排污泵的安装与拆装检查。

二、本章不包括以下工作内容：

1. 底座、联轴器、键的制作。

2. 泵排水管道组对安装。

3. 电动机的检查、干燥、配线、调试等。

4. 试运转时所需排水的附加工程（如修筑水沟、接排水管等）。

三、相关说明：

1. 高速泵安装执行离心式油泵安装相应项目，人工乘以系数 1.20，机械乘以系数 1.10。

2. 深水泵橡胶轴承与连接吸水管的螺栓按设备配套供货考虑。

四、泵的拆装检查包括以下工作内容：

设备本体及部件以及第一个阀门以内的管道等拆卸、清洗、检查、刮研、换油、调间隙、找正、找平、找中心、记录、组装复原。

五、凡设计或施工验收规范及技术资料规定，在实际施工中需要进行拆装检查工作时，方可执行本章拆装检查相应项目。

工程量计算规则

一、各类泵的安装、拆装检查应区分设备类型、重量，按设计图示数量，分别以“台”为计量单位。

二、直联式泵按泵本体、电动机以及底座的总重量计算。

三、非直联式泵按泵本体及底座的总重量计算。不包括电动机重量，但电动机的安装已包括在安装项目内。

四、离心式深水泵按本体、电动机、底座及设备吸水管的总重量计算。

一、离 心 泵

1. 单级离心水泵及离心式耐腐蚀泵

工作内容： 施工准备、设备开箱检验、基础处理、垫铁设置、设备吊装就位、找平找正、垫铁点焊、轴系对中、应力检查、单机试车、配合检查验收。　　**计量单位：** 台

编　号				1-8-1	1-8-2	1-8-3	1-8-4	1-8-5
项　目				设备重量（t 以内）				
				0.2	0.5	1.0	3.0	5.0
名　称			单位	消 耗 量				
人工	000203000	综合二类工	工日	6.210	8.116	12.345	20.138	22.387
材料	031509007	平垫铁（综合）	kg	4.500	4.500	5.625	8.460	14.160
	031509010	斜垫铁（综合）	kg	4.464	4.464	5.580	7.500	12.600
	012901009	热轧薄钢板 δ1.6～1.9	kg	0.200	0.300	0.400	0.450	0.500
	050301004	木板（综合）	m^3	0.003	0.006	0.009	0.019	0.025
	140307001	煤油	kg	0.560	0.788	0.945	1.890	2.625
	140303001	机油（综合）	kg	0.410	0.606	0.859	1.364	1.515
	140901003	黄油钙基脂	kg	0.150	0.202	0.556	0.909	0.909
	142909001	氧气	m^3	0.133	0.204	0.204	0.408	0.510
	142907002	乙炔气	kg	0.051	0.078	0.078	0.157	0.196
	031102001	砂纸	张	2.000	2.000	4.000	5.000	6.000
	013503001	紫铜板（综合）	kg	0.050	0.060	0.150	0.200	0.250
	031505019	金属滤网	m^2	0.063	0.065	0.068	0.070	0.090
	023503004	无石棉板衬垫	kg	0.125	0.130	0.135	0.140	0.180
	031301009	低碳钢焊条 J427（综合）	kg	0.100	0.126	0.189	0.357	0.441
	850103006	其他材料费（占材料费）	%	3.000	3.000	3.000	3.000	3.000
机械	990401035	载重汽车 10t	台班	—	—	—	—	0.300
	990305020	叉式起重机 5t	台班	0.100	0.100	0.200	0.400	—
	990304016	汽车式起重机 16t	台班	—	—	—	—	0.500
	990901010	交流弧焊机 21kV·A	台班	0.100	0.100	0.100	0.300	0.400

工作内容： 施工准备、设备开箱检验、基础处理、垫铁设置、设备吊装就位、找平找正、垫铁点焊、轴系对中、应力检查、单机试车、配合检查验收。 **计量单位：台**

编号				1-8-6	1-8-7	1-8-8	1-8-9	1-8-10
项目				设备重量（t 以内）				
				8	12	17	23	30
名称			单位	消耗量				
人工	000203000	综合二类工	工日	30.546	35.782	41.941	54.589	63.469
材料	031509007	平垫铁（综合）	kg	19.320	24.840	49.720	54.240	63.280
	031509010	斜垫铁（综合）	kg	17.150	22.050	44.440	48.480	56.560
	012901009	热轧薄钢板 δ1.6～1.9	kg	0.600	0.700	0.760	0.800	0.900
	050301004	木板（综合）	m^3	0.040	0.056	0.076	0.088	0.100
	050105001	道木（综合）	m^3	—	0.010	0.010	0.012	0.017
	140307001	煤油	kg	3.570	4.095	4.830	5.040	5.460
	140303001	机油（综合）	kg	1.818	2.172	2.525	2.727	2.929
	140901003	黄油钙基脂	kg	1.303	1.535	1.697	1.737	1.778
	142909001	氧气	m^3	0.673	0.673	0.673	1.020	1.530
	142907002	乙炔气	kg	0.259	0.259	0.259	0.392	0.588
	023503004	无石棉板衬垫	kg	0.200	0.240	0.300	0.360	0.400
	013503001	紫铜板（综合）	kg	0.400	0.600	0.950	1.100	1.500
	031505019	金属滤网	m^2	0.100	0.120	0.150	0.180	0.200
	031102001	砂纸	张	7.000	8.000	9.000	10.000	10.000
	031301009	低碳钢焊条 J427（综合）	kg	0.620	0.620	0.620	0.683	0.683
	850103006	其他材料费（占材料费）	%	3.000	3.000	3.000	3.000	3.000
机械	990401035	载重汽车 10t	台班	0.500	—	—	—	—
	990403020	平板拖车组 20t	台班	—	0.500	0.500	—	—
	990403030	平板拖车组 40t	台班	—	—	—	0.700	1.000
	990304016	汽车式起重机 16t	台班	0.500	—	—	—	—
	990304024	汽车式起重机 25t	台班	—	0.500	1.000	—	—
	990304040	汽车式起重机 50t	台班	—	—	—	1.000	—
	990304052	汽车式起重机 75t	台班	—	—	—	—	1.000
	990901010	交流弧焊机 21kV·A	台班	0.500	0.500	0.500	0.500	0.500
	871137001	激光轴对中仪	台班	—	—	—	1.000	1.000

2. 多级离心泵

工作内容： 施工准备、设备开箱检验、基础处理、垫铁设置、设备吊装就位、找平找正、垫铁点焊、轴系对中、应力检查、单机试车、配合检查验收。 **计量单位：台**

编号				1-8-11	1-8-12	1-8-13	1-8-14	1-8-15
项目				设备重量（t 以内）				
				0.3	0.5	1.0	3.0	5.0
		名称	单位	消耗量				
人工	000203000	综合二类工	工日	10.511	13.907	16.513	23.812	32.820
材料	031509007	平垫铁（综合）	kg	4.500	4.500	5.625	8.460	19.320
	031509010	斜垫铁（综合）	kg	4.464	4.464	5.580	7.500	17.150
	012901009	热轧薄钢板 δ1.6～1.9	kg	0.120	0.160	0.200	0.260	0.400
	050301004	木板（综合）	m^3	0.004	0.006	0.009	0.016	0.030
	140307001	煤油	kg	1.300	1.418	1.733	3.150	4.410
	140303001	机油（综合）	kg	0.600	0.859	0.980	1.485	1.970
	140901003	黄油钙基脂	kg	0.200	0.232	0.404	0.717	1.101
	142909001	氧气	m^3	0.204	0.275	0.347	0.765	0.765
	142907002	乙炔气	kg	0.078	0.106	0.133	0.294	0.294
	031505019	金属滤网	m^2	0.063	0.065	0.068	0.070	0.090
	031102001	砂纸	张	2.000	2.000	4.000	5.000	6.000
	013503001	紫铜板（综合）	kg	0.050	0.060	0.120	0.200	0.250
	023503004	无石棉板衬垫	kg	0.125	0.125	0.130	0.135	0.180
	031301009	低碳钢焊条 J427（综合）	kg	0.300	0.326	0.410	0.714	0.735
	050105001	道木（综合）	m^3	—	—	—	—	0.004
	850103006	其他材料费（占材料费）	%	3.000	3.000	3.000	3.000	3.000
机械	990401035	载重汽车 10t	台班	—	—	—	—	0.500
	990305020	叉式起重机 5t	台班	0.100	0.100	0.200	0.400	—
	990304024	汽车式起重机 25t	台班	—	—	—	—	0.500
	990901010	交流弧焊机 21kV·A	台班	0.200	0.200	0.200	0.300	0.400

工作内容：施工准备、设备开箱检验、基础处理、垫铁设置、设备吊装就位、找平找正、垫铁点焊、轴系对中、应力检查、单机试车、配合检查验收。 **计量单位：台**

编号				1-8-16	1-8-17	1-8-18	1-8-19	1-8-20
项目				设备重量（t 以内）				
				8	10	15	20	25
名称			单位	消耗量				
人工	000203000	综合二类工	工日	39.496	55.795	68.589	89.748	101.661
材料	031509007	平垫铁（综合）	kg	24.840	45.200	49.720	54.240	67.800
	031509010	斜垫铁（综合）	kg	22.050	40.400	44.440	48.480	60.600
	012901009	热轧薄钢板 δ1.6～1.9	kg	0.450	0.800	1.200	1.600	2.000
	050301004	木板（综合）	m^3	0.035	0.038	0.044	0.050	0.063
	140307001	煤油	kg	5.880	10.500	15.750	21.000	26.250
	140303001	机油（综合）	kg	2.828	3.030	3.535	4.040	6.060
	140901003	黄油钙基脂	kg	1.869	2.020	2.222	2.525	2.828
	142909001	氧气	m^3	1.530	3.060	6.120	6.450	6.840
	142907002	乙炔气	kg	0.588	1.177	2.354	2.481	2.631
	031505019	金属滤网	m^2	0.100	0.120	0.150	0.200	0.220
	031102001	砂纸	张	7.000	8.000	9.000	10.000	10.000
	013503001	紫铜板（综合）	kg	0.400	0.600	0.950	1.100	2.000
	023503004	无石棉板衬垫	kg	0.200	0.240	0.300	0.360	0.400
	031301009	低碳钢焊条 J427（综合）	kg	1.050	1.680	2.100	2.625	3.360
	050105001	道木（综合）	m^3	0.008	0.010	0.014	0.017	0.028
	850103006	其他材料费（占材料费）	%	3.000	3.000	3.000	3.000	3.000
机械	990401035	载重汽车 10t	台班	0.500	—	—	—	—
	990401045	载重汽车 15t	台班	—	0.500	—	—	—
	990403020	平板拖车组 20t	台班	—	—	0.500	—	—
	990403030	平板拖车组 40t	台班	—	—	—	0.500	0.700
	990304024	汽车式起重机 25t	台班	0.500	0.500	0.500	—	—
	990304040	汽车式起重机 50t	台班	—	—	—	1.000	—
	990304052	汽车式起重机 75t	台班	—	—	—	—	1.000
	990901010	交流弧焊机 21kV·A	台班	0.500	1.000	1.500	1.500	2.000
	871137001	激光轴对中仪	台班	—	—	—	1.000	1.000

3. 离心式油泵

工作内容： 施工准备、设备开箱检验、基础处理、垫铁设置、设备吊装就位、找平找正、垫铁点焊、轴系对中、应力检查、单机试车、配合检查验收。 **计量单位：台**

编号				1-8-21	1-8-22	1-8-23	1-8-24	1-8-25
项目				设备重量（t 以内）				
				0.5	1.0	3.0	5.0	7.0
		名称	单位	消耗量				
人工	000203000	综合二类工	工日	10.318	14.035	28.401	33.174	38.791
材料	031509007	平垫铁（综合）	kg	5.625	5.625	7.050	16.560	16.560
	031509010	斜垫铁（综合）	kg	5.580	5.580	6.250	14.700	14.700
	012901009	热轧薄钢板 δ1.6～1.9	kg	0.180	0.200	0.230	0.260	0.320
	031301025	紫铜电焊条 T107ϕ3.2	kg	0.100	0.160	0.200	0.220	0.260
	031307003	铜焊粉气剂 301 瓶装	kg	0.050	0.080	0.100	0.110	0.130
	050301004	木板（综合）	m^3	0.006	0.008	0.011	0.014	0.019
	140307001	煤油	kg	1.680	2.562	2.940	3.675	4.410
	140303001	机油（综合）	kg	0.879	1.212	1.515	1.919	2.424
	140901003	黄油钙基脂	kg	0.465	0.707	1.656	2.091	2.666
	142909001	氧气	m^3	0.224	0.388	0.520	0.612	0.877
	142907002	乙炔气	kg	0.086	0.149	0.200	0.235	0.337
	151311001	聚酯乙烯泡沫塑料	kg	0.022	0.055	0.110	0.165	0.220
	272501002	青壳纸 δ0.1～1.0	kg	0.840	0.980	1.100	1.500	1.800
	031102001	砂纸	张	2.000	2.000	4.000	5.000	6.000
	031505019	金属滤网	m^2	0.063	0.065	0.068	0.070	0.090
	013503001	紫铜板（综合）	kg	0.050	0.060	0.150	0.200	0.250
	023503004	无石棉板衬垫	kg	0.125	0.130	0.135	0.140	0.180
	031301009	低碳钢焊条 J427（综合）	kg	0.179	0.210	0.420	0.672	0.882
	850103006	其他材料费（占材料费）	%	3.000	3.000	3.000	3.000	3.000
机械	990401035	载重汽车 10t	台班	—	—	—	0.300	0.300
	990305020	叉式起重机 5t	台班	0.100	0.200	0.400	—	—
	990304016	汽车式起重机 16t	台班	—	—	—	0.500	0.500
	990901010	交流弧焊机 21kV·A	台班	0.100	0.100	0.400	0.500	0.500

工作内容： 施工准备、设备开箱检验、基础处理、垫铁设置、设备吊装就位、找平找正、垫铁点焊、轴系对中、应力检查、单机试车、配合检查验收。　　计量单位：台

编号				1-8-26	1-8-27	1-8-28	1-8-29
项目				设备重量（t 以内）			
				10	15	20	25
名称			单位	消耗量			
人工	000203000	综合二类工	工日	45.842	54.564	63.075	74.063
材料	031509007	平垫铁（综合）	kg	36.160	49.720	54.240	67.800
	031509010	斜垫铁（综合）	kg	32.320	44.440	48.480	60.600
	012901009	热轧薄钢板 δ1.6～1.9	kg	0.400	0.440	0.480	0.540
	031301025	紫铜电焊条 T107ϕ3.2	kg	0.300	0.340	0.380	0.420
	031307003	铜焊粉气剂 301 瓶装	kg	0.150	0.170	0.220	0.280
	050301004	木板（综合）	m^3	0.250	0.310	0.380	0.440
	140307001	煤油	kg	4.620	4.800	5.600	6.800
	140303001	机油（综合）	kg	3.150	3.850	4.120	4.860
	140901003	黄油钙基脂	kg	3.160	3.890	4.150	4.620
	142909001	氧气	m^3	0.972	1.020	1.440	1.800
	142907002	乙炔气	kg	0.374	0.392	0.554	0.692
	151311001	聚酯乙烯泡沫塑料	kg	0.305	0.379	0.402	0.530
	272501002	青壳纸 δ0.1～1.0	kg	2.000	2.200	2.400	2.600
	031102001	砂纸	张	7.000	8.000	9.000	10.000
	031505019	金属滤网	m^2	0.100	0.120	0.150	0.200
	013503001	紫铜板（综合）	kg	0.400	0.600	0.950	1.100
	023503004	无石棉板衬垫	kg	0.200	0.240	0.300	0.360
	031301009	低碳钢焊条 J427（综合）	kg	0.954	1.120	1.560	1.980
	850103006	其他材料费（占材料费）	%	3.000	3.000	3.000	3.000
机械	990401045	载重汽车 15t	台班	0.500	—	—	—
	990403020	平板拖车组 20t	台班	—	0.500	—	—
	990403030	平板拖车组 40t	台班	—	—	0.500	0.700
	990304024	汽车式起重机 25t	台班	0.500	0.500	—	—
	990304040	汽车式起重机 50t	台班	—	—	1.000	—
	990304052	汽车式起重机 75t	台班	—	—	—	1.000
	990901010	交流弧焊机 21kV·A	台班	0.500	0.800	0.800	1.000

4. 离心式杂质泵

工作内容： 施工准备、设备开箱检验、基础处理、垫铁设置、设备吊装就位、找平找正、垫铁点焊、轴系对中、应力检查、单机试车、配合检查验收。 **计量单位：台**

编号				1-8-30	1-8-31	1-8-32	1-8-33	1-8-34	1-8-35	1-8-36
项目				设备重量（t 以内）						
				0.5	1.0	3.0	5.0	10	15	20
名称			单位	消耗量						
人工	000203000	综合二类工	工日	9.595	12.285	17.376	26.812	32.585	56.606	78.831
材料	031509007	平垫铁（综合）	kg	5.625	5.625	7.050	19.320	36.160	49.720	52.240
	031509010	斜垫铁（综合）	kg	5.580	5.580	6.250	17.150	32.320	44.440	48.480
	012901009	热轧薄钢板 δ1.6～1.9	kg	0.170	0.190	0.380	0.480	0.660	1.600	2.400
	050301004	木板（综合）	m^3	0.005	0.008	0.015	0.026	0.056	0.088	0.125
	140307001	煤油	kg	0.840	1.575	2.258	2.993	3.675	10.500	16.800
	140303001	机油（综合）	kg	1.061	1.465	2.020	2.424	2.828	3.636	5.050
	140901003	黄油钙基脂	kg	0.303	0.505	0.808	1.010	1.515	1.818	2.020
	142909001	氧气	m^3	0.184	0.214	0.459	0.765	0.867	3.060	6.120
	142907002	乙炔气	kg	0.071	0.082	0.177	0.294	0.333	1.177	2.354
	031102001	砂纸	张	2.000	2.000	4.000	5.000	8.000	9.000	10.000
	031505019	金属滤网	m^2	0.063	0.065	0.068	0.070	0.120	0.150	0.200
	013503001	紫铜板（综合）	kg	0.050	0.060	0.150	0.200	0.600	0.950	1.100
	023503004	无石棉板衬垫	kg	0.125	0.130	0.135	0.140	0.240	0.300	0.360
	031301009	低碳钢焊条 J427（综合）	kg	0.189	0.242	0.242	0.714	0.798	1.680	2.520
	850103006	其他材料费（占材料费）	%	3.000	3.000	3.000	3.000	3.000	3.000	3.000
机械	990401035	载重汽车 10t	台班	—	—	—	0.300	—	—	—
	990401045	载重汽车 15t	台班	—	—	—	—	0.500	—	—
	990403020	平板拖车组 20t	台班	—	—	—	—	—	0.500	—
	990403030	平板拖车组 40t	台班	—	—	—	—	—	—	0.500
	990305020	叉式起重机 5t	台班	0.100	0.200	0.400	—	—	—	—
	990304016	汽车式起重机 16t	台班	—	—	—	0.500	—	—	—
	990304024	汽车式起重机 25t	台班	—	—	—	—	0.500	0.500	—
	990304040	汽车式起重机 50t	台班	—	—	—	—	—	—	1.000
	990901010	交流弧焊机 21kV · A	台班	0.100	0.100	0.200	0.500	0.500	1.000	1.000
	871137001	激光轴对中仪	台班	—	—	—	—	—	—	1.000

5. 离心式深水泵

工作内容：施工准备、设备开箱检验、基础处理、垫铁设置、设备吊装就位、找平找正、垫铁点焊、轴系对中、应力检查、单机试车、配合检查验收。 **计量单位：**台

编号				1-8-37	1-8-38	1-8-39	1-8-40	1-8-41
项目				设备重量（t 以内）				
				1.0	2.0	4.0	6.0	8.0
名称			单位	消耗量				
人工	000203000	综合二类工	工日	29.143	30.953	37.686	45.432	56.523
材料	031509007	平垫铁（综合）	kg	5.625	8.460	16.560	19.320	22.080
	031509010	斜垫铁（综合）	kg	5.580	7.500	14.700	17.150	19.600
	012901009	热轧薄钢板 δ1.6～1.9	kg	0.160	0.190	0.260	0.330	2.000
	050301004	木板（综合）	m^3	0.004	0.006	0.008	0.009	0.013
	140307001	煤油	kg	3.413	3.780	4.200	4.883	6.300
	140303001	机油（综合）	kg	1.111	1.212	1.566	2.071	3.535
	140901003	黄油钙基脂	kg	0.717	0.818	1.111	1.515	1.818
	142909001	氧气	m^3	0.275	0.275	0.479	0.898	1.530
	142907002	乙炔气	kg	0.106	0.106	0.184	0.345	0.588
	031102001	砂纸	张	2.000	4.000	5.000	8.000	9.000
	031505019	金属滤网	m^2	0.065	0.068	0.070	0.120	0.150
	013503001	紫铜板（综合）	kg	0.060	0.150	0.200	0.600	0.950
	023503004	无石棉板衬垫	kg	0.130	0.135	0.140	0.240	0.300
	031301009	低碳钢焊条 J427（综合）	kg	0.326	0.326	0.326	0.357	1.050
	850103006	其他材料费（占材料费）	%	3.000	3.000	3.000	3.000	3.000
机械	990401035	载重汽车 10t	台班	—	—	0.300	0.300	0.300
	990305020	叉式起重机 5t	台班	0.500	0.500	—	—	—
	990304016	汽车式起重机 16t	台班	—	—	0.500	0.500	0.500
	990901010	交流弧焊机 21kV·A	台班	0.200	0.200	0.400	0.500	1.000

6. DB 型高硅铁离心泵

工作内容：施工准备、设备开箱检验、基础处理、垫铁设置、设备吊装就位、找平找正、垫铁点焊、轴系对中、应力检查、单机试车、配合检查验收。 **计量单位：**台

编 号				1-8-42	1-8-43	1-8-44	1-8-45	1-8-46	1-8-47
项 目				设备型号（DB）					
				25G-41	50G-40	65-40	G80-60	G100-35	150-35
名 称			单位	消 耗 量					
人工	000203000	综合二类工	工日	4.488	6.636	8.563	10.116	12.768	16.608
材料	031509007	平垫铁（综合）	kg	5.625	5.625	5.625	5.625	16.560	16.560
	031509010	斜垫铁（综合）	kg	5.580	5.580	5.580	5.580	14.700	14.700
	050301004	木板（综合）	m^3	0.006	0.006	0.006	0.008	0.008	0.008
	140307001	煤油	kg	1.050	1.050	1.050	1.575	2.100	3.150
	140303001	机油（综合）	kg	0.303	0.303	0.303	0.505	1.010	1.010
	140901003	黄油钙基脂	kg	0.202	0.202	0.202	0.303	0.505	0.505
	142909001	氧气	m^3	2.550	2.550	2.550	3.060	3.060	3.060
	142907002	乙炔气	kg	0.981	0.981	0.981	1.177	1.177	1.177
	031102001	砂纸	张	2.000	2.000	4.000	5.000	8.000	9.000
	031505019	金属滤网	m^2	0.063	0.065	0.068	0.070	0.120	0.150
	013503001	紫铜板（综合）	kg	0.050	0.060	0.150	0.200	0.600	0.950
	023503004	无石棉板衬垫	kg	0.125	0.130	0.135	0.140	0.240	0.300
	031301009	低碳钢焊条 J427（综合）	kg	0.525	0.525	1.050	1.050	1.050	1.050
	850103006	其他材料费（占材料费）	%	3.000	3.000	3.000	3.000	3.000	3.000
机械	990401035	载重汽车 10t	台班	—	—	—	—	0.300	0.300
	990305020	叉式起重机 5t	台班	0.500	0.500	0.500	0.500	—	—
	990304016	汽车式起重机 16t	台班	—	—	—	—	0.500	0.500
	990901010	交流弧焊机 21kV·A	台班	0.500	0.500	0.500	0.500	0.500	0.500

7. 蒸汽离心泵

工作内容： 施工准备、设备开箱检验、基础处理、垫铁设置、设备吊装就位、找平找正、垫铁点焊、轴系对中、应力检查、单机试车、配合检查验收。 **计量单位：台**

编号				1-8-48	1-8-49	1-8-50	1-8-51	1-8-52	1-8-53
项目				设备重量（t 以内）					
				0.5	1.0	3.0	5.0	7.0	10
名称			单位	消耗量					
人工	000203000	综合二类工	工日	11.690	14.486	27.581	36.866	46.763	61.919
材料	031509007	平垫铁（综合）	kg	4.500	4.500	7.050	16.560	16.560	36.160
	031509010	斜垫铁（综合）	kg	4.464	4.464	6.250	14.700	14.700	32.320
	012901009	热轧薄钢板 δ1.6～1.9	kg	0.350	0.450	0.600	0.750	0.850	1.150
	050301004	木板（综合）	m^3	0.009	0.018	0.028	0.036	0.044	0.069
	050105001	道木（综合）	m^3	—	—	—	0.014	0.021	0.023
	140307001	煤油	kg	0.315	0.630	1.575	2.100	2.625	3.360
	140303001	机油（综合）	kg	0.202	0.404	1.212	1.515	2.020	2.525
	140901003	黄油钙基脂	kg	—	0.202	0.455	0.758	1.061	1.515
	142909001	氧气	m^3	0.245	0.612	0.918	1.224	1.836	2.448
	142907002	乙炔气	kg	0.094	0.235	0.353	0.471	0.706	0.942
	272501002	青壳纸 δ0.1～1.0	kg	0.100	0.100	0.300	0.500	0.700	1.000
	031102001	砂纸	张	2.000	2.000	4.000	5.000	8.000	9.000
	031505019	金属滤网	m^2	0.063	0.065	0.068	0.070	0.120	0.150
	013503001	紫铜板（综合）	kg	0.050	0.060	0.150	0.200	0.600	0.950
	023503004	无石棉板衬垫	kg	0.125	0.130	0.135	0.140	0.240	0.300
	031301009	低碳钢焊条 J427（综合）	kg	0.315	0.525	0.840	1.050	1.680	2.520
	850103006	其他材料费（占材料费）	%	3.000	3.000	3.000	3.000	3.000	3.000
机械	990401035	载重汽车 10t	台班	—	—	—	0.300	0.300	—
	990401045	载重汽车 15t	台班	—	—	—	—	—	0.500
	990305020	叉式起重机 5t	台班	0.100	0.500	0.700	—	—	—
	990304016	汽车式起重机 16t	台班	—	—	—	0.500	0.500	—
	990304024	汽车式起重机 25t	台班	—	—	—	—	—	0.500
	990901010	交流弧焊机 21kV · A	台班	0.200	0.300	0.500	0.500	1.000	1.500

二、旋 涡 泵

工作内容：施工准备、设备开箱检验、基础处理、垫铁设置、设备吊装就位、找平找正、垫铁点焊、轴系对中、应力检查、单机试车、配合检查验收。 **计量单位：台**

		编　号		1-8-54	1-8-55	1-8-56	1-8-57	1-8-58	1-8-59
		项　目		设备重量（t 以内）					
				0.2	0.5	1.0	2.0	3.0	5.0
		名　称	单位	消　耗　量					
人工	000203000	综合二类工	工日	7.839	10.413	14.330	16.757	21.515	24.642
材料	031509007	平垫铁（综合）	kg	4.500	4.500	5.625	8.460	8.460	19.320
	031509010	斜垫铁（综合）	kg	4.464	4.464	5.580	7.500	7.500	17.150
	050301004	木板（综合）	m^3	0.004	0.006	0.008	0.009	0.011	0.013
	140307001	煤油	kg	0.872	1.260	1.470	2.100	3.150	4.200
	140303001	机油（综合）	kg	0.455	0.657	0.758	1.010	1.515	2.020
	140901003	黄油钙基脂	kg	0.303	0.404	0.505	0.808	1.212	1.515
	142909001	氧气	m^3	0.122	0.184	0.245	1.020	2.040	3.060
	142907002	乙炔气	kg	0.047	0.071	0.094	0.392	0.785	1.177
	031102001	砂纸	张	2.000	2.000	4.000	5.000	8.000	9.000
	031505019	金属滤网	m^2	0.063	0.065	0.068	0.070	0.120	0.150
	013503001	紫铜板（综合）	kg	0.050	0.060	0.150	0.200	0.600	0.950
	023503004	无石棉板衬垫	kg	0.125	0.130	0.135	0.140	0.240	0.300
	031301009	低碳钢焊条 J427（综合）	kg	0.126	0.189	0.252	0.315	0.420	0.500
	850103006	其他材料费（占材料费）	%	3.000	3.000	3.000	3.000	3.000	3.000
机械	990401035	载重汽车 10t	台班	—	—	—	—	—	0.300
	990305020	叉式起重机 5t	台班	0.100	0.100	0.500	0.500	0.500	—
	990304016	汽车式起重机 16t	台班	—	—	—	—	—	0.500
	990901010	交流弧焊机 21kV · A	台班	0.100	0.100	0.200	0.500	0.500	0.500

三、电动往复泵

工作内容： 施工准备、设备开箱检验、基础处理、垫铁设置、设备吊装就位、找平找正、垫铁点焊、单机试车、配合检查验收。

计量单位：台

编号				1-8-60	1-8-61	1-8-62	1-8-63	1-8-64	1-8-65
项目				设备重量（t 以内）					
				0.5	0.7	1.0	3.0	5.0	7.0
名称			单位	消耗量					
人工	000203000	综合二类工	工日	14.966	17.569	21.804	33.110	39.242	59.246
材料	031509007	平垫铁（综合）	kg	4.500	4.500	5.625	7.050	19.320	19.320
	031509010	斜垫铁（综合）	kg	4.464	4.464	5.580	6.250	17.150	17.150
	012901009	热轧薄钢板 δ1.6～1.9	kg	0.300	0.300	0.400	0.400	0.500	0.500
	050301004	木板（综合）	m^3	0.005	0.006	0.008	0.010	0.010	0.014
	140307001	煤油	kg	2.940	3.308	3.675	4.200	5.250	6.300
	140303001	机油（综合）	kg	1.010	1.162	1.333	1.515	1.515	2.020
	140901003	黄油钙基脂	kg	0.465	0.525	0.889	1.010	1.010	1.515
	142909001	氧气	m^3	0.184	0.214	0.275	0.357	0.408	0.459
	142907002	乙炔气	kg	0.071	0.082	0.106	0.137	0.157	0.177
	031102001	砂纸	张	2.000	2.000	4.000	5.000	8.000	9.000
	031505019	金属滤网	m^2	0.063	0.065	0.068	0.070	0.120	0.150
	013503001	紫铜板（综合）	kg	0.050	0.060	0.150	0.200	0.600	0.950
	023503004	无石棉板衬垫	kg	0.125	0.130	0.135	0.140	0.240	0.300
	031301009	低碳钢焊条 J427（综合）	kg	0.189	0.210	0.210	0.525	1.050	1.050
	850103006	其他材料费（占材料费）	%	3.000	3.000	3.000	3.000	3.000	3.000
机械	990401035	载重汽车 10t	台班	—	—	—	—	0.300	0.300
	990305020	叉式起重机 5t	台班	0.100	0.100	0.500	0.700	—	—
	990304016	汽车式起重机 16t	台班	—	—	—	—	0.500	0.500
	990901010	交流弧焊机 21kV·A	台班	0.100	0.100	0.100	0.400	0.500	0.500

四、柱 塞 泵

1. 高压柱塞泵（3～4 柱塞）

工作内容：施工准备、设备开箱检验、基础处理、垫铁设置、设备吊装就位、找平找正、垫铁点焊、单机试车、配合检查验收。 **计量单位：**台

		编　号		1-8-66	1-8-67	1-8-68	1-8-69
		项　目		设备重量（t 以内）			
				1.0	2.5	5.0	8.0
		名　称	单位	消　耗　量			
人工	000203000	综合二类工	工日	17.618	29.476	31.555	36.324
材料	031509007	平垫铁（综合）	kg	5.625	7.050	16.560	16.560
	031509010	斜垫铁（综合）	kg	5.580	6.250	14.700	14.700
	012901009	热轧薄钢板 δ1.6～1.9	kg	0.200	0.200	0.350	0.350
	050301004	木板（综合）	m^3	0.003	0.006	0.010	0.013
	140307001	煤油	kg	8.400	11.550	13.650	14.000
	140303001	机油（综合）	kg	1.010	1.414	1.616	1.818
	140901003	黄油钙基脂	kg	1.010	1.515	2.020	2.222
	142909001	氧气	m^3	1.020	1.020	1.224	1.530
	142907002	乙炔气	kg	0.392	0.392	0.471	0.588
	031102001	砂纸	张	2.000	2.000	4.000	5.000
	031505019	金属滤网	m^2	0.063	0.065	0.068	0.070
	013503001	紫铜板（综合）	kg	0.050	0.060	0.150	0.200
	023503004	无石棉板衬垫	kg	0.125	0.130	0.135	0.140
	031301009	低碳钢焊条 J427（综合）	kg	1.050	1.575	1.890	3.150
	850103006	其他材料费（占材料费）	%	3.000	3.000	3.000	3.000
机械	990401035	载重汽车 10t	台班	—	—	0.300	0.300
	990305020	叉式起重机 5t	台班	0.200	0.400	—	—
	990304016	汽车式起重机 16t	台班	—	—	0.500	0.500
	990901010	交流弧焊机 21kV·A	台班	0.500	0.500	0.500	1.000

工作内容：施工准备、设备开箱检验、基础处理、垫铁设置、设备吊装就位、找平找正、垫铁点焊、单机试车、配合检查验收。

计量单位：台

编号				1-8-70	1-8-71	1-8-72	1-8-73
项目				设备重量（t 以内）			
				10	16	25.5	35
名称			单位	消耗量			
人工	000203000	综合二类工	工日	44.751	74.344	103.273	130.561
材料	031509007	平垫铁（综合）	kg	36.160	49.720	63.280	165.120
	031509010	斜垫铁（综合）	kg	32.320	44.440	56.560	147.520
	012901009	热轧薄钢板 δ1.6～1.9	kg	0.400	0.500	0.800	0.800
	012903028	热轧中厚钢板 δ31 以外	kg	14.000	16.000	22.000	25.000
	050301004	木板（综合）	m^3	0.013	0.019	0.025	0.025
	050105001	道木（综合）	m^3	0.083	0.110	0.110	0.165
	140307001	煤油	kg	14.700	16.800	21.000	25.200
	140303001	机油（综合）	kg	2.020	3.030	5.050	6.060
	140901003	黄油钙基脂	kg	2.222	2.525	3.030	3.535
	142909001	氧气	m^3	1.530	2.040	2.040	2.550
	142907002	乙炔气	kg	0.588	0.785	0.785	0.981
	020101005	橡胶板 δ5～10	kg	1.600	2.000	2.500	3.000
	031102001	砂纸	张	8.000	9.000	10.000	15.000
	031505019	金属滤网	m^2	0.120	0.150	0.200	0.250
	013503001	紫铜板（综合）	kg	0.600	0.950	1.100	1.150
	023503004	无石棉板衬垫	kg	0.240	0.300	0.360	0.420
	031301009	低碳钢焊条 J427（综合）	kg	3.675	4.200	4.725	5.250
	850103006	其他材料费（占材料费）	%	3.000	3.000	3.000	3.000
机械	990401045	载重汽车 15t	台班	0.500	—	—	—
	990403020	平板拖车组 20t	台班	—	0.500	—	—
	990403030	平板拖车组 40t	台班	—	—	0.700	0.700
	990304024	汽车式起重机 25t	台班	0.600	—	—	—
	990304040	汽车式起重机 50t	台班	—	0.800	—	—
	990304052	汽车式起重机 75t	台班	—	—	1.000	1.000
	990901010	交流弧焊机 21kV·A	台班	1.000	1.000	1.000	1.200
	871137001	激光轴对中仪	台班	—	—	—	1.000

2. 高压高速柱塞泵（6～24 柱塞）

工作内容：施工准备、设备开箱检验、基础处理、垫铁设置、设备吊装就位、找平找正、垫铁点焊、单机试车、配合检查验收。

计量单位：台

编号				1-8-74	1-8-75	1-8-76	1-8-77
项目				设备重量（t 以内）			
				5.0	10	15	18
名称			单位	消耗量			
人工	000203000	综合二类工	工日	43.855	58.354	89.910	104.854
材料	031509007	平垫铁（综合）	kg	19.320	36.160	49.720	54.240
	031509010	斜垫铁（综合）	kg	17.150	32.320	44.440	48.480
	012901009	热轧薄钢板 δ1.6～1.9	kg	0.500	0.800	1.000	1.000
	050301004	木板（综合）	m^3	0.035	0.053	0.075	0.085
	050105001	道木（综合）	m^3	0.058	0.085	0.087	0.087
	140307001	煤油	kg	10.500	12.600	18.900	21.000
	140303001	机油（综合）	kg	1.515	1.818	2.525	3.030
	140901003	黄油钙基脂	kg	0.505	0.505	0.606	0.606
	142909001	氧气	m^3	2.040	2.550	3.570	4.080
	142907002	乙炔气	kg	0.785	0.981	1.373	1.569
	272501002	青壳纸 δ0.1～1.0	kg	0.200	0.250	0.350	0.400
	031102001	砂纸	张	4.000	6.000	9.000	9.000
	031505019	金属滤网	m^2	0.068	0.120	0.150	0.150
	013503001	紫铜板（综合）	kg	0.150	0.600	0.950	0.950
	023503004	无石棉板衬垫	kg	0.135	0.240	0.300	0.300
	031301009	低碳钢焊条 J427（综合）	kg	3.255	3.465	4.200	4.725
	850103006	其他材料费（占材料费）	%	3.000	3.000	3.000	3.000
机械	990401035	载重汽车 10t	台班	0.300	—	—	—
	990403020	平板拖车组 20t	台班	—	0.500	0.500	—
	990403030	平板拖车组 40t	台班	—	—	—	0.500
	990304016	汽车式起重机 16t	台班	0.500	—	—	—
	990304024	汽车式起重机 25t	台班	—	0.500	1.000	—
	990304040	汽车式起重机 50t	台班	—	—	—	1.000
	990901010	交流弧焊机 21kV·A	台班	1.000	1.000	1.500	1.500
	871137001	激光轴对中仪	台班	—	—	—	1.000

五、蒸汽往复泵

工作内容：施工准备、设备开箱检验、基础处理、垫铁设置、设备吊装就位、找平找正、垫铁点焊、单机试车、配合检查验收。

计量单位：台

编号				1-8-78	1-8-79	1-8-80	1-8-81	1-8-82
项目				设备重量（t 以内）				
				0.5	1.0	3.0	5.0	7.0
名称			单位	消耗量				
人工	000203000	综合二类工	工日	14.987	19.748	26.275	30.125	48.394
材料	031509007	平垫铁（综合）	kg	6.750	6.750	7.875	22.080	24.840
	031509010	斜垫铁（综合）	kg	6.696	6.696	7.812	19.600	22.050
	012901009	热轧薄钢板 δ1.6～1.9	kg	0.400	0.400	0.400	0.400	0.600
	050301004	木板（综合）	m^3	0.005	0.005	0.010	0.010	0.023
	050105001	道木（综合）	m^3	—	—	—	—	0.003
	140307001	煤油	kg	3.045	3.308	4.043	4.358	6.300
	140303001	机油（综合）	kg	1.061	1.192	1.717	1.919	2.222
	140901003	黄油钙基脂	kg	0.505	0.596	0.758	0.808	1.212
	142909001	氧气	m^3	0.510	0.816	1.224	1.530	2.040
	142907002	乙炔气	kg	0.196	0.314	0.471	0.588	0.785
	031102001	砂纸	张	2.000	2.000	5.000	5.000	6.000
	031505019	金属滤网	m^2	0.065	0.070	0.068	0.120	0.150
	013503001	紫铜板（综合）	kg	0.050	0.060	0.200	0.300	0.600
	023503004	无石棉板衬垫	kg	0.125	0.130	0.140	0.160	0.240
	031301009	低碳钢焊条 J427（综合）	kg	0.179	0.179	0.179	0.315	0.420
	850103006	其他材料费（占材料费）	%	3.000	3.000	3.000	3.000	3.000
机械	990401035	载重汽车 10t	台班	—	—	—	0.300	0.300
	990305020	叉式起重机 5t	台班	0.100	0.200	0.500	—	—
	990304016	汽车式起重机 16t	台班	—	—	—	0.500	0.500
	990901010	交流弧焊机 21kV·A	台班	0.100	0.100	0.400	0.500	0.500

工作内容：施工准备、设备开箱检验、基础处理、垫铁设置、设备吊装就位、找平找正、垫铁点焊、单机试车、配合检查验收。

计量单位：台

编号				1-8-83	1-8-84	1-8-85	1-8-86	1-8-87
项目				设备重量（t 以内）				
				10	15	20	25	30
名称			单位	消耗量				
人工	000203000	综合二类工	工日	63.849	85.691	115.407	137.802	169.934
材料	031509007	平垫铁（综合）	kg	54.240	54.240	63.280	67.800	115.584
	031509010	斜垫铁（综合）	kg	48.480	48.480	56.560	60.600	103.264
	012901009	热轧薄钢板 δ1.6～1.9	kg	0.800	1.200	1.500	1.500	2.200
	050301004	木板（综合）	m^3	0.025	0.031	0.044	0.069	0.081
	050105001	道木（综合）	m^3	0.004	0.004	0.007	0.011	0.014
	140307001	煤油	kg	8.400	10.500	15.750	21.000	26.250
	140303001	机油（综合）	kg	3.030	3.535	4.040	5.050	10.100
	140901003	黄油钙基脂	kg	1.515	2.020	2.020	3.030	4.040
	142909001	氧气	m^3	2.244	2.652	3.060	3.468	3.672
	142907002	乙炔气	kg	0.863	1.020	1.177	1.334	1.412
	031102001	砂纸	张	8.000	10.000	12.000	14.000	16.000
	031505019	金属滤网	m^2	0.150	0.200	0.220	0.250	0.280
	013503001	紫铜板（综合）	kg	0.950	1.000	1.200	1.300	1.500
	023503004	无石棉板衬垫	kg	0.300	0.300	0.320	0.340	0.380
	031301009	低碳钢焊条 J427（综合）	kg	0.420	0.420	1.260	1.785	2.667
	850103006	其他材料费（占材料费）	%	3.000	3.000	3.000	3.000	3.000
机械	990401045	载重汽车 15t	台班	0.500	—	—	—	—
	990403020	平板拖车组 20t	台班	—	0.500	—	—	—
	990403030	平板拖车组 40t	台班	—	—	0.500	0.500	0.700
	990304024	汽车式起重机 25t	台班	0.500	0.500	—	—	—
	990304040	汽车式起重机 50t	台班	—	—	1.000	1.000	1.000
	990901010	交流弧焊机 21kV·A	台班	0.500	0.500	0.500	1.000	1.500
	871137001	激光轴对中仪	台班	—	—	1.000	1.000	1.000

六、计 量 泵

工作内容： 施工准备、设备开箱检验、基础处理、垫铁设置、设备吊装就位、找平找正、垫铁点焊、单机试车、配合检查验收。

计量单位： 台

编号				1-8-88	1-8-89	1-8-90	1-8-91
项目				设备重量（t以内）			
				0.2	0.4	0.7	1.0
名称			单位	消耗量			
人工	000203000	综合二类工	工日	9.704	13.610	19.476	22.467
材料	031509007	平垫铁（综合）	kg	4.500	4.500	4.500	7.875
	031509010	斜垫铁（综合）	kg	4.464	4.464	4.464	7.812
	012901009	热轧薄钢板 δ1.6～1.9	kg	0.500	0.500	0.500	0.600
	050301004	木板（综合）	m^3	0.006	0.008	0.008	0.008
	140307001	煤油	kg	1.050	1.050	1.575	2.100
	140303001	机油（综合）	kg	0.202	0.202	0.303	0.404
	140901003	黄油钙基脂	kg	0.101	0.101	0.303	0.505
	142909001	氧气	m^3	2.040	2.040	2.040	3.060
	142907002	乙炔气	kg	0.785	0.785	0.785	1.177
	031102001	砂纸	张	2.000	4.000	4.000	4.000
	031505019	金属滤网	m^2	0.063	0.065	0.065	0.065
	013503001	紫铜板（综合）	kg	0.050	0.060	0.060	0.060
	023503004	无石棉板衬垫	kg	0.125	0.150	0.150	0.150
	031301009	低碳钢焊条 J427（综合）	kg	0.210	0.210	0.315	0.420
	850103006	其他材料费（占材料费）	%	3.000	3.000	3.000	3.000
机械	990305020	叉式起重机 5t	台班	0.100	0.100	0.100	0.200
	990901010	交流弧焊机 21kV·A	台班	0.200	0.200	0.200	0.200

七、螺杆泵及齿轮油泵

工作内容： 施工准备、设备开箱检验、基础处理、垫铁设置、设备吊装就位、找平清洗、垫铁点焊、轴系对中、单机试车、配合检查验收。

计量单位：台

编号				1-8-92	1-8-93	1-8-94	1-8-95
项目				螺杆泵			
				设备重量（t 以内）			
				0.5	1.0	3.0	5.0
		名称	单位	消耗量			
人工	000203000	综合二类工	工日	17.735	22.654	39.101	51.549
材料	031509007	平垫铁（综合）	kg	4.500	7.875	9.000	22.080
	031509010	斜垫铁（综合）	kg	4.464	7.812	8.928	19.600
	012901009	热轧薄钢板 δ1.6～1.9	kg	0.300	0.300	0.300	0.400
	050301004	木板（综合）	m^3	0.005	0.009	0.014	0.015
	140307001	煤油	kg	1.050	1.050	1.575	2.100
	140303001	机油（综合）	kg	1.010	1.010	1.515	1.515
	140901003	黄油钙基脂	kg	0.202	0.303	0.303	0.404
	142909001	氧气	m^3	2.040	3.060	3.060	3.060
	142907002	乙炔气	kg	0.785	1.177	1.177	1.177
	272501002	青壳纸 δ0.1～1.0	kg	0.100	0.200	0.300	0.400
	031102001	砂纸	张	4.000	4.000	5.000	5.000
	031505019	金属滤网	m^2	0.063	0.065	0.070	0.070
	013503001	紫铜板（综合）	kg	0.050	0.060	0.200	0.150
	023503004	无石棉板衬垫	kg	0.150	0.150	0.150	0.150
	031301009	低碳钢焊条 J427（综合）	kg	0.210	0.210	0.315	0.525
	850103006	其他材料费（占材料费）	%	3.000	3.000	3.000	3.000
机械	990401035	载重汽车 10t	台班	—	—	—	0.300
	990305020	叉式起重机 5t	台班	0.100	0.200	0.400	—
	990304016	汽车式起重机 16t	台班	—	—	—	0.500
	990901010	交流弧焊机 21kV·A	台班	0.300	0.300	0.500	0.500

工作内容： 施工准备、设备开箱检验、基础处理、垫铁设置、设备吊装就位、找平清洗、垫铁点焊、轴系对中、单机试车、配合检查验收。

计量单位：台

编号				1-8-96	1-8-97	1-8-98	1-8-99
项目				螺杆泵		齿轮油泵	
				设备重量（t以内）			
				7.0	10	0.5	1.0
名称			单位	消耗量			
人工	000203000	综合二类工	工日	77.465	89.686	7.020	8.860
材料	031509007	平垫铁（综合）	kg	22.840	45.200	4.500	7.875
	031509010	斜垫铁（综合）	kg	22.050	40.400	4.464	7.812
	012901009	热轧薄钢板 δ1.6～1.9	kg	0.500	0.700	0.200	0.200
	031301025	紫铜电焊条 T107ϕ3.2	kg	—	—	0.100	0.100
	031307003	铜焊粉气剂 301 瓶装	kg	—	—	0.050	0.050
	050301004	木板（综合）	m^3	0.018	0.019	0.050	0.050
	140307001	煤油	kg	3.150	5.250	0.500	0.788
	140303001	机油（综合）	kg	2.020	2.020	0.440	0.606
	140901003	黄油钙基脂	kg	0.404	0.505	0.202	0.202
	142909001	氧气	m^3	4.080	4.080	1.020	1.020
	142907002	乙炔气	kg	1.569	1.569	0.392	0.392
	272501002	青壳纸 δ0.1～1.0	kg	0.400	0.400	0.400	0.400
	031102001	砂纸	张	6.000	9.000	4.000	4.000
	031505019	金属滤网	m^2	0.120	0.150	0.065	0.065
	013503001	紫铜板（综合）	kg	0.600	0.950	0.060	0.060
	023503004	无石棉板衬垫	kg	0.240	0.300	0.150	0.150
	031301009	低碳钢焊条 J427（综合）	kg	0.525	0.840	0.147	0.147
	850103006	其他材料费（占材料费）	%	3.000	3.000	3.000	3.000
机械	990401035	载重汽车 10t	台班	0.300	—	—	—
	990401045	载重汽车 15t	台班	—	0.500	—	—
	990305020	叉式起重机 5t	台班	—	—	0.100	0.100
	990304016	汽车式起重机 16t	台班	0.500	—	—	—
	990304024	汽车式起重机 25t	台班	—	0.500	—	—
	990901010	交流弧焊机 21kV·A	台班	0.500	0.500	0.200	0.200

八、真 空 泵

工作内容：施工准备、设备开箱检验、基础处理、垫铁设置、设备吊装就位、找平清洗、垫铁点焊、轴系对中、单机试车、配合检查验收。 **计量单位：台**

编号				1-8-100	1-8-101	1-8-102	1-8-103
项目				设备重量（t 以内）			
				0.2	0.5	1.0	2.0
名称			单位	消耗量			
人工	000203000	综合二类工	工日	9.169	12.285	15.220	21.152
材料	031509007	平垫铁（综合）	kg	4.500	4.516	7.875	8.460
	031509010	斜垫铁（综合）	kg	4.464	4.464	7.812	7.500
	012901009	热轧薄钢板 δ1.6～1.9	kg	—	—	—	0.200
	050301004	木板（综合）	m^3	0.005	0.005	0.009	0.014
	140307001	煤油	kg	0.670	0.840	1.050	1.365
	140303001	机油（综合）	kg	0.580	0.606	0.707	0.909
	140901003	黄油钙基脂	kg	0.123	0.152	0.202	0.303
	142909001	氧气	m^3	0.104	0.122	0.184	0.214
	142907002	乙炔气	kg	0.040	0.047	0.071	0.082
	272501002	青壳纸 δ0.1～1.0	kg	0.100	0.100	0.100	0.100
	031102001	砂纸	张	2.000	4.000	4.000	5.000
	031505019	金属滤网	m^2	0.063	0.065	0.065	0.070
	013503001	紫铜板（综合）	kg	0.050	0.060	0.060	0.080
	023503004	无石棉板衬垫	kg	0.125	0.150	0.150	0.150
	031301009	低碳钢焊条 J427（综合）	kg	0.103	0.126	0.189	0.242
	850103006	其他材料费（占材料费）	%	3.000	3.000	3.000	3.000
机械	990305020	叉式起重机 5t	台班	0.100	0.100	0.200	0.300
	990901010	交流弧焊机 21kV·A	台班	0.100	0.100	0.100	0.200

工作内容：施工准备、设备开箱检验、基础处理、垫铁设置、设备吊装就位、找平清洗、垫铁点焊、轴系对中、单机试车、配合检查验收。

计量单位：台

编号				1-8-104	1-8-105	1-8-106
项目				设备重量（t 以内）		
				3.5	5.0	7.0
名称			单位	消耗量		
人工	000203000	综合二类工	工日	33.684	43.493	55.269
材料	031509007	平垫铁（综合）	kg	9.000	22.080	24.840
	031509010	斜垫铁（综合）	kg	8.928	19.600	22.050
	012901009	热轧薄钢板 δ1.6～1.9	kg	0.300	0.300	0.500
	050301004	木板（综合）	m^3	0.019	0.020	0.025
	140307001	煤油	kg	3.150	5.250	7.350
	140303001	机油（综合）	kg	1.515	2.020	3.030
	140901003	黄油钙基脂	kg	0.808	1.212	1.818
	142909001	氧气	m^3	0.510	0.714	0.918
	142907002	乙炔气	kg	0.196	0.275	0.353
	272501002	青壳纸 δ0.1～1.0	kg	0.200	0.200	0.200
	031102001	砂纸	张	8.000	9.000	10.000
	031505019	金属滤网	m^2	0.120	0.120	0.120
	013503001	紫铜板（综合）	kg	0.090	0.150	0.600
	023503004	无石棉板衬垫	kg	0.240	0.240	0.240
	031301009	低碳钢焊条 J427（综合）	kg	0.315	0.420	0.525
	850103006	其他材料费（占材料费）	%	3.000	3.000	3.000
机械	990401035	载重汽车 10t	台班	—	0.300	0.300
	990305020	叉式起重机 5t	台班	0.500	—	—
	990304016	汽车式起重机 16t	台班	—	0.500	0.500
	990901010	交流弧焊机 21kV·A	台班	0.400	0.500	0.700

九、屏 蔽 泵

工作内容：施工准备、设备开箱检验、基础处理、垫铁设置、设备吊装就位、找平清洗、垫铁点焊、单机试车、配合检查验收。

计量单位：台

编号				1-8-107	1-8-108	1-8-109	1-8-110
项目				设备重量（t 以内）			
				0.3	0.5	0.7	1.0
名称			单位	消耗量			
人工	000203000	综合二类工	工日	13.413	16.274	19.862	21.081
材料	031509007	平垫铁（综合）	kg	4.500	4.500	4.500	7.875
	031509010	斜垫铁（综合）	kg	4.464	4.464	4.464	7.812
	012901009	热轧薄钢板 δ1.6～1.9	kg	0.500	0.500	0.500	0.600
	050301004	木板（综合）	m^3	0.006	0.006	0.008	0.008
	140307001	煤油	kg	0.525	1.050	1.050	2.100
	140303001	机油（综合）	kg	0.202	0.202	0.303	0.707
	140901003	黄油钙基脂	kg	0.101	0.202	0.202	0.505
	142909001	氧气	m^3	1.020	1.020	1.020	2.040
	142907002	乙炔气	kg	0.392	0.392	0.392	0.785
	031102001	砂纸	张	2.000	4.000	4.000	4.000
	031505019	金属滤网	m^2	0.063	0.065	0.065	0.065
	013503001	紫铜板（综合）	kg	0.050	0.060	0.060	0.060
	023503004	无石棉板衬垫	kg	0.125	0.150	0.150	0.150
	031301009	低碳钢焊条 J427（综合）	kg	0.210	0.210	0.210	0.315
	850103006	其他材料费（占材料费）	%	3.000	3.000	3.000	3.000
机械	990305020	叉式起重机 5t	台班	0.100	0.100	0.100	0.100
	990901010	交流弧焊机 21kV·A	台班	0.300	0.300	0.500	0.500

十、补 充 项 目

1. 小型潜水排污泵

工作内容：施工准备、设备开箱检验、基础处理、垫铁设置、设备吊装就位、找平找正、垫铁点焊、轴系对中、应力检查、单机试车、配合检查验收。 **计量单位：**台

编 号				1-8-111	1-8-112
项 目				安装方式	
				固定自耦式	移动式
				设备重量（t 以内）	
				0.5	
名 称			单位	消 耗 量	
人工	000203000	综合二类工	工日	0.581	0.144
材料	012901002	热轧薄钢板 Q235B（综合）	kg	0.080	—
	010903009	镀锌圆钢 ϕ16	m	0.330	0.330
	030107055	金属膨胀螺栓 M16	套	4.120	—
	850103006	其他材料费（占材料费）	%	5.000	5.000
机械	990401015	载重汽车 4t	台班	0.030	0.030

2. 泵拆装检查

（1）单级离心水泵及离心式耐腐蚀泵

工作内容：设备本体及部件以及第一个阀门以内的管道等拆卸、清洗、检查、刮研、换油、调间隙、找正、找平、找中心、记录、组装复原。 **计量单位：**台

编 号				1-8-113	1-8-114	1-8-115	1-8-116	1-8-117
项 目				设备重量（t 以内）				
				0.2	0.5	1.0	3.0	5.0
名 称			单位	消 耗 量				
人工	000203000	综合二类工	工日	2.804	3.900	7.800	15.150	20.625
材料	013503004	紫铜板 δ0.25～0.5	kg	0.050	0.050	0.050	0.200	0.250
	140307001	煤油	kg	1.000	1.200	1.500	3.000	5.000
	140303001	机油（综合）	kg	0.100	0.200	0.400	1.200	2.000
	140901003	黄油钙基脂	kg	0.100	0.200	0.500	1.000	1.600
	020111009	石棉橡胶板高压 δ1～6	kg	0.500	0.500	1.000	2.000	2.500
	031102005	铁砂布 0#～2#	张	1.000	1.000	2.000	4.000	5.000
	133501005	研磨膏	盒	0.100	0.200	0.300	1.000	1.000
	850103006	其他材料费（占材料费）	%	5.000	5.000	5.000	5.000	5.000
机械	990304004	汽车式起重机 8t	台班	—	—	—	—	0.600

工作内容：设备本体及部件以及第一个阀门以内的管道等拆卸、清洗、检查、刮研、换油、调间隙、找正、找平、找中心、记录、组装复原。 计量单位：台

编号				1-8-118	1-8-119	1-8-120	1-8-121	1-8-122
项目				设备重量（t 以内）				
				8.0	12.0	17.0	23.0	30.0
名称			单位	消耗量				
人工	000203000	综合二类工	工日	33.675	42.150	55.050	72.825	89.250
材料	013503004	紫铜板 δ0.25～0.5	kg	0.400	0.600	0.950	1.100	1.500
	140307001	煤油	kg	8.000	12.000	18.000	25.000	36.000
	140303001	机油（综合）	kg	3.200	4.000	5.000	6.000	8.000
	140901003	黄油钙基脂	kg	2.400	3.200	4.000	4.500	5.000
	020111009	石棉橡胶板高压 δ1～6	kg	3.000	3.000	3.500	4.000	4.500
	031102005	铁砂布 0#～2#	张	5.000	6.000	8.000	10.000	12.000
	133501005	研磨膏	盒	1.500	1.500	2.000	2.000	3.000
	850103006	其他材料费（占材料费）	%	5.000	5.000	5.000	5.000	5.000
机械	990304004	汽车式起重机 8t	台班	1.000	—	—	—	—
	990304016	汽车式起重机 16t	台班	—	1.250	—	—	—
	990304024	汽车式起重机 25t	台班	—	—	1.600	2.000	2.500

（2）多级离心泵

工作内容：设备本体及部件以及第一个阀门以内的管道等拆卸、清洗、检查、刮研、换油、调间隙、找正、找平、找中心、记录、组装复原。 计量单位：台

编号				1-8-123	1-8-124	1-8-125	1-8-126	1-8-127
项目				设备重量（t 以内）				
				0.3	0.5	1.0	3.0	5.0
名称			单位	消耗量				
人工	000203000	综合二类工	工日	3.439	4.800	9.450	21.975	28.950
材料	013503004	紫铜板 δ0.25～0.5	kg	0.050	0.050	0.050	0.150	0.300
	140307001	煤油	kg	0.800	1.000	2.000	4.000	6.000
	140303001	机油（综合）	kg	0.160	0.200	0.400	1.200	2.400
	140901003	黄油钙基脂	kg	0.200	0.200	0.400	1.000	1.500
	020111009	石棉橡胶板高压 δ1～6	kg	0.400	0.500	1.000	2.000	2.500
	031102005	铁砂布 0#～2#	张	1.000	1.000	2.000	4.000	5.000
	133501005	研磨膏	盒	0.200	0.200	0.300	0.500	1.000
	850103006	其他材料费（占材料费）	%	5.000	5.000	5.000	5.000	5.000
机械	990304004	汽车式起重机 8t	台班	—	—	—	—	0.600

工作内容： 设备本体及部件以及第一个阀门以内的管道等拆卸、清洗、检查、刮研、换油、调间隙、找正、找平、找中心、记录、组装复原。 **计量单位：台**

编号				1-8-128	1-8-129	1-8-130	1-8-131	1-8-132
项目				设备重量（t以内）				
				8.0	10.0	15.0	20.0	25.0
名称			单位	消耗量				
人工	000203000	综合二类工	工日	38.400	47.700	60.375	78.600	109.050
材料	013503004	紫铜板 δ0.25～0.5	kg	0.050	0.500	0.750	1.000	0.900
	140307001	煤油	kg	8.000	10.000	16.000	20.000	30.000
	140303001	机油（综合）	kg	3.200	4.000	6.000	8.000	12.000
	140901003	黄油钙基脂	kg	1.800	2.000	2.500	3.000	4.000
	020111009	石棉橡胶板高压 δ1～6	kg	3.000	3.000	4.000	5.000	5.000
	031102005	铁砂布 0#～2#	张	6.000	8.000	8.000	12.000	15.000
	133501005	研磨膏	盒	1.200	1.500	2.000	2.000	3.000
	850103006	其他材料费（占材料费）	%	5.000	5.000	5.000	5.000	5.000
机械	990304004	汽车式起重机 8t	台班	1.000	—	—	—	—
	990304016	汽车式起重机 16t	台班	—	1.250	—	—	—
	990304024	汽车式起重机 25t	台班	—	—	1.500	2.000	2.500

（3）离心式油泵

工作内容： 设备本体及部件以及第一个阀门以内的管道等拆卸、清洗、检查、刮研、换油、调间隙、找正、找平、找中心、记录、组装复原。 **计量单位：台**

编号				1-8-133	1-8-134	1-8-135	1-8-136	1-8-137
项目				设备重量（t以内）				
				0.5	1.0	3.0	5.0	7.0
名称			单位	消耗量				
人工	000203000	综合二类工	工日	6.075	12.150	23.925	39.450	50.850
材料	013503004	紫铜板 δ0.25～0.5	kg	0.030	0.050	0.150	0.250	0.350
	140307001	煤油	kg	1.000	1.500	3.000	5.000	8.000
	140303001	机油（综合）	kg	0.350	0.500	1.000	2.000	3.000
	140901003	黄油钙基脂	kg	0.200	0.400	0.800	1.500	1.800
	020111009	石棉橡胶板高压 δ1～6	kg	0.500	1.000	1.500	2.000	2.000
	031102005	铁砂布 0#～2#	张	1.000	2.000	2.000	4.000	5.000
	133501005	研磨膏	盒	0.200	0.400	0.500	1.000	1.000
	850103006	其他材料费（占材料费）	%	5.000	5.000	5.000	5.000	5.000
机械	990304004	汽车式起重机 8t	台班	—	—	—	0.600	1.000

工作内容： 设备本体及部件以及第一个阀门以内的管道等拆卸、清洗、检查、刮研、换油、调间隙、找正、找平、找中心、记录、组装复原。 **计量单位：台**

编号				1-8-138	1-8-139	1-8-140	1-8-141
项目				设备重量（t以内）			
				10.0	15.0	20.0	25.0
名称			单位	消耗量			
人工	000203000	综合二类工	工日	59.220	67.950	81.225	87.300
材料	013503004	紫铜板 δ0.25～0.5	kg	0.450	0.500	0.550	0.600
	140307001	煤油	kg	10.000	12.000	14.000	16.000
	140303001	机油（综合）	kg	4.000	5.000	5.500	6.000
	140901003	黄油钙基脂	kg	2.000	2.300	2.800	3.200
	020111009	石棉橡胶板高压 δ1～6	kg	2.000	3.000	4.000	5.000
	031102005	铁砂布 $0^{\#}$～$2^{\#}$	张	5.000	6.000	7.000	8.000
	133501005	研磨膏	盒	1.000	1.500	1.500	1.500
	850103006	其他材料费（占材料费）	%	5.000	5.000	5.000	5.000
机械	990304016	汽车式起重机 16t	台班	1.250	1.500	—	—
	990304024	汽车式起重机 25t	台班	—	—	2.000	2.500

（4）离心式杂质泵

工作内容： 设备本体及部件以及第一个阀门以内的管道等拆卸、清洗、检查、刮研、换油、调间隙、找正、找平、找中心、记录、组装复原。 **计量单位：台**

编号				1-8-142	1-8-143	1-8-144	1-8-145
项目				设备重量（t以内）			
				0.5	1.0	3.0	5.0
名称			单位	消耗量			
人工	000203000	综合二类工	工日	7.050	13.950	22.500	45.900
材料	013503004	紫铜板 δ0.25～0.5	kg	0.030	0.050	0.100	0.250
	140307001	煤油	kg	1.000	1.500	2.000	5.000
	140303001	机油（综合）	kg	0.200	0.400	0.800	2.000
	140901003	黄油钙基脂	kg	0.200	0.400	0.500	1.000
	020111009	石棉橡胶板高压 δ1～6	kg	0.500	1.000	1.200	2.000
	031102005	铁砂布 $0^{\#}$～$2^{\#}$	张	1.000	2.000	3.000	5.000
	133501005	研磨膏	盒	0.200	0.300	0.400	1.000
	850103006	其他材料费（占材料费）	%	5.000	5.000	5.000	5.000
机械	990304004	汽车式起重机 8t	台班	—	—	—	0.600

工作内容：设备本体及部件以及第一个阀门以内的管道等拆卸、清洗、检查、刮研、换油、调间隙、找正、找平、找中心、记录、组装复原。

计量单位：台

编号				1-8-146	1-8-147	1-8-148
项目				设备重量（t 以内）		
				10.0	15.0	20.0
名称			单位	消耗量		
人工	000203000	综合二类工	工日	62.025	71.850	96.525
材料	013503004	紫铜板 δ0.25～0.5	kg	0.500	0.450	1.000
	140307001	煤油	kg	10.000	15.000	20.000
	140303001	机油（综合）	kg	4.000	6.000	8.000
	140901003	黄油钙基脂	kg	2.400	2.500	3.000
	020111009	石棉橡胶板高压 δ1～6	kg	2.500	3.000	4.000
	031102005	铁砂布 0#～2#	张	6.000	8.000	10.000
	133501005	研磨膏	盒	1.500	2.000	3.000
	850103006	其他材料费（占材料费）	%	5.000	5.000	5.000
机械	990304016	汽车式起重机 16t	台班	1.000	1.250	—
	990304024	汽车式起重机 25t	台班	—	—	2.000

（5）离心式深水泵

工作内容：设备本体及部件以及第一个阀门以内的管道等拆卸、清洗、检查、刮研、换油、调间隙、找正、找平、找中心、记录、组装复原。

计量单位：台

编号				1-8-149	1-8-150	1-8-151	1-8-152	1-8-153
项目				设备重量（t 以内）				
				1.0	2.0	4.0	6.0	8.0
名称			单位	消耗量				
人工	000203000	综合二类工	工日	10.650	12.300	18.150	22.725	32.656
材料	140307001	煤油	kg	2.000	3.000	5.000	8.000	10.000
	140303001	机油（综合）	kg	0.800	1.200	2.000	3.000	4.000
	140901003	黄油钙基脂	kg	0.400	0.800	1.000	1.200	1.200
	020111009	石棉橡胶板高压 δ1～6	kg	0.500	0.800	1.000	1.500	1.500
	031102005	铁砂布 0#～2#	张	1.000	2.000	3.000	3.000	4.000
	850103006	其他材料费（占材料费）	%	5.000	5.000	5.000	5.000	5.000
机械	990304004	汽车式起重机 8t	台班	—	—	—	1.000	1.250

（6）DB型高硅铁离心泵

工作内容： 设备本体及部件以及第一个阀门以内的管道等拆卸、清洗、检查、刮研、换油、调间隙、找正、找平、找中心、记录、组装复原。

计量单位：台

编号				1-8-154	1-8-155	1-8-156
项目				设备型号		
				DB25G-41	DB50G-40	DB65-40
	名称		单位	消耗量		
人工	000203000	综合二类工	工日	1.875	2.700	3.375
材料	140307001	煤油	kg	2.000	2.000	3.000
	140303001	机油（综合）	kg	0.800	0.800	1.000
	140901003	黄油钙基脂	kg	0.400	0.600	0.800
	020111009	石棉橡胶板高压 δ1～6	kg	0.500	0.500	0.800
	031102005	铁砂布 0#～2#	张	1.000	1.000	2.000
	850103006	其他材料费（占材料费）	%	5.000	5.000	5.000

工作内容： 设备本体及部件以及第一个阀门以内的管道等拆卸、清洗、检查、刮研、换油、调间隙、找正、找平、找中心、记录、组装复原。

计量单位：台

编号				1-8-157	1-8-158	1-8-159
项目				设备型号		
				DBG80-60	DBG100-35	DB150-35
	名称		单位	消耗量		
人工	000203000	综合二类工	工日	4.050	4.950	6.450
材料	140307001	煤油	kg	4.000	5.000	0.450
	140303001	机油（综合）	kg	1.200	1.500	2.000
	140901003	黄油钙基脂	kg	0.800	1.000	1.600
	020111009	石棉橡胶板高压 δ1～6	kg	0.800	1.000	1.000
	031102005	铁砂布 0#～2#	张	2.000	3.000	3.000
	850103006	其他材料费（占材料费）	%	5.000	5.000	5.000

（7）蒸汽离心泵

工作内容： 设备本体及部件以及第一个阀门以内的管道等拆卸、清洗、检查、刮研、换油、调间隙、找正、找平、找中心、记录、组装复原。

计量单位：台

编号				1-8-160	1-8-161	1-8-162
项目				设备重量（t以内）		
				0.5	1.0	3.0
	名称		单位	消耗量		
人工	000203000	综合二类工	工日	7.350	13.875	29.100
材料	140307001	煤油	kg	1.000	3.000	5.000
	140303001	机油（综合）	kg	0.200	0.400	1.200
	143121002	二硫化钼粉	kg	0.200	0.400	1.000
	020111009	石棉橡胶板高压 δ1～6	kg	0.500	0.800	1.000
	031102005	铁砂布 0#～2#	张	0.500	1.000	1.500
	272501002	青壳纸 δ0.1～1.0	kg	0.500	0.500	1.200
	850103006	其他材料费（占材料费）	%	5.000	5.000	5.000

工作内容：设备本体及部件以及第一个阀门以内的管道等拆卸、清洗、检查、刮研、换油、调间隙、找正、找平、找中心、记录、组装复原。

计量单位：台

编号				1-8-163	1-8-164	1-8-165
项目				设备重量（t 以内）		
				5.0	7.0	10
名称			单位	消耗量		
人工	000203000	综合二类工	工日	42.600	54.900	64.050
材料	140307001	煤油	kg	7.000	10.000	12.000
	140303001	机油（综合）	kg	2.000	3.000	3.000
	143121002	二硫化钼粉	kg	1.200	1.500	1.800
	020111009	石棉橡胶板高压 δ1～6	kg	1.200	1.500	2.000
	031102005	铁砂布 0#～2#	张	2.000	2.000	3.000
	272501002	青壳纸 δ0.1～1.0	kg	1.500	2.000	3.000
	850103006	其他材料费（占材料费）	%	5.000	5.000	5.000
机械	990304004	汽车式起重机 8t	台班	0.600	0.800	—
	990304016	汽车式起重机 16t	台班	—	—	1.000

（8）旋涡泵

工作内容：设备本体及部件以及第一个阀门以内的管道等拆卸、清洗、检查、刮研、换油、调间隙、找正、找平、找中心、记录、组装复原。

计量单位：台

编号				1-8-166	1-8-167	1-8-168
项目				设备重量（t 以内）		
				0.2	0.5	1.0
名称			单位	消耗量		
人工	000203000	综合二类工	工日	1.500	5.250	10.050
材料	140307001	煤油	kg	0.500	1.000	1.500
	140303001	机油（综合）	kg	0.200	0.300	0.400
	140901003	黄油钙基脂	kg	0.200	0.200	0.400
	020111009	石棉橡胶板高压 δ1～6	kg	0.300	0.300	0.500
	031102005	铁砂布 0#～2#	张	1.000	1.000	2.000
	133501005	研磨膏	盒	0.100	0.100	0.200
	850103006	其他材料费（占材料费）	%	5.000	5.000	5.000

工作内容：设备本体及部件以及第一个阀门以内的管道等拆卸、清洗、检查、刮研、换油、调间隙、找正、找平、找中心、记录、组装复原。　计量单位：台

编号				1-8-169	1-8-170	1-8-171
项目				设备重量（t 以内）		
				2.0	3.0	5.0
名称			单位	消耗量		
人工	000203000	综合二类工	工日	18.450	25.350	37.800
材料	140307001	煤油	kg	2.000	3.000	5.000
	140303001	机油（综合）	kg	0.800	1.200	2.000
	140901003	黄油钙基脂	kg	0.800	1.200	1.500
	020111009	石棉橡胶板高压 δ1～6	kg	0.800	1.000	1.200
	031102005	铁砂布 0#～2#	张	2.000	3.000	3.000
	133501005	研磨膏	盒	0.400	0.500	1.000
	850103006	其他材料费（占材料费）	%	5.000	5.000	5.000
机械	990304004	汽车式起重机 8t	台班	—	—	0.800

（9）电动往复泵

工作内容：设备本体及部件以及第一个阀门以内的管道等拆卸、清洗、检查、刮研、换油、调间隙、找正、找平、找中心、记录、组装复原。　计量单位：台

编号				1-8-172	1-8-173	1-8-174
项目				设备重量（t 以内）		
				0.5	0.7	1.0
名称			单位	消耗量		
人工	000203000	综合二类工	工日	8.979	12.675	16.425
材料	013503004	紫铜板 δ0.25～0.5	kg	0.050	0.070	0.100
	140307001	煤油	kg	1.000	1.500	2.000
	140303001	机油（综合）	kg	0.300	0.500	0.600
	140901003	黄油钙基脂	kg	0.200	0.300	0.500
	020111009	石棉橡胶板高压 δ1～6	kg	0.200	0.300	0.400
	031102005	铁砂布 0#～2#	张	1.000	2.000	2.000
	272501002	青壳纸 δ0.1～1.0	kg	0.300	0.400	0.500
	133501005	研磨膏	盒	0.200	0.300	0.500
	850103006	其他材料费（占材料费）	%	5.000	5.000	5.000

工作内容： 设备本体及部件以及第一个阀门以内的管道等拆卸、清洗、检查、刮研、换油、调间隙、找正、找平、找中心、记录、组装复原。

计量单位： 台

编号				1-8-175	1-8-176	1-8-177
项目				设备重量（t 以内）		
				3.0	5.0	7.0
名称			单位	消耗量		
人工	000203000	综合二类工	工日	35.400	45.975	55.125
材料	013503004	紫铜板 δ0.25～0.5	kg	0.300	0.500	0.700
	140307001	煤油	kg	5.000	8.000	10.000
	140303001	机油（综合）	kg	1.500	2.500	3.500
	140901003	黄油钙基脂	kg	0.800	1.200	1.500
	020111009	石棉橡胶板高压 δ1～6	kg	1.200	1.500	2.000
	031102005	铁砂布 0#～2#	张	3.000	5.000	6.000
	272501002	青壳纸 δ0.1～1.0	kg	1.000	1.200	1.500
	133501005	研磨膏	盒	1.000	1.000	1.500
	850103006	其他材料费（占材料费）	%	5.000	5.000	5.000
机械	990304004	汽车式起重机 8t	台班	—	0.600	0.800

（10）柱 塞 泵

① 高压柱塞泵（3～4 柱塞）

工作内容： 设备本体及部件以及第一个阀门以内的管道等拆卸、清洗、检查、刮研、换油、调间隙、找正、找平、找中心、记录、组装复原。

计量单位： 台

编号				1-8-178	1-8-179	1-8-180	1-8-181
项目				设备重量（t 以内）			
				1.0	2.5	5.0	8.0
名称			单位	消耗量			
人工	000203000	综合二类工	工日	18.000	33.825	48.525	74.550
材料	013503004	紫铜板 δ0.25～0.5	kg	0.050	0.200	0.300	0.400
	140307001	煤油	kg	2.000	4.000	6.000	8.000
	140303001	机油（综合）	kg	0.400	1.000	2.000	3.200
	140901003	黄油钙基脂	kg	0.300	0.800	1.200	1.500
	020111009	石棉橡胶板高压 δ1～6	kg	0.500	1.000	1.000	1.000
	031102005	铁砂布 0#～2#	张	1.000	2.000	3.000	4.000
	272501002	青壳纸 δ0.1～1.0	kg	0.500	0.800	1.200	1.500
	133501005	研磨膏	盒	0.500	1.000	1.000	1.000
	850103006	其他材料费（占材料费）	%	5.000	5.000	5.000	5.000
机械	990304004	汽车式起重机 8t	台班	—	—	0.600	0.800

工作内容： 设备本体及部件以及第一个阀门以内的管道等拆卸、清洗、检查、刮研、换油、调间隙、找正、找平、找中心、记录、组装复原。　　**计量单位：台**

编　号				1-8-182	1-8-183	1-8-184	1-8-185
项　目				设备重量（t 以内）			
				10	16	25.5	35
名　称			单位	消　耗　量			
人工	000203000	综合二类工	工日	85.200	117.825	141.000	166.050
材料	013503004	紫铜板 δ0.25～0.5	kg	0.500	0.800	1.200	1.500
	140307001	煤油	kg	10.000	16.000	25.000	35.000
	140303001	机油（综合）	kg	4.000	6.000	10.000	12.000
	140901003	黄油钙基脂	kg	2.000	2.500	3.000	3.500
	020111009	石棉橡胶板高压 δ1～6	kg	2.500	3.000	4.000	4.500
	031102005	铁砂布 0#～2#	张	5.000	6.000	8.000	10.000
	272501002	青壳纸 δ0.1～1.0	kg	1.800	2.000	2.500	3.000
	133501005	研磨膏	盒	1.500	2.000	3.000	3.000
	850103006	其他材料费（占材料费）	%	5.000	5.000	5.000	5.000
机械	990304016	汽车式起重机 16t	台班	1.000	1.250	—	—
	990304024	汽车式起重机 25t	台班	—	—	2.000	2.500

② 高压高速柱塞泵（6～24 柱塞）

工作内容： 设备本体及部件以及第一个阀门以内的管道等拆卸、清洗、检查、刮研、换油、调间隙、找正、找平、找中心、记录、组装复原。　　**计量单位：台**

编　号				1-8-186	1-8-187	1-8-188	1-8-189
项　目				设备重量（t 以内）			
				5.0	10	15	18
名　称			单位	消　耗　量			
人工	000203000	综合二类工	工日	54.375	88.875	119.700	144.000
材料	013503004	紫铜板 δ0.25～0.5	kg	0.400	0.500	0.750	0.900
	140307001	煤油	kg	5.000	10.000	15.000	20.000
	140303001	机油（综合）	kg	2.000	4.000	6.000	8.000
	140901003	黄油钙基脂	kg	1.000	1.500	1.800	1.800
	020111009	石棉橡胶板高压 δ1～6	kg	1.500	1.800	1.800	2.000
	031102005	铁砂布 0#～2#	张	4.000	5.000	1.200	6.000
	272501002	青壳纸 δ0.1～1.0	kg	1.200	1.500	1.500	1.500
	133501005	研磨膏	盒	1.000	1.000	1.500	2.000
	850103006	其他材料费（占材料费）	%	5.000	5.000	5.000	5.000
机械	990304004	汽车式起重机 8t	台班	0.800	—	—	—
	990304016	汽车式起重机 16t	台班	—	1.300	—	—
	990304024	汽车式起重机 25t	台班	—	—	1.600	2.000

（11）蒸汽往复泵

工作内容：设备本体及部件以及第一个阀门以内的管道等拆卸、清洗、检查、刮研、换油、调间隙、找正、找平、找中心、记录、组装复原。

计量单位：台

编号				1-8-190	1-8-191	1-8-192	1-8-193	1-8-194
项目				设备重量（t以内）				
				0.5	1.0	3.0	5.0	7.0
名称			单位	消耗量				
人工	000203000	综合二类工	工日	9.450	14.400	33.525	43.125	60.975
材料	013503004	紫铜板 δ0.25～0.5	kg	0.050	0.050	0.200	0.300	0.400
	140307001	煤油	kg	1.000	2.000	4.000	5.000	8.000
	140303001	机油（综合）	kg	0.300	0.400	1.200	2.000	2.800
	143121002	二硫化钼粉	kg	0.200	0.400	1.000	1.500	2.000
	020111009	石棉橡胶板高压 δ1～6	kg	0.500	0.600	1.000	1.200	1.400
	031102005	铁砂布 0#～2#	张	1.000	2.000	4.000	5.000	6.000
	272501002	青壳纸 δ0.1～1.0	kg	0.500	0.600	1.000	1.200	1.300
	133501005	研磨膏	盒	0.200	0.400	1.000	1.000	1.000
	850103006	其他材料费（占材料费）	%	5.000	5.000	5.000	5.000	5.000
机械	990304004	汽车式起重机 8t	台班	—	—	—	0.600	0.800

工作内容：设备本体及部件以及第一个阀门以内的管道等拆卸、清洗、检查、刮研、换油、调间隙、找正、找平、找中心、记录、组装复原。

计量单位：台

编号				1-8-195	1-8-196	1-8-197	1-8-198	1-8-199
项目				设备重量（t以内）				
				10	15	20	25	30
名称			单位	消耗量				
人工	000203000	综合二类工	工日	85.050	116.625	141.000	156.300	174.750
材料	013503004	紫铜板 δ0.25～0.5	kg	0.500	0.800	1.000	1.200	1.500
	140307001	煤油	kg	10.000	15.000	20.000	25.000	30.000
	140303001	机油（综合）	kg	4.000	6.000	8.000	10.000	12.000
	143121002	二硫化钼粉	kg	2.000	2.500	3.000	3.000	4.000
	020111009	石棉橡胶板高压 δ1～6	kg	1.500	2.000	2.200	2.500	3.000
	031102005	铁砂布 0#～2#	张	8.000	10.000	15.000	16.000	18.000
	272501002	青壳纸 δ0.1～1.0	kg	1.500	1.800	2.000	2.200	2.500
	133501005	研磨膏	盒	1.000	1.500	2.000	2.000	3.000
	850103006	其他材料费（占材料费）	%	5.000	5.000	5.000	5.000	5.000
机械	990304024	汽车式起重机 25t	台班	—	—	1.800	2.000	2.500
	990304016	汽车式起重机 16t	台班	1.000	1.500	—	—	—

（12）计 量 泵

工作内容：设备本体及部件以及第一个阀门以内的管道等拆卸、清洗、检查、刮研、换油、调间隙、找正、找平、找中心、记录、组装复原。 **计量单位：**台

编号				1-8-200	1-8-201	1-8-202	1-8-203
项目				设备重量（t以内）			
				0.2	0.4	0.7	1.0
名称			单位	消耗量			
人工	000203000	综合二类工	工日	1.800	3.600	4.800	5.400
材料	140307001	煤油	kg	1.000	1.000	1.500	2.000
	140303001	机油（综合）	kg	0.200	0.200	0.500	0.600
	140901003	黄油钙基脂	kg	0.200	0.300	0.500	0.500
	031102005	铁砂布 0#～2#	张	1.000	1.000	1.000	1.000
	133501005	研磨膏	盒	0.200	0.200	0.400	0.500
	850103006	其他材料费（占材料费）	%	5.000	5.000	5.000	5.000

（13）螺杆泵及齿轮油泵

工作内容：设备本体及部件以及第一个阀门以内的管道等拆卸、清洗、检查、刮研、换油、调间隙、找正、找平、找中心、记录、组装复原。 **计量单位：**台

编号				1-8-204	1-8-205	1-8-206	1-8-207
项目				螺杆泵			
				设备重量（t以内）			
				0.5	1.0	3.0	5.0
名称			单位	消耗量			
人工	000203000	综合二类工	工日	2.700	3.600	9.000	18.000
材料	013503004	紫铜板 δ0.25～0.5	kg	0.030	0.050	0.150	0.250
	140307001	煤油	kg	1.000	2.000	3.000	5.000
	140303001	机油（综合）	kg	0.300	0.400	1.200	2.000
	140901003	黄油钙基脂	kg	0.200	0.400	1.200	1.500
	031102005	铁砂布 0#～2#	张	1.000	2.000	3.000	5.000
	272501002	青壳纸 δ0.1～1.0	kg	0.300	0.500	0.800	1.000
	133501005	研磨膏	盒	0.200	0.400	0.600	1.000
	850103006	其他材料费（占材料费）	%	5.000	5.000	5.000	5.000
机械	990304004	汽车式起重机 8t	台班	—	—	0.500	0.800

工作内容： 设备本体及部件以及第一个阀门以内的管道等拆卸、清洗、检查、刮研、换油、调间隙、找正、找平、找中心、记录、组装复原。

计量单位：台

编号				1-8-208	1-8-209	1-8-210	1-8-211
项目				螺杆泵		齿轮油泵	
				设备重量（t 以内）			
				7.0	10	0.5	1.0
名称			单位	消耗量			
人工	000203000	综合二类工	工日	21.000	30.000	1.650	1.875
材料	013503004	紫铜板 δ0.25～0.5	kg	0.350	0.500	0.500	0.500
	140307001	煤油	kg	8.000	10.000	1.000	1.000
	140303001	机油（综合）	kg	3.200	4.000	0.200	0.200
	140901003	黄油钙基脂	kg	2.000	2.500	0.150	0.200
	031102005	铁砂布 0#～2#	张	4.000	6.000	0.800	1.000
	272501002	青壳纸 δ0.1～1.0	kg	1.000	1.200	0.200	0.200
	133501005	研磨膏	盒	1.000	1.000	0.100	0.200
	850103006	其他材料费（占材料费）	%	5.000	5.000	5.000	5.000
机械	990304004	汽车式起重机 8t	台班	0.800	—	—	—
	990304016	汽车式起重机 16t	台班	—	1.000	—	—

（14）真 空 泵

工作内容： 设备本体及部件以及第一个阀门以内的管道等拆卸、清洗、检查、刮研、换油、调间隙、找正、找平、找中心、记录、组装复原。

计量单位：台

编号				1-8-212	1-8-213	1-8-214	1-8-215
项目				设备重量（t 以内）			
				0.2	0.5	1.0	2.0
名称			单位	消耗量			
人工	000203000	综合二类工	工日	4.800	6.300	9.600	15.525
材料	013503004	紫铜板 δ0.25～0.5	kg	0.020	0.030	0.050	0.100
	140307001	煤油	kg	0.500	1.000	2.000	3.000
	140303001	机油（综合）	kg	0.200	0.300	0.400	0.600
	140901003	黄油钙基脂	kg	0.100	0.200	0.400	0.800
	133503008	合成树脂密封胶	kg	0.050	0.100	0.200	0.300
	031102005	铁砂布 0#～2#	张	1.000	1.000	2.000	2.000
	272501002	青壳纸 δ0.1～1.0	kg	0.500	0.500	0.500	0.600
	133501005	研磨膏	盒	0.100	0.200	0.300	0.400
	850103006	其他材料费（占材料费）	%	5.000	5.000	5.000	5.000

工作内容：设备本体及部件以及第一个阀门以内的管道等拆卸、清洗、检查、刮研、换油、调间隙、找正、找平、找中心、记录、组装复原。　　**计量单位：**台

编　号				1-8-216	1-8-217	1-8-218
项　目				设备重量（t 以内）		
				3.5	5.0	7.0
名　称			单位	消　耗　量		
人工	000203000	综合二类工	工日	29.850	38.925	51.450
材料	013503004	紫铜板 δ0.25～0.5	kg	0.200	0.300	0.400
	140307001	煤油	kg	4.000	5.000	7.000
	140303001	机油（综合）	kg	1.000	1.500	2.000
	140901003	黄油钙基脂	kg	1.000	1.200	1.500
	133503008	合成树脂密封胶	kg	0.400	0.400	0.500
	031102005	铁砂布 0#～2#	张	3.000	4.000	5.000
	272501002	青壳纸 δ0.1～1.0	kg	2.000	1.000	1.200
	133501005	研磨膏	盒	0.600	0.800	1.000
	850103006	其他材料费（占材料费）	%	5.000	5.000	5.000
机械	990304004	汽车式起重机 8t	台班	—	0.600	0.800

（15）屏　蔽　泵

工作内容：设备本体及部件以及第一个阀门以内的管道等拆卸、清洗、检查、刮研、换油、调间隙、找正、找平、找中心、记录、组装复原。　　**计量单位：**台

编　号				1-8-219	1-8-220	1-8-221	1-8-222
项　目				设备重量（t 以内）			
				0.3	0.5	0.7	1.0
名　称			单位	消　耗　量			
人工	000203000	综合二类工	工日	1.200	1.725	2.025	2.400
材料	140307001	煤油	kg	1.000	1.500	2.000	2.000
	140303001	机油（综合）	kg	0.200	0.300	0.400	0.400
	140901003	黄油钙基脂	kg	0.200	0.200	0.300	0.400
	850103006	其他材料费（占材料费）	%	5.000	5.000	5.000	5.000

第九章

压缩机安装

说 明

一、本章内容包括活塞式压缩机、回转式螺杆压缩机、离心式压缩机的安装及拆装检查。

二、本章不包括以下工作内容：

1. 除与主机在同一底座上的电动机已包括安装外，其他类型解体安装的压缩机，均不包括电动机、汽轮机及其他动力机械的安装。

2. 与主机本体联体的各级出入口第一个法兰外的各种管道、空气干燥设备及净化设备、油水分离设备、废油回收设备、自控系统、仪表系统安装以及支架、沟槽、防护罩等的制作加工。

3. 介质的充灌。

4. 主机本体循环油（按设备带有考虑）。

5. 电动机拆装检查及配线、接线等电气工程。

6. 负荷试车及联动试车。

三、相关说明：

1. 本章原动机是按电动机驱动考虑，如为汽轮机驱动时则按相应项目人工乘以系数 1.14；汽轮机安装执行第二册《热力设备安装工程》相应安装项目。

2. 解体安装压缩机不包括电动机、汽轮机及其他动力机械的重量，电动机、汽轮机及其他动力机械的安装按相应项目另行计算。

3. DMH 型对称平衡式压缩机不包括附属设备的安装，附属设备的安装按相应项目另行计算。

4. 设备本体法兰以外的不属于附属设备的管道、阀门，应执行第八册《工业管道安装工程》相应项目。

5. 活塞式 V、W、S 型压缩机的安装是按单级压缩机考虑的，安装同类型双级压缩机时，按相应安装项目人工乘以系数 1.40。

6. 离心式压缩机是按单轴考虑的，如安装双轴（H）离心式压缩机时，则相应安装项目的人工乘以系数 1.40。

7. 解体安装的压缩机需在无负荷试运转后检查、回装及调整时，按相应解体安装项目人工、机械乘以系数 1.50。

工程量计算规则

一、压缩机安装及拆装检查应区分设备型号、重量，按设计图示数量，分别以“台”为计量单位。

二、整体安装压缩机的设备重量，按同一底座上的压缩机本体、电动机、仪表盘及附件、底座等总重量计算。

三、解体安装压缩机按压缩机本体、附件、底座及随本体到货附属设备的总重量计算。

四、DMH 型对称平衡式压缩机［包括活塞式 2M（2D）、4M（4D）、6M（6D）型对称平衡式压缩机、活塞式 H 型中间直联同步压缩机］的重量，按压缩机本体、随本体到货的附属设备的总重量计算。

一、活塞式压缩机组安装

1. 活塞式L型及Z型2列压缩机整体安装

工作内容： 施工准备、设备开箱检验、基础处理、垫铁设置、设备吊装就位、设备部件清洗组装、与机械本体连接的冷却系统、润滑系统以及支架、防护罩等零件附件的安装、找平找正、垫铁点焊、轴系对中、机组油系统管线清洗安装、油系统循环，配合检查验收。

计量单位：台

编号				1-9-1	1-9-2	1-9-3	1-9-4	1-9-5	1-9-6
项目				机组重量（t 以内）					
				1	3	5	8	10	15
		名称	单位	消耗量					
人工	000203000	综合二类工	工日	30.765	41.008	54.855	77.840	94.086	119.013
材料	031509007	平垫铁（综合）	kg	12.240	17.440	23.400	32.040	47.080	59.480
	031509010	斜垫铁（综合）	kg	11.054	15.518	21.046	28.805	46.210	58.320
	013503003	紫铜板 δ0.08～0.2	kg	0.050	0.050	0.100	0.150	0.200	0.200
	050301004	木板（综合）	m^3	0.013	0.018	0.018	0.038	0.038	0.038
	050105001	道木（综合）	m^3	—	—	0.015	0.018	0.025	0.028
	140307001	煤油	kg	5.534	9.684	11.067	13.834	16.601	19.367
	140303001	机油（综合）	kg	0.396	0.949	1.107	1.266	1.582	1.740
	140901003	黄油钙基脂	kg	0.227	0.341	0.455	0.568	0.568	0.909
	142909001	氧气	m^3	1.020	1.020	2.040	2.040	2.040	3.060
	142907002	乙炔气	kg	0.392	0.392	0.785	0.785	0.785	1.177
	031505019	金属滤网	m^2	0.500	0.800	1.000	1.100	1.200	1.400
	023503004	无石棉板衬垫	kg	0.220	1.580	2.230	3.200	3.400	3.400
	133503012	密封胶	支	2.000	4.000	6.000	8.000	10.000	12.000
	172500001	塑料管（综合）	m	1.500	2.500	3.500	4.500	5.500	6.500
	031102001	砂纸	张	5.000	8.000	10.000	12.000	14.000	16.000
	012913001	不锈钢板（综合）	kg	0.050	0.080	0.100	0.120	0.140	0.160
	031301009	低碳钢焊条 J427（综合）	kg	0.546	0.630	0.798	0.819	1.134	1.134
	031505025	铜丝布	m	0.010	0.020	0.030	0.040	0.040	0.050
	850103006	其他材料费（占材料费）	%	5.000	5.000	5.000	5.000	5.000	5.000
机械	990403020	平板拖车组 20t	台班	—	—	—	—	—	0.500
	990305020	叉式起重机 5t	台班	0.300	0.500	—	—	—	—
	990304004	汽车式起重机 8t	台班	0.300	0.300	0.500	—	—	—
	990401035	载重汽车 10t	台班	—	—	0.300	0.500	—	—
	990304024	汽车式起重机 25t	台班	—	—	—	0.500	—	—
	990401045	载重汽车 15t	台班	—	—	—	—	0.500	—
	990304040	汽车式起重机 50t	台班	—	—	—	—	0.700	1.000
	990901010	交流弧焊机 21kV·A	台班	0.200	0.315	0.390	0.410	0.567	0.567
	991209010	真空滤油机 6000L/h	台班	0.300	0.500	0.700	1.000	1.000	1.000
	871137001	激光轴对中仪	台班	—	—	—	—	1.000	1.000

工作内容：施工准备、设备开箱检验、基础处理、垫铁设置、设备吊装就位、设备部件清洗组装、与机械本体连接的冷却系统、润滑系统以及支架、防护罩等零件附件的安装、找平找正、垫铁点焊、轴系对中、机组油系统管线清洗安装、油系统循环，配合检查验收。

计量单位：台

编号				1-9-7	1-9-8	1-9-9	1-9-10	1-9-11	1-9-12
项目				机组重量（t以内）					
				双重整机 15	20	25	30	40	50
名称			单位	消耗量					
人工	000203000	综合二类工	工日	178.398	185.657	207.029	235.783	316.648	366.782
材料	031509007	平垫铁（综合）	kg	90.240	87.720	124.760	137.160	161.800	192.720
	031509010	斜垫铁（综合）	kg	87.012	84.780	120.055	132.166	155.330	185.079
	013503003	紫铜板 δ0.08～0.2	kg	0.400	0.200	0.300	0.300	0.400	0.500
	050301004	木板（综合）	m^3	0.050	0.100	0.100	0.125	0.150	0.200
	050105001	道木（综合）	m^3	0.040	0.041	0.041	0.041	0.041	0.041
	140307001	煤油	kg	39.525	22.134	23.517	24.901	27.668	30.434
	140303001	机油（综合）	kg	3.133	2.215	2.531	2.689	3.006	3.322
	140901003	黄油钙基脂	kg	1.688	1.136	1.364	1.364	1.591	1.591
	142909001	氧气	m^3	6.120	3.060	4.080	4.080	4.080	4.080
	142907002	乙炔气	kg	2.354	1.177	1.569	1.569	1.569	1.569
	031505019	金属滤网	m^2	1.800	2.000	2.200	2.400	2.600	2.800
	023503004	无石棉板衬垫	kg	6.980	4.300	4.600	4.900	6.800	7.200
	133503012	密封胶	支	16.000	18.000	20.000	22.000	24.000	26.000
	172500001	塑料管（综合）	m	8.500	9.500	10.500	11.000	13.000	15.000
	031102001	砂纸	张	19.000	21.000	23.000	24.000	26.000	28.000
	012913001	不锈钢板（综合）	kg	0.200	0.250	0.300	0.350	0.400	0.500
	031301009	低碳钢焊条 J427（综合）	kg	1.300	2.268	3.318	3.318	3.318	3.318
	020112007	无石棉橡胶板高压 δ1～6	kg	3.200	3.500	4.000	4.530	4.800	6.200
	850103006	其他材料费（占材料费）	%	5.000	5.000	5.000	5.000	5.000	5.000
机械	990403020	平板拖车组 20t	台班	1.000	—	—	—	—	—
	990304072	汽车式起重机 120t	台班	—	—	—	—	—	1.000
	990403025	平板拖车组 30t	台班	—	1.000	1.000	—	—	—
	990403030	平板拖车组 40t	台班	—	—	—	1.000	1.000	1.000
	990304040	汽车式起重机 50t	台班	1.000	—	—	—	1.000	—
	990304052	汽车式起重机 75t	台班	—	1.000	1.000	—	—	—
	990304064	汽车式起重机 100t	台班	—	—	—	1.000	1.000	—
	990901010	交流弧焊机 21kV·A	台班	0.619	1.000	1.000	1.000	1.500	1.650
	991209010	真空滤油机 6000L/h	台班	2.000	2.000	2.000	2.000	2.000	2.000
	871137001	激光轴对中仪	台班	2.000	1.000	1.000	1.000	1.000	1.000

2. 活塞式 Z 型 3 列压缩机整体安装

工作内容： 施工准备、设备开箱检验、基础处理、垫铁设置、设备吊装就位、设备部件清洗组装、与机械本体连接的冷却系统、润滑系统以及支架、防护罩等零件附件的安装、找平找正、垫铁点焊、轴系对中、机组油系统管线清洗安装、油系统循环，配合检查验收。

计量单位：台

编号				1-9-13	1-9-14	1-9-15	1-9-16	1-9-17	1-9-18
项目				机组重量（t 以内）					
				1	3	5	8	10	15
名称			单位	消耗量					
人工	000203000	综合二类工	工日	49.647	77.671	96.313	119.989	139.589	152.858
材料	031509007	平垫铁（综合）	kg	12.240	23.400	32.040	47.560	71.880	90.240
	031509010	斜垫铁（综合）	kg	11.054	21.046	28.805	36.564	70.430	87.012
	013503003	紫铜板 δ0.08～0.2	kg	0.010	0.020	0.030	0.045	0.075	0.100
	050301004	木板（综合）	m^3	0.006	0.008	0.011	0.012	0.012	0.015
	050105001	道木（综合）	m^3	0.019	0.019	0.019	0.444	0.444	0.610
	140307001	煤油	kg	11.858	15.810	19.763	25.691	31.620	41.501
	140901003	黄油钙基脂	kg	0.338	0.506	0.675	0.844	0.844	1.350
	140303001	机油（综合）	kg	1.175	2.350	3.524	4.112	4.699	7.049
	142909001	氧气	m^3	3.672	5.202	5.202	7.038	7.038	8.874
	142907002	乙炔气	kg	1.412	2.001	2.001	2.707	2.707	3.413
	031102005	铁砂布 $0^{\#}$～$2^{\#}$	张	10.000	15.000	15.000	18.000	18.000	21.000
	272501001	青壳纸 δ0.1～1.0	张	0.750	0.750	1.500	1.500	3.000	3.000
	031505019	金属滤网	m^2	0.500	0.800	1.000	1.100	1.200	1.400
	023503004	无石棉板衬垫	kg	1.200	2.700	3.800	4.900	5.200	5.500
	133503012	密封胶	支	2.000	4.000	6.000	8.000	10.000	12.000
	172500001	塑料管（综合）	m	1.500	2.500	3.500	4.500	5.500	6.500
	031102001	砂纸	张	5.000	8.000	10.000	12.000	14.000	16.000
	012913001	不锈钢板（综合）	kg	0.050	0.080	0.100	0.120	0.140	0.160
	031301009	低碳钢焊条 J427（综合）	kg	0.440	0.600	0.790	0.195	0.195	0.250
	850103006	其他材料费（占材料费）	%	5.000	5.000	5.000	5.000	5.000	5.000
机械	990401035	载重汽车 10t	台班	—	—	0.300	0.500	—	—
	990401045	载重汽车 15t	台班	—	—	—	—	0.500	—
	990403020	平板拖车组 20t	台班	—	—	—	—	—	1.000
	990305020	叉式起重机 5t	台班	0.300	0.500	—	—	—	—
	990304004	汽车式起重机 8t	台班	0.300	0.300	0.500	—	—	—
	990304024	汽车式起重机 25t	台班	—	—	—	0.500	—	—
	990304040	汽车式起重机 50t	台班	—	—	—	—	0.700	1.000
	991003050	电动空气压缩机 $6m^3/min$	台班	0.500	0.500	0.500	0.500	1.000	1.000
	990813045	试压泵 60MPa	台班	1.000	1.000	1.000	1.000	1.000	1.000
	990901010	交流弧焊机 21kV·A	台班	0.200	0.300	0.376	0.500	0.500	1.000
	991209010	真空滤油机 6000L/h	台班	0.300	0.500	0.700	1.000	1.000	1.000

3. 活塞式 V、W、S 型压缩机整体安装

工作内容： 施工准备、设备开箱检验、基础处理、垫铁设置、设备吊装就位、设备部件清洗组装、与机械本体连接的冷却系统、润滑系统以及支架、防护罩等零件附件的安装、找平找正、垫铁点焊、轴系对中、机组油系统管线清洗安装、油系统循环，配合检查验收。

计量单位： 台

编号				1-9-19	1-9-20	1-9-21	1-9-22	1-9-23	1-9-24
项目				机组形式					
				V 型					
				汽缸数量（个）					
				2			4		
				缸径（mm）/机组重量（t）					
				70/0.5	100/0.8	125/1	70/0.8	100/1	125/1.5
名称			单位	消耗量					
人工	000203000	综合二类工	工日	20.157	24.590	25.834	21.307	25.834	29.864
材料	031509007	平垫铁（综合）	kg	12.240	12.240	18.360	12.560	18.360	24.480
	031509010	斜垫铁（综合）	kg	11.054	11.054	16.582	11.054	16.582	22.110
	050301004	木板（综合）	m^3	0.003	0.004	0.021	0.003	0.004	0.021
	140303001	机油（综合）	kg	0.119	0.158	0.158	0.158	0.237	0.316
	140901003	黄油钙基脂	kg	0.512	0.568	0.682	0.512	0.716	0.853
	133519002	橡胶盘根低压	kg	0.100	0.200	0.300	0.200	0.500	0.700
	031505019	金属滤网	m^2	0.500	0.500	0.500	0.500	0.500	0.500
	023503004	无石棉板衬垫	kg	1.500	1.700	1.900	1.500	1.700	2.200
	133503012	密封胶	支	2.000	2.000	2.000	2.000	2.000	2.000
	172500001	塑料管（综合）	m	1.500	1.500	1.500	1.500	1.500	1.500
	031102001	砂纸	张	5.000	5.000	5.000	5.000	5.000	5.000
	013503003	紫铜板 δ0.08～0.2	kg	0.020	0.020	0.020	0.030	0.030	0.030
	012913001	不锈钢板（综合）	kg	0.050	0.050	0.050	0.050	0.050	0.050
	031301009	低碳钢焊条 J427（综合）	kg	0.210	0.210	0.210	0.210	0.210	0.210
	850103006	其他材料费（占材料费）	%	5.000	5.000	5.000	5.000	5.000	5.000
机械	990305020	叉式起重机 5t	台班	0.300	0.300	0.300	0.300	0.300	0.300
	990304004	汽车式起重机 8t	台班	0.250	0.250	0.250	0.250	0.300	0.300
	990901010	交流弧焊机 21kV·A	台班	0.110	0.110	0.110	0.110	0.110	0.110
	991209010	真空滤油机 6000L/h	台班	0.300	0.300	0.300	0.300	0.300	0.300

工作内容：施工准备、设备开箱检验、基础处理、垫铁设置、设备吊装就位、设备部件清洗组装、与机械本体连接的冷却系统、润滑系统以及支架、防护罩等零件附件的安装、找平找正、垫铁点焊、轴系对中、机组油系统管线清洗安装、油系统循环，配合检查验收。

计量单位：台

编　　号				1-9-25	1-9-26	1-9-27	1-9-28	1-9-29	1-9-30
项　　目				机组形式					
				W 型			S 型		
				汽缸数量（个）					
				6			8		
				缸径（mm）/机组重量（t）					
				70/1.2	100/1.5	125/2	70/1.5	100/2	125/2.5
名　　称			单位	消　耗　量					
人工	000203000	综合二类工	工日	25.222	34.677	38.676	34.906	39.060	48.320
材料	031509007	平垫铁（综合）	kg	12.240	24.480	24.480	18.360	24.480	30.600
	031509010	斜垫铁（综合）	kg	16.582	22.109	22.109	16.582	22.109	27.636
	050301004	木板（综合）	m^3	0.010	0.020	0.025	0.011	0.023	0.025
	140303001	机油（综合）	kg	0.316	0.515	0.594	0.396	0.633	0.791
	140901003	黄油钙基脂	kg	0.626	0.853	1.023	0.682	0.909	1.136
	133519002	橡胶盘根低压	kg	0.500	1.000	1.200	0.600	1.000	1.500
	031505019	金属滤网	m^2	0.500	0.500	0.500	0.500	0.500	0.500
	023503004	无石棉板衬垫	kg	2.200	2.500	2.800	2.200	3.400	3.800
	133503012	密封胶	支	2.000	2.000	2.000	2.000	2.000	2.000
	172500001	塑料管（综合）	m	1.500	1.500	1.500	1.500	1.500	1.500
	031102001	砂纸	张	5.000	5.000	5.000	5.000	5.000	5.000
	013503003	紫铜板 δ0.08～0.2	kg	0.030	0.030	0.040	0.040	0.040	0.040
	012913001	不锈钢板（综合）	kg	0.050	0.050	0.050	0.050	0.050	0.050
	031301009	低碳钢焊条 J427（综合）	kg	0.210	0.210	0.210	0.210	0.210	0.210
	850103006	其他材料费（占材料费）	%	5.000	5.000	5.000	5.000	5.000	5.000
机械	990305020	叉式起重机 5t	台班	0.300	0.300	0.300	0.300	0.300	0.300
	990304004	汽车式起重机 8t	台班	0.300	0.300	0.300	0.300	0.300	0.300
	990901010	交流弧焊机 21kV·A	台班	0.110	0.110	0.110	0.110	0.110	0.110
	991209010	真空滤油机 6000L/h	台班	0.300	0.300	0.300	0.300	0.300	0.300

4. 活塞式 V、W、S 型制冷压缩机整体安装

工作内容： 施工准备、设备开箱检验、基础处理、垫铁设置、设备吊装就位、设备部件清洗组装、与机械本体连接的冷却系统、润滑系统以及支架、防护罩等零件附件的安装、找平找正、垫铁点焊、轴系对中、机组油系统管线清洗安装、油系统循环，配合检查验收。

计量单位：台

编号				1-9-31	1-9-32	1-9-33	1-9-34	1-9-35	1-9-36
项目				机组形式					
				V 型					
				汽缸数量（个）					
				2					
				缸径（mm）/机组重量（t）					
				100/0.5	100/0.8	100/1	125/2	170/3.0	200/5.0
名称			单位	消耗量					
人工	000203000	综合二类工	工日	20.504	22.451	23.587	27.266	36.259	59.564
材料	031509007	平垫铁（综合）	kg	12.240	12.240	18.360	24.480	26.460	40.680
	031509010	斜垫铁（综合）	kg	11.054	11.054	16.582	22.109	23.809	36.564
	013503003	紫铜板 δ0.08～0.2	kg	0.020	0.020	0.020	0.020	0.030	0.040
	050301004	木板（综合）	m^3	0.008	0.008	0.010	0.013	0.036	0.044
	140303001	机油（综合）	kg	0.158	0.175	0.209	0.237	0.475	0.633
	140901003	黄油钙基脂	kg	0.568	0.568	0.568	0.568	0.818	0.909
	133519002	橡胶盘根低压	kg	0.300	0.300	0.350	0.350	0.500	0.800
	133503012	密封胶	支	2.000	2.000	2.000	2.000	4.000	6.000
	031505019	金属滤网	m^2	0.500	0.500	0.500	0.500	0.800	1.000
	023503004	无石棉板衬垫	kg	1.100	1.100	1.100	3.800	5.400	5.800
	172500001	塑料管（综合）	m	1.500	1.500	1.500	1.500	2.500	3.500
	031102001	砂纸	张	5.000	5.000	5.000	5.000	8.000	10.000
	012913001	不锈钢板（综合）	kg	0.050	0.050	0.050	0.050	0.080	0.100
	031301009	低碳钢焊条 J427（综合）	kg	0.210	0.200	0.200	0.210	0.420	0.630
	850103006	其他材料费（占材料费）	%	5.000	5.000	5.000	5.000	5.000	5.000
机械	990305020	叉式起重机 5t	台班	0.300	0.300	0.300	0.500	0.500	—
	990401035	载重汽车 10t	台班	—	—	—	—	—	0.300
	990304004	汽车式起重机 8t	台班	0.250	0.250	0.250	0.300	0.300	—
	990304016	汽车式起重机 16t	台班	—	—	—	—	—	0.500
	990901010	交流弧焊机 21kV·A	台班	0.110	0.103	0.103	0.110	0.210	0.320
	991209010	真空滤油机 6000L/h	台班	0.300	0.300	0.300	0.300	0.500	0.700

工作内容：施工准备、设备开箱检验、基础处理、垫铁设置、设备吊装就位、设备部件清洗组装、与机械本体连接的冷却系统、润滑系统以及支架、防护罩等零件附件的安装、找平找正、垫铁点焊、轴系对中、机组油系统管线清洗安装、油系统循环，配合检查验收。　　**计量单位：**台

编　号				1-9-37	1-9-38	1-9-39	1-9-40
项　目				机组形式			
				V 型			
				汽缸数量（个）			
				4			
				缸径（mm）/机组重量（t）			
				100/0.75	125/2.0	170/4.0	200/6.0
		名　称	单位	消　耗　量			
人工	000203000	综合二类工	工日	24.193	35.526	47.458	73.752
材料	031509007	平垫铁（综合）	kg	12.240	24.480	25.920	46.800
	031509010	斜垫铁（综合）	kg	11.054	22.109	23.278	42.091
	013503003	紫铜板 δ0.08～0.2	kg	0.020	0.030	0.030	0.040
	050301004	木板（综合）	m^3	0.010	0.018	0.039	0.050
	140303001	机油（综合）	kg	0.237	0.515	1.028	0.712
	140901003	黄油钙基脂	kg	0.682	0.966	1.159	0.909
	133519002	橡胶盘根低压	kg	0.500	0.500	0.800	1.000
	133503012	密封胶	支	2.000	2.000	4.000	4.000
	031505019	金属滤网	m^2	0.500	0.500	0.800	0.800
	023503004	无石棉板衬垫	kg	2.000	2.000	6.430	6.850
	172500001	塑料管（综合）	m	1.500	1.500	2.500	2.500
	031102001	砂纸	张	5.000	5.000	8.000	8.000
	012913001	不锈钢板（综合）	kg	0.050	0.050	0.080	0.080
	031301009	低碳钢焊条 J427（综合）	kg	0.210	0.210	0.420	0.630
	850103006	其他材料费（占材料费）	%	5.000	5.000	5.000	5.000
机械	990305020	叉式起重机 5t	台班	0.300	0.500	0.500	—
	990401035	载重汽车 10t	台班	—	—	—	0.300
	990304004	汽车式起重机 8t	台班	0.250	0.300	—	—
	990304016	汽车式起重机 16t	台班	—	—	0.300	—
	990304024	汽车式起重机 25t	台班	—	—	—	0.500
	990901010	交流弧焊机 21kV · A	台班	0.110	0.110	0.200	0.300
	991209010	真空滤油机 6000L/h	台班	0.300	0.300	0.300	0.700

工作内容：施工准备、设备开箱检验、基础处理、垫铁设置、设备吊装就位、设备部件清洗组装、与机械本体连接的冷却系统、润滑系统以及支架、防护罩等零件附件的安装、找平找正、垫铁点焊、轴系对中、机组油系统管线清洗安装、油系统循环，配合检查验收。

计量单位：台

编号				1-9-41	1-9-42	1-9-43	1-9-44
项目				机组形式			
				W 型			
				汽缸数量（个）			
				6			
				缸径（mm）/机组重量（t）			
				100/1.0	125/2.5	170/5.0	200/8.0
名称			单位	消耗量			
人工	000203000	综合二类工	工日	30.006	40.969	55.970	87.838
材料	031509007	平垫铁（综合）	kg	18.360	32.040	40.680	49.320
	031509010	斜垫铁（综合）	kg	16.582	28.805	36.564	38.796
	013503003	紫铜板 δ0.08～0.2	kg	0.020	0.030	0.030	0.060
	050301004	木板（综合）	m^3	0.020	0.020	0.045	0.063
	140303001	机油（综合）	kg	0.515	0.949	1.266	0.791
	140901003	黄油钙基脂	kg	0.795	0.966	1.375	0.909
	133519002	橡胶盘根低压	kg	0.600	1.000	1.000	1.500
	133503012	密封胶	支	2.000	2.000	6.000	8.000
	031505019	金属滤网	m^2	0.500	0.800	1.000	1.100
	023503004	无石棉板衬垫	kg	2.400	6.200	7.400	8.200
	172500001	塑料管（综合）	m	1.500	1.500	3.500	4.500
	031102001	砂纸	张	5.000	5.000	10.000	12.000
	012913001	不锈钢板（综合）	kg	0.050	0.050	0.100	0.120
	031301009	低碳钢焊条 J427（综合）	kg	0.210	0.420	0.420	0.630
	850103006	其他材料费（占材料费）	%	5.000	5.000	5.000	5.000
机械	990401035	载重汽车 10t	台班	—	—	0.500	0.500
	990305020	叉式起重机 5t	台班	0.300	0.500	—	—
	990304004	汽车式起重机 8t	台班	0.300	0.300	—	—
	990304016	汽车式起重机 16t	台班	—	—	0.500	—
	990304024	汽车式起重机 25t	台班	—	—	—	0.500
	990901010	交流弧焊机 21kV·A	台班	0.110	0.200	0.200	0.300
	991209010	真空滤油机 6000L/h	台班	0.500	0.500	0.700	1.000

工作内容：施工准备、设备开箱检验、基础处理、垫铁设置、设备吊装就位、设备部件清洗组装、与机械本体连接的冷却系统、润滑系统以及支架、防护罩等零件附件的安装、找平找正、垫铁点焊、轴系对中、机组油系统管线清洗安装、油系统循环，配合检查验收。

计量单位：台

编号				1-9-45	1-9-46	1-9-47	1-9-48
项目				机组形式			
				S 型			
				汽缸数量（个）			
				8			
				缸径（mm）/机组重量（t）			
				100/1.5	125/3.0	170/6.0	200/10.0
名称			单位	消耗量			
人工	000203000	综合二类工	工日	33.415	49.772	63.525	99.520
材料	031509007	平垫铁（综合）	kg	21.420	32.040	46.800	84.280
	031509010	斜垫铁（综合）	kg	19.345	28.805	42.091	81.983
	013503003	紫铜板 δ0.08～0.2	kg	0.030	0.030	0.030	0.080
	050301004	木板（综合）	m^3	0.013	0.021	0.054	0.088
	140303001	机油（综合）	kg	0.633	1.187	1.424	0.949
	140901003	黄油钙基脂	kg	1.080	1.375	1.421	1.023
	133519002	橡胶盘根低压	kg	0.800	2.000	2.300	2.000
	133503012	密封胶	支	2.000	2.000	6.000	10.000
	031505019	金属滤网	m^2	0.500	0.500	1.000	1.000
	023503004	无石棉板衬垫	kg	3.200	6.800	8.530	9.540
	172500001	塑料管（综合）	m	1.500	1.500	3.500	5.500
	031102001	砂纸	张	5.000	5.000	10.000	14.000
	012913001	不锈钢板（综合）	kg	0.050	0.050	0.100	0.140
	031301009	低碳钢焊条 J427（综合）	kg	0.210	0.420	0.420	0.630
	850103006	其他材料费（占材料费）	%	5.000	5.000	5.000	5.000
机械	990401035	载重汽车 10t	台班	—	—	0.500	—
	990401045	载重汽车 15t	台班	—	—	—	0.500
	990305020	叉式起重机 5t	台班	0.300	0.500	—	—
	990304024	汽车式起重机 25t	台班	—	—	0.500	—
	990304040	汽车式起重机 50t	台班	—	—	—	0.700
	990901010	交流弧焊机 21kV·A	台班	0.110	0.200	0.200	0.300
	991209010	真空滤油机 6000L/h	台班	0.300	0.500	0.700	1.000

5. 活塞式 2D（2M）型对称平衡式压缩机解体安装

工作内容： 施工准备、设备开箱检验、基础处理、垫铁设置、设备吊装就位、机身试漏、设备部件清洗组装、找平找正、垫铁点焊、与机械本体连接的冷却系统、润滑系统以及支架、防护罩等零件附件的安装、机组油系统管线清洗、油运、冷却系统管线清洗，冷却系统试运，机组配合检查验收。 **计量单位：台**

编号				1-9-49	1-9-50	1-9-51	1-9-52	1-9-53
项目				机组重量（t 以内）				
				5	8	15	20	30
名称			单位	消耗量				
人工	000203000	综合二类工	工日	103.929	192.069	220.893	264.560	322.560
材料	031509007	平垫铁（综合）	kg	129.580	132.100	147.880	213.080	264.640
	031509010	斜垫铁（综合）	kg	120.989	123.221	137.887	193.471	240.422
	013503003	紫铜板 δ0.08～0.2	kg	0.030	0.040	0.080	0.100	0.150
	050301004	木板（综合）	m^3	0.040	0.050	0.090	0.100	0.160
	050105001	道木（综合）	m^3	0.025	0.025	0.025	0.025	0.041
	140307001	煤油	kg	21.080	25.191	47.232	62.977	94.465
	140303001	机油（综合）	kg	2.506	2.506	4.699	6.265	9.398
	140901003	黄油钙基脂	kg	1.800	2.700	3.375	4.500	6.750
	142909001	氧气	m^3	4.590	4.590	7.038	7.038	10.710
	142907002	乙炔气	kg	1.765	1.765	2.707	2.707	4.119
	031102005	铁砂布 0#～2#	张	5.000	8.000	15.000	20.000	30.000
	272501001	青壳纸 δ0.1～1.0	张	1.000	1.000	2.000	2.000	2.000
	031505019	金属滤网	m^2	1.000	1.200	1.400	1.800	2.200
	023503004	无石棉板衬垫	kg	5.400	7.290	8.950	12.300	17.600
	172500001	塑料管（综合）	m	3.500	4.500	5.500	6.500	8.500
	133503012	密封胶	支	6.000	8.000	10.000	14.000	16.000
	031102001	砂纸	张	12.000	14.000	16.000	18.000	20.000
	012913001	不锈钢板（综合）	kg	0.200	0.220	0.260	0.300	0.350
	031301009	低碳钢焊条 J427（综合）	kg	3.000	4.000	5.000	5.000	10.000
	850103006	其他材料费（占材料费）	%	5.000	5.000	5.000	5.000	5.000
机械	990401035	载重汽车 10t	台班	1.000	1.000	1.000	—	—
	990403020	平板拖车组 20t	台班	—	—	—	1.000	—
	990403030	平板拖车组 40t	台班	—	—	—	—	1.000
	990304004	汽车式起重机 8t	台班	1.800	—	—	—	—
	990304016	汽车式起重机 16t	台班	—	1.800	—	—	—
	990304024	汽车式起重机 25t	台班	—	—	1.800	1.000	—
	990304040	汽车式起重机 50t	台班	—	—	—	0.500	1.000
	990304052	汽车式起重机 75t	台班	—	—	—	—	0.500
	990901010	交流弧焊机 21kV·A	台班	1.500	1.820	2.270	2.270	4.550
	991003050	电动空气压缩机 6m³/min	台班	0.500	0.500	0.500	1.000	1.500
	991209010	真空滤油机 6000L/h	台班	0.500	1.000	1.000	1.000	1.000
	871137001	激光轴对中仪	台班	1.000	1.000	1.000	1.000	1.000

6. 活塞式 4D（4M）型对称平衡式压缩机解体安装

工作内容：施工准备、设备开箱检验、基础处理、垫铁设置、设备吊装就位、机身试漏、设备部件清洗组装、找平找正、垫铁点焊、与机械本体连接的冷却系统、润滑系统以及支架、防护罩等零件附件的安装、机组油系统管线清洗、油运、冷却系统管线清洗，冷却系统试运，机组配合检查验收。 **计量单位：**台

编号				1-9-54	1-9-55	1-9-56	1-9-57
项目				机组重量（t 以内）			
				20	30	40	50
		名称	单位	消耗量			
人工	000203000	综合二类工	工日	409.696	436.006	451.351	580.543
材料	031509007	平垫铁（综合）	kg	256.080	299.440	335.440	335.440
	031509010	斜垫铁（综合）	kg	232.310	271.219	304.243	304.243
	013503003	紫铜板 δ0.08～0.2	kg	0.200	0.300	0.400	0.500
	050301004	木板（综合）	m^3	0.100	0.150	0.210	0.225
	050105001	道木（综合）	m^3	0.028	0.041	0.041	0.075
	140307001	煤油	kg	61.923	88.273	114.623	131.750
	140901003	黄油钙基脂	kg	4.500	6.750	9.000	9.000
	140303001	机油（综合）	kg	7.832	9.790	11.748	14.097
	142909001	氧气	m^3	12.240	18.360	18.360	24.480
	142907002	乙炔气	kg	4.708	7.062	7.062	9.415
	031102005	铁砂布 0#～2#	张	23.000	33.000	33.000	33.000
	272501001	青壳纸 δ0.1～1.0	张	4.000	4.000	5.000	6.000
	031505019	金属滤网	m^2	1.800	2.200	2.200	2.600
	133503012	密封胶	支	14.000	16.000	16.000	18.000
	023503004	无石棉板衬垫	kg	13.230	21.540	34.320	37.650
	172500001	塑料管（综合）	m	6.500	8.500	8.500	10.500
	031102001	砂纸	张	18.000	20.000	20.000	22.000
	012913001	不锈钢板（综合）	kg	0.300	0.350	0.350	0.400
	031301009	低碳钢焊条 J427（综合）	kg	5.000	5.000	15.000	15.000
	850103006	其他材料费（占材料费）	%	5.000	5.000	5.000	5.000
机械	990403020	平板拖车组 20t	台班	1.000	—	—	—
	990403030	平板拖车组 40t	台班	—	1.000	1.500	1.500
	990304024	汽车式起重机 25t	台班	2.000	2.000	1.000	1.000
	990304040	汽车式起重机 50t	台班	0.500	0.500	2.500	3.000
	990813045	试压泵 60MPa	台班	1.000	1.000	1.500	—
	991003050	电动空气压缩机 $6m^3/min$	台班	1.000	1.000	1.500	2.000
	991209010	真空滤油机 6000L/h	台班	2.000	2.000	2.000	2.000
	990901010	交流弧焊机 21kV·A	台班	2.270	2.270	6.820	6.820
	871137001	激光轴对中仪	台班	1.000	1.000	1.000	1.000

工作内容： 施工准备、设备开箱检验、基础处理、垫铁设置、设备吊装就位、机身试漏、设备部件清洗组装、找平找正、垫铁点焊、与机械本体连接的冷却系统、润滑系统以及支架、防护罩等零件附件的安装、机组油系统管线清洗、油运、冷却系统管线清洗，冷却系统试运，机组配合检查验收。 **计量单位：台**

编号				1-9-58	1-9-59	1-9-60
项目				机组重量（t 以内）		
				80	120	150
名称			单位	消耗量		
人工	000203000	综合二类工	工日	756.623	941.144	1078.761
材料	031509007	平垫铁（综合）	kg	440.280	482.240	520.400
	031509010	斜垫铁（综合）	kg	416.179	434.842	468.256
	013503003	紫铜板 δ0.08～0.2	kg	0.800	1.000	1.500
	050301004	木板（综合）	m^3	0.260	0.300	3.500
	050105001	道木（综合）	m^3	0.075	0.105	0.105
	140307001	煤油	kg	171.275	197.625	223.975
	140901003	黄油钙基脂	kg	11.250	13.500	15.750
	140303001	机油（综合）	kg	20.363	21.929	25.062
	142909001	氧气	m^3	24.480	24.480	24.480
	142907002	乙炔气	kg	9.415	9.415	9.415
	031102005	铁砂布 $0^{\#}$～$2^{\#}$	张	43.000	53.000	62.000
	272501001	青壳纸 δ0.1～1.0	张	8.000	10.000	12.000
	031505019	金属滤网	m^2	2.800	3.000	3.200
	133503012	密封胶	支	22.000	26.000	26.000
	023503004	无石棉板衬垫	kg	43.210	56.700	67.400
	172500001	塑料管（综合）	m	12.500	14.000	16.000
	031102001	砂纸	张	24.000	26.000	26.000
	012913001	不锈钢板（综合）	kg	0.450	0.500	0.550
	031301009	低碳钢焊条 J427（综合）	kg	25.000	30.000	35.000
	850103006	其他材料费（占材料费）	%	5.000	5.000	5.000
机械	990403030	平板拖车组 40t	台班	1.500	2.000	2.000
	990304024	汽车式起重机 25t	台班	1.000	1.000	1.000
	990304040	汽车式起重机 50t	台班	1.000	1.000	1.000
	990304052	汽车式起重机 75t	台班	2.000	2.000	3.000
	991003050	电动空气压缩机 $6m^3/min$	台班	3.000	4.000	5.000
	991209010	真空滤油机 6000L/h	台班	2.000	2.000	2.000
	990901010	交流弧焊机 21kV·A	台班	11.360	12.000	13.730
	871137001	激光轴对中仪	台班	1.000	1.000	2.000

7. 活塞式H型中间直联同步压缩机解体安装

工作内容： 施工准备、设备开箱检验、基础处理、垫铁设置、设备吊装就位、机身试漏、设备部件清洗组装、找平找正、垫铁点焊、与机械本体连接的冷却系统、润滑系统以及支架、防护罩等零件附件的安装、机组油系统管线清洗、油运、冷却系统管线清洗，冷却系统试运，机组配合检查验收。

计量单位： 台

编 号				1-9-61	1-9-62	1-9-63	1-9-64	1-9-65	1-9-66
项 目				机组重量（t以内）					
				20	40	55	80	120	160
		名 称	单位	消 耗 量					
人工	000203000	综合二类工	工日	407.074	635.509	796.278	836.889	1255.153	1393.307
材料	031509007	平垫铁（综合）	kg	171.360	192.080	439.680	535.280	657.640	732.040
	031509010	斜垫铁（综合）	kg	158.458	178.063	408.369	493.661	611.781	678.912
	013503003	紫铜板 δ0.08～0.2	kg	0.200	0.400	0.550	0.600	1.200	1.600
	050301004	木板（综合）	m^3	0.100	0.210	0.225	0.240	0.300	0.360
	050105001	道木（综合）	m^3	0.028	0.041	0.080	0.080	0.120	0.170
	140307001	煤油	kg	59.288	109.353	144.925	223.975	289.850	342.550
	140303001	机油（综合）	kg	7.832	11.748	17.230	20.363	23.495	28.194
	140901003	黄油钙基脂	kg	2.250	3.375	24.750	27.000	27.000	27.000
	142909001	氧气	m^3	8.160	12.240	12.240	26.520	30.600	53.040
	142907002	乙炔气	kg	3.138	4.708	4.708	10.200	11.769	20.400
	031102005	铁砂布 0#～2#	张	24.000	35.000	38.000	38.000	48.000	48.000
	272501001	青壳纸 δ0.1～1.0	张	2.000	5.000	6.000	8.000	10.000	12.000
	031505019	金属滤网	m^2	1.800	2.000	2.500	3.000	3.500	4.000
	023503004	无石棉板衬垫	kg	13.400	23.800	35.800	64.500	78.400	94.300
	172500001	塑料管（综合）	m	6.500	8.500	10.500	12.500	14.500	16.500
	133503012	密封胶	支	14.000	16.000	18.000	20.000	22.000	24.000
	031102001	砂纸	张	18.000	20.000	24.000	26.000	28.000	30.000
	012913001	不锈钢板（综合）	kg	0.300	0.400	0.450	0.500	0.600	0.800
	031301009	低碳钢焊条 J427（综合）	kg	5.000	15.000	20.000	20.000	20.000	25.000
	850103006	其他材料费（占材料费）	%	5.000	5.000	5.000	5.000	5.000	5.000
机械	990401045	载重汽车 15t	台班	1.000	—	—	—	—	—
	990403030	平板拖车组 40t	台班	—	1.000	1.000	1.500	1.500	1.500
	990304024	汽车式起重机 25t	台班	2.000	2.000	2.000	2.000	2.000	2.000
	990304040	汽车式起重机 50t	台班	0.500	0.500	1.000	1.000	1.000	1.000
	990304064	汽车式起重机 100t	台班	—	—	1.000	—	—	—
	990901010	交流弧焊机 21kV·A	台班	2.270	6.820	9.090	9.090	9.090	11.360
	991003050	电动空气压缩机 $6m^3$/min	台班	1.000	1.500	2.500	3.000	4.000	5.000
	991209010	真空滤油机 6000L/h	台班	2.000	2.000	2.000	2.000	2.000	2.000
	871137001	激光轴对中仪	台班	1.000	1.000	1.000	1.000	1.000	1.000

二、回转式螺杆压缩机整体安装

工作内容：施工准备、设备开箱检验、基础处理、垫铁设置、设备吊装就位、找平找正、初轴对中、垫铁点焊、设备部件清洗组装、与机械本体连接的制冷系统、润滑系统以及支架、防护罩等零件附件的安装、机组油系统管线清洗、油系统循环、真空系统的检查、配合检查验收。

计量单位：台

编　号				1-9-67	1-9-68	1-9-69	1-9-70
项　目				机组重量（t 以内）			
				1	3	5	8
名　称			单位	消　耗　量			
人工	000203000	综合二类工	工日	30.203	44.619	53.860	84.990
材料	031509010	斜垫铁（综合）	kg	16.582	28.805	36.564	38.796
	031509007	平垫铁（综合）	kg	18.360	32.040	40.680	49.320
	050301004	木板（综合）	m^3	0.008	0.008	0.013	0.019
	050105001	道木（综合）	m^3	—	—	—	0.005
	140307001	煤油	kg	4.150	8.300	10.804	13.834
	140303001	机油（综合）	kg	0.316	0.791	0.791	0.949
	140901003	黄油钙基脂	kg	0.227	0.455	0.568	0.909
	142909001	氧气	m^3	1.020	1.020	1.020	1.530
	142907002	乙炔气	kg	0.392	0.392	0.392	0.588
	031505025	铜丝布	m	—	—	—	0.030
	031505019	金属滤网	m^2	0.500	0.600	1.000	1.100
	023503004	无石棉板衬垫	kg	0.480	0.520	0.580	0.850
	172500001	塑料管（综合）	m	1.500	2.500	3.500	4.500
	133503012	密封胶	支	2.000	4.000	6.000	8.000
	013503003	紫铜板 δ0.08～0.2	kg	0.030	0.030	0.040	0.060
	031102001	砂纸	张	5.000	6.000	10.000	12.000
	012913001	不锈钢板（综合）	kg	0.050	0.080	0.100	0.120
	031301009	低碳钢焊条 J427（综合）	kg	0.420	0.504	0.630	0.840
	850103006	其他材料费（占材料费）	%	5.000	5.000	5.000	5.000
机械	990401035	载重汽车 10t	台班	—	—	0.300	0.500
	990305020	叉式起重机 5t	台班	0.300	0.500	—	—
	990304004	汽车式起重机 8t	台班	0.500	0.500	—	—
	990304016	汽车式起重机 16t	台班	—	—	1.000	—
	990304024	汽车式起重机 25t	台班	—	—	—	0.500
	990901010	交流弧焊机 21kV·A	台班	0.200	0.240	0.315	0.431
	991209010	真空滤油机 6000L/h	台班	0.300	0.500	1.000	1.000
	871137001	激光轴对中仪	台班	0.500	1.000	1.000	1.000

工作内容：施工准备、设备开箱检验、基础处理、垫铁设置、设备吊装就位、找平找正、初轴对中、垫铁点焊、设备部件清洗组装、与机械本体连接的制冷系统、润滑系统以及支架、防护罩等零件附件的安装、机组油系统管线清洗、油系统循环、真空系统的检查、配合检查验收。

计量单位：台

编号				1-9-71	1-9-72	1-9-73
项目				机组重量（t以内）		
				10	15	20
名称			单位	消耗量		
人工	000203000	综合二类工	工日	103.784	129.949	189.840
材料	031509010	斜垫铁（综合）	kg	81.983	87.012	99.123
	031509007	平垫铁（综合）	kg	84.280	90.240	102.640
	050301004	木板（综合）	m^3	0.021	0.039	0.038
	050105001	道木（综合）	m^3	0.008	0.008	0.008
	140307001	煤油	kg	16.601	19.367	22.134
	140303001	机油（综合）	kg	1.187	1.187	1.187
	140901003	黄油钙基脂	kg	0.909	1.023	1.136
	142909001	氧气	m^3	2.040	2.550	3.060
	142907002	乙炔气	kg	0.785	0.981	1.177
	031505025	铜丝布	m	0.030	0.030	0.030
	031505019	金属滤网	m^2	1.200	1.400	1.400
	023503004	无石棉板衬垫	kg	1.650	2.340	3.240
	172500001	塑料管（综合）	m	5.500	6.500	7.500
	133503012	密封胶	支	10.000	12.000	12.000
	013503003	紫铜板 δ0.08～0.2	kg	0.080	0.100	0.120
	031102001	砂纸	张	14.000	16.000	16.000
	012913001	不锈钢板（综合）	kg	0.140	0.160	0.160
	031301009	低碳钢焊条 J427（综合）	kg	1.281	1.365	1.575
	850103006	其他材料费（占材料费）	%	5.000	5.000	5.000
机械	990401045	载重汽车 15t	台班	0.500	—	—
	990403020	平板拖车组 20t	台班	—	1.000	—
	990403030	平板拖车组 40t	台班	—	—	1.000
	990304040	汽车式起重机 50t	台班	0.700	—	—
	990304052	汽车式起重机 75t	台班	—	1.000	—
	990304064	汽车式起重机 100t	台班	—	—	1.000
	990901010	交流弧焊机 21kV·A	台班	0.639	0.650	0.780
	991209010	真空滤油机 6000L/h	台班	1.000	1.000	1.000
	871137001	激光轴对中仪	台班	1.000	1.000	1.000

三、离心式压缩机安装

1. 离心式压缩机整体安装

工作内容： 施工准备、设备开箱检验、基础处理、垫铁设置、底座、设备吊装就位、找平找正、垫铁点焊、设备部件清洗组装、与机械本体连接的冷却系统、润滑系统以及支架、防护罩等零件附件的安装、机组油系统管线清洗、油运、配合检查验收。 **计量单位：** 台

编号				1-9-74	1-9-75	1-9-76	1-9-77
项目				电动机驱动			
				机组重量（t 以内）			
				5	10	20	30
		名称	单位	消耗量			
人工	000203000	综合二类工	工日	88.872	135.076	235.947	332.463
材料	031509007	平垫铁（综合）	kg	48.840	58.720	95.600	251.880
	031509010	斜垫铁（综合）	kg	46.699	56.578	92.645	235.514
	012900017	钢板 δ4.5～7	kg	1.250	2.500	5.000	7.500
	013503003	紫铜板 δ0.08～0.2	kg	0.030	0.050	0.100	0.150
	050301004	木板（综合）	m^3	0.058	0.100	1.800	0.263
	050105001	道木（综合）	m^3	0.010	0.015	0.021	0.021
	140307001	煤油	kg	13.834	24.901	41.501	62.252
	140303001	机油（综合）	kg	1.582	3.164	6.328	9.492
	140901003	黄油钙基脂	kg	0.227	0.455	0.909	1.136
	143121002	二硫化钼粉	kg	0.750	1.500	3.000	4.500
	142909001	氧气	m^3	0.510	1.020	1.530	2.040
	142907002	乙炔气	kg	0.196	0.392	0.588	0.785
	020115001	耐油橡胶板	kg	1.250	2.000	4.000	7.500
	272501002	青壳纸 δ0.1～1.0	kg	0.250	0.500	1.000	1.500
	031505019	金属滤网	m^2	1.000	1.300	1.500	2.400
	023503004	无石棉板衬垫	kg	7.430	12.430	18.650	22.540
	133503012	密封胶	支	6.000	10.000	16.000	20.000
	172500001	塑料管（综合）	m	3.500	4.500	5.500	11.000
	031102001	砂纸	张	10.000	14.000	16.000	24.000
	012913001	不锈钢板（综合）	kg	0.100	0.200	0.300	0.350
	031505025	铜丝布	m	0.050	0.100	0.200	0.300
	031301009	低碳钢焊条 J427（综合）	kg	0.360	0.630	0.630	0.945
	850103006	其他材料费（占材料费）	%	5.000	5.000	5.000	5.000
机械	990401045	载重汽车 15t	台班	0.300	0.500	—	—
	990403030	平板拖车组 40t	台班	—	—	1.000	1.000
	990304016	汽车式起重机 16t	台班	0.500	—	—	—
	990304024	汽车式起重机 25t	台班	—	0.500	—	—
	990304052	汽车式起重机 75t	台班	—	—	1.000	—
	990304064	汽车式起重机 100t	台班	—	—	—	1.000
	991209010	真空滤油机 6000L/h	台班	0.700	0.700	1.000	2.000
	990901010	交流弧焊机 21kV·A	台班	0.200	0.370	0.393	0.540
	871137001	激光轴对中仪	台班	1.000	1.000	1.000	1.000

工作内容：施工准备、设备开箱检验、基础处理、垫铁设置、底座、设备吊装就位、找平找正、垫铁点焊、设备部件清洗组装、与机械本体连接的冷却系统、润滑系统以及支架、防护罩等零件附件的安装、机组油系统管线清洗、油运、配合检查验收。 **计量单位：**台

编　号				1-9-78	1-9-79	1-9-80	1-9-81
项　目				电动机驱动			
				机组重量（t以内）			
				40	50	70	100
名　称			单位	消　耗　量			
人工	000203000	综合二类工	工日	408.137	678.438	829.317	1058.667
材料	031509007	平垫铁（综合）	kg	325.640	341.640	387.520	467.760
	031509010	斜垫铁（综合）	kg	304.807	320.213	363.115	438.005
	012900017	钢板 δ4.5～7	kg	10.000	12.500	17.500	19.860
	013503003	紫铜板 δ0.08～0.2	kg	0.200	0.250	0.350	1.800
	050301004	木板（综合）	m^3	0.335	0.386	0.440	0.541
	050105001	道木（综合）	m^3	0.021	0.024	0.041	0.048
	140307001	煤油	kg	83.003	103.753	145.254	207.506
	140303001	机油（综合）	kg	12.656	15.820	22.148	31.640
	140901003	黄油钙基脂	kg	1.364	1.591	2.727	3.182
	143121002	二硫化钼粉	kg	6.000	7.500	10.500	15.000
	142909001	氧气	m^3	2.040	3.060	4.080	5.100
	142907002	乙炔气	kg	0.785	1.177	1.569	1.962
	020115001	耐油橡胶板	kg	10.000	12.500	17.500	25.000
	272501002	青壳纸 δ0.1～1.0	kg	2.000	2.500	3.500	5.000
	031505019	金属滤网	m^2	2.800	2.800	3.000	4.000
	023503004	无石棉板衬垫	kg	34.760	45.200	55.400	67.420
	133503012	密封胶	支	24.000	26.000	28.000	32.000
	172500001	塑料管（综合）	m	13.000	15.000	19.000	24.000
	031102001	砂纸	张	26.000	28.000	30.000	36.000
	012913001	不锈钢板（综合）	kg	0.400	0.500	0.600	0.800
	031505025	铜丝布	m	0.400	0.500	0.700	1.000
	031301009	低碳钢焊条 J427（综合）	kg	1.260	1.260	1.260	1.575
	850103006	其他材料费（占材料费）	%	5.000	5.000	5.000	5.000
机械	990403030	平板拖车组 40t	台班	1.000	—	—	—
	990403040	平板拖车组 60t	台班	—	1.000	—	—
	990304040	汽车式起重机 50t	台班	—	1.500	1.500	1.500
	990304052	汽车式起重机 75t	台班	—	1.000	—	—
	990304064	汽车式起重机 100t	台班	1.500	—	—	—
	991209010	真空滤油机 6000L/h	台班	2.000	2.000	2.000	2.000
	990901010	交流弧焊机 21kV·A	台班	0.630	0.630	0.630	0.750
	871137001	激光轴对中仪	台班	1.000	2.000	2.000	2.000

2. 离心式压缩机解体安装

工作内容：施工准备、设备开箱检验、基础处理、垫铁设置、底座、设备吊装就位、底座初找平找正、分体部件清洗及安装，整机找平找正，垫铁点焊、设备部件清洗组装、与机械本体连接的冷却系统、润滑系统以及支架、防护罩等零件附件的安装、机组油系统管线清洗、油运、配合检查验收。

计量单位：台

编号				1-9-82	1-9-83	1-9-84	1-9-85	1-9-86
项目				机组重量（t 以内）				
				10	20	30	40	50
		名称	单位	消耗量				
人工	000203000	综合二类工	工日	183.901	265.775	438.110	549.074	678.426
材料	031509007	平垫铁（综合）	kg	23.920	26.440	89.880	109.640	125.640
	031509010	斜垫铁（综合）	kg	21.264	23.496	86.906	106.663	122.069
	013503003	紫铜板 δ0.08～0.2	kg	0.200	0.200	0.400	0.400	0.400
	050301004	木板（综合）	m^3	0.100	0.100	0.200	0.200	0.300
	050105001	道木（综合）	m^3	0.020	0.032	0.032	0.032	0.075
	140307001	煤油	kg	23.715	39.525	59.288	79.050	131.750
	140303001	机油（综合）	kg	3.133	6.265	9.398	12.531	15.664
	140901003	黄油钙基脂	kg	1.800	2.700	4.500	5.850	11.250
	142909001	氧气	m^3	9.180	9.180	12.240	12.240	12.240
	142907002	乙炔气	kg	3.531	3.531	4.708	4.708	4.708
	020117001	耐酸无石棉橡胶板（综合）	kg	2.000	4.000	7.500	10.000	22.000
	031102005	铁砂布 0#～2#	张	12.000	23.000	33.000	33.000	50.000
	272501001	青壳纸 δ0.1～1.0	张	3.000	5.000	5.000	5.000	2.800
	031505019	金属滤网	m^2	1.500	2.000	2.000	2.500	2.500
	023503004	无石棉板衬垫	kg	9.440	13.400	15.600	23.800	3.280
	172500001	塑料管（综合）	m	6.000	6.500	6.500	8.500	10.500
	031102001	砂纸	张	6.000	8.000	9.000	10.000	12.000
	133503012	密封胶	支	8.000	12.000	18.000	22.000	24.000
	012913001	不锈钢板（综合）	kg	0.400	0.400	0.450	0.450	0.500
	031301009	低碳钢焊条 J427（综合）	kg	0.400	0.600	0.900	1.200	8.000
	850103006	其他材料费（占材料费）	%	5.000	5.000	5.000	5.000	5.000
机械	990401030	载重汽车 8t	台班	0.500	0.500	0.500	—	1.000
	990403020	平板拖车组 20t	台班	—	—	—	—	0.500
	990304004	汽车式起重机 8t	台班	0.500	—	1.000	1.000	1.000
	990304016	汽车式起重机 16t	台班	—	0.500	—	1.500	—
	990304024	汽车式起重机 25t	台班	—	0.500	—	—	—
	990401045	载重汽车 15t	台班	—	—	0.500	—	—
	990401055	载重汽车 20t	台班	—	—	—	1.000	—
	990304040	汽车式起重机 50t	台班	—	—	0.500	1.000	—
	990304052	汽车式起重机 75t	台班	—	—	—	—	1.000
	991209010	真空滤油机 6000L/h	台班	—	—	—	—	2.000
	990901010	交流弧焊机 21kV·A	台班	0.190	0.300	0.450	0.570	3.810
	991003050	电动空气压缩机 $6m^3/min$	台班	1.000	1.500	1.500	1.500	2.000
	871137001	激光轴对中仪	台班	1.000	1.000	1.000	1.000	1.000

工作内容：施工准备、设备开箱检验、基础处理、垫铁设置、底座、设备吊装就位、底座初找平找正、分体部件清洗及安装，整机找平找正，垫铁点焊、设备部件清洗组装、与机械本体连接的冷却系统、润滑系统以及支架、防护罩等零件附件的安装、机组油系统管线清洗、油运、配合检查验收。　　**计量单位：**台

编　号				1-9-87	1-9-88	1-9-89	1-9-90
项　目				机组重量（t 以内）			
				70	90	120	165
		名　称	单位	消　耗　量			
人工	000203000	综合二类工	工日	829.317	1005.767	1161.155	1268.807
材料	031509007	平垫铁（综合）	kg	135.520	163.760	179.760	195.760
	031509010	斜垫铁（综合）	kg	131.947	158.407	173.813	189.218
	013503003	紫铜板 δ0.08～0.2	kg	0.600	0.800	0.800	0.800
	050301004	木板（综合）	m^3	0.400	0.500	0.650	0.800
	050105001	道木（综合）	m^3	0.080	0.105	0.130	0.175
	140307001	煤油	kg	184.450	237.150	289.850	368.900
	140303001	机油（综合）	kg	21.929	28.194	37.592	46.991
	140901003	黄油钙基脂	kg	15.750	20.250	24.750	31.500
	142909001	氧气	m^3	18.360	24.480	36.720	48.960
	142907002	乙炔气	kg	7.062	9.415	14.123	18.831
	020117001	耐酸无石棉橡胶板（综合）	kg	25.000	27.000	29.000	30.000
	031102005	铁砂布 $0^{\#}$～$2^{\#}$	张	70.000	90.000	100.000	120.000
	272501001	青壳纸 δ0.1～1.0	张	3.000	3.200	3.500	4.000
	031505019	金属滤网	m^2	3.000	3.000	3.500	4.000
	023503004	无石棉板衬垫	kg	35.800	64.500	78.400	94.300
	172500001	塑料管（综合）	m	10.500	12.500	14.500	16.500
	031102001	砂纸	张	14.000	18.000	22.000	26.000
	133503012	密封胶	支	28.000	32.000	36.000	40.000
	012913001	不锈钢板（综合）	kg	0.500	0.600	0.600	0.800
	031301009	低碳钢焊条 J427（综合）	kg	10.000	14.000	22.000	24.000
	850103006	其他材料费（占材料费）	%	5.000	5.000	5.000	5.000
机械	990401030	载重汽车 8t	台班	1.000	1.500	1.500	1.500
	990403020	平板拖车组 20t	台班	1.000	—	—	—
	990403030	平板拖车组 40t	台班	—	1.000	1.000	1.000
	990304004	汽车式起重机 8t	台班	1.000	1.500	1.500	1.500
	990304064	汽车式起重机 100t	台班	1.000	2.000	3.000	4.000
	991209010	真空滤油机 6000L/h	台班	2.000	2.000	2.000	2.000
	990901010	交流弧焊机 21kV · A	台班	4.540	6.080	9.160	9.600
	991003050	电动空气压缩机 $6m^3/min$	台班	2.500	3.000	4.000	5.000
	871137001	激光轴对中仪	台班	1.000	1.000	1.000	1.000

四、离心式压缩机拆装检查

工作内容： 施工准备、各部位油系统管线，密封气管线，介质管线拆除；联轴器护罩拆除；复查机组轴系数据；拆除轴承箱盖及仪表探头等接线；拆除轴承；拆除密封组件；拆除机壳螺栓；吊出上机壳及转子；拆除隔板及气封；检查集体内部情况，提取装配数据、更换部件、按照上述顺序倒着回装，过程中提取装配数据。 **计量单位：台**

编号				1-9-91	1-9-92	1-9-93	1-9-94
项目				设备重量（t 以内）			
				5	10	20	30
名称			单位	消耗量			
人工	000203000	综合二类工	工日	64.458	122.757	213.750	292.600
材料	013503003	紫铜板 δ0.08～0.2	kg	0.080	0.080	0.100	0.300
	140307001	煤油	kg	15.810	23.715	31.620	47.430
	140303001	机油（综合）	kg	1.880	2.819	4.073	5.639
	140901003	黄油钙基脂	kg	2.250	3.375	4.500	5.625
	020112007	无石棉橡胶板高压 δ1～6	kg	5.000	7.500	10.000	15.000
	031102005	铁砂布 0#～2#	张	6.000	9.000	12.000	18.000
	272501002	青壳纸 δ0.1～1.0	kg	1.000	1.500	2.000	3.000
	133503012	密封胶	支	8.000	10.000	12.000	14.000
	133501005	研磨膏	盒	1.000	1.000	1.000	2.000
	850103006	其他材料费（占材料费）	%	5.000	5.000	5.000	5.000
机械	990304004	汽车式起重机 8t	台班	1.500	—	—	—
	990304016	汽车式起重机 16t	台班	—	2.000	—	—
	990304024	汽车式起重机 25t	台班	—	—	3.000	3.500
	871137001	激光轴对中仪	台班	1.000	1.000	1.000	1.000

工作内容： 施工准备、各部位油系统管线，密封气管线，介质管线拆除；联轴器护罩拆除；复查机组轴系数据；拆除轴承箱盖及仪表探头等接线；拆除轴承；拆除密封组件；拆除机壳螺栓；吊出上机壳及转子；拆除隔板及气封；检查集体内部情况，提取装配数据、更换部件、按照上述顺序倒着回装，过程中提取装配数据。 **计量单位：台**

编号				1-9-95	1-9-96	1-9-97	1-9-98
项目				设备重量（t 以内）			
				40	50	70	100
名称			单位	消耗量			
人工	000203000	综合二类工	工日	357.856	397.257	426.778	500.502
材料	013503003	紫铜板 δ0.08～0.2	kg	0.400	0.500	0.650	1.000
	140307001	煤油	kg	63.240	60.000	78.000	120.000
	140303001	机油（综合）	kg	7.518	12.000	15.600	24.000
	140901003	黄油钙基脂	kg	6.750	7.000	8.000	10.000
	020112007	无石棉橡胶板高压 δ1～6	kg	20.000	25.000	37.500	50.000

续前

编　　号				1-9-95	1-9-96	1-9-97	1-9-98
项　　目				设备重量（t 以内）			
				40	50	70	100
名　　称			单位	消　耗　量			
材料	031102005	铁砂布　0#～2#	张	24.000	30.000	39.000	60.000
	272501002	青壳纸　δ0.1～1.0	kg	4.000	8.200	7.500	10.000
	133503012	密封胶	支	16.000	18.000	20.000	24.000
	133501005	研磨膏	盒	2.000	2.000	3.000	3.000
	850103006	其他材料费（占材料费）	%	5.000	5.000	5.000	5.000
机械	990304040	汽车式起重机　50t	台班	4.000	4.000	5.000	—
	871137001	激光轴对中仪	台班	1.000	1.000	1.000	1.000

五、补充项目

1. 离心式压缩机拆装检查

工作内容： 施工准备、各部位油系统管线，密封气管线，介质管线拆除；联轴器护罩拆除；复查机组轴系数据；拆除轴承箱盖及仪表探头等接线；拆除轴承；拆除密封组件；拆除机壳螺栓；吊出上机壳及转子；拆除隔板及气封；检查集体内部情况，提取装配数据、更换部件、按照上述顺序倒着回装，过程中提取装配数据。　　**计量单位：** 台

编　　号				1-9-99	1-9-100
项　　目				设备重量（t 以内）	
				120	165
名　　称			单位	消　耗　量	
人工	000203000	综合二类工	工日	597.556	692.580
材料	031102005	铁砂布　0#～2#	张	72.000	99.000
	013503003	紫铜板　δ0.08～0.2	kg	1.200	1.400
	370915006	钢垫板夹板	kg	722.800	835.900
	020111008	石棉橡胶板中压　δ0.8～6	kg	60.000	82.500
	140303002	机油 5～7#	kg	28.800	39.600
	140307001	煤油	kg	144.000	198.000
	140715001	汽轮机油	kg	28.800	39.600
	140301001	汽油 89#	kg	72.000	99.000
	140901003	黄油钙基脂	kg	11.000	12.000
	133501005	研磨膏	盒	4.000	4.000
	022703001	白布	m^2	14.000	15.000
	272501002	青壳纸　δ0.1～1.0	kg	12.000	16.500
	142301001	红丹粉	kg	4.500	5.000
	850103006	其他材料费（占材料费）	%	5.000	5.000
机械	990304064	汽车式起重机　100t	台班	3.000	4.000
	871137001	激光轴对中仪	台班	1.000	1.000

2. 活塞式 6M（6D）型对称平衡式压缩机解体安装

工作内容： 施工准备、设备开箱检验、基础处理、垫铁设置、设备吊装就位、设备部件清洗组装、设备本体及与主机本体联体的附属设备、附属成品管道、冷却系统、润滑系统以及支架、防护罩等附件的安装、找平找正、垫铁点焊、机组油系统管线清洗、无负荷试车后的检查、组装及调整。

计量单位：台

编号				1-9-101	1-9-102	1-9-103	1-9-104
项目				机组重量（t 以内）			
				30	40	50	80
名称			单位	消耗量			
人工	000203000	综合二类工	工日	560.200	579.900	745.978	971.468
材料	012913001	不锈钢板（综合）	kg	0.404	0.404	0.461	0.519
	050105001	道木（综合）	m^3	0.047	0.047	0.087	0.087
	140901002	黄干油钙基酯	kg	7.787	10.380	10.383	12.979
	140303001	机油（综合）	kg	11.290	13.550	16.264	23.493
	031505019	金属滤网	m^2	2.538	2.538	3.000	3.230
	140307001	煤油	kg	101.800	132.200	152.000	197.600
	133503012	密封胶	支	18.450	18.450	20.767	25.381
	050301004	木板（综合）	m^3	0.173	0.242	0.260	0.300
	031509007	平垫铁（综合）	kg	345.400	386.900	386.997	507.951
	272501002	青壳纸 δ0.1～1.0	kg	4.615	5.769	6.922	9.230
	031102001	砂纸	张	23.070	23.070	25.381	27.689
	150113004	石棉板衬垫	kg	24.850	39.590	43.437	49.851
	172500001	塑料管（综合）	m	9.806	9.806	12.114	14.421
	031301011	电焊条（综合）	kg	5.769	17.300	17.305	28.843
	031102004	铁砂布（综合）	张	38.070	38.070	38.072	49.609
	031509010	斜垫铁（综合）	kg	312.900	51.000	351.005	480.146
	142909001	氧气	m^3	21.180	21.180	28.243	28.243
	142907002	乙炔气	kg	7.061	7.061	9.414	9.414
	013503001	紫铜板（综合）	kg	0.346	0.461	0.577	0.923
	850103006	其他材料费（占材料费）	%	5.000	5.000	5.000	5.000
机械	990403030	平板拖车组 40t	台班	1.341	2.012	2.012	2.012
	990304024	汽车式起重机 25t	台班	2.682	1.341	1.341	1.341
	990304040	汽车式起重机 50t	台班	0.671	3.353	4.024	1.341
	990304052	汽车式起重机 75t	台班	—	—	—	2.682
	990813045	试压泵 60MPa	台班	1.341	2.012	—	—
	991003050	电动空气压缩机 $6m^3/min$	台班	1.341	2.012	2.682	4.024
	991209010	真空滤油机 6000L/h	台班	2.682	2.682	2.682	2.682
	871137001	激光轴对中仪	台班	1.341	1.341	1.341	1.341

工作内容： 施工准备、设备开箱检验、基础处理、垫铁设置、设备吊装就位、设备部件清洗组装、设备本体及与主机本体联体的附属设备、附属成品管道、冷却系统、润滑系统以及支架、防护罩等附件的安装、找平找正、垫铁点焊、机组油系统管线清洗、无负荷试车后的检查、组装及调整。 **计量单位：台**

编号				1-9-105	1-9-106	1-9-107	1-9-108
项目				机组重量（t以内）			
				120	150	200	240
名称			单位	消耗量			
人工	000203000	综合二类工	工日	1209.334	1386.100	1843.100	2217.650
材料	012913001	不锈钢板（综合）	kg	0.577	0.635	0.844	1.015
	050105001	道木（综合）	m^3	0.121	0.121	0.161	0.194
	140901002	黄干油钙基酯	kg	5.575	18.170	24.160	29.075
	140303001	机油（综合）	kg	25.299	28.910	38.440	46.264
	031505019	金属滤网	m^2	3.461	3.692	4.909	5.907
	140307001	煤油	kg	228.000	258.400	343.500	413.458
	133503012	密封胶	支	29.996	29.990	39.880	47.996
	050301004	木板（综合）	m^3	0.346	4.038	5.369	6.461
	031509007	平垫铁（综合）	kg	556.360	600.300	798.200	960.658
	272501002	青壳纸 δ0.1～1.0	kg	11.537	13.840	18.400	22.152
	031102001	砂纸	张	29.996	29.990	39.880	47.996
	150113004	石棉板衬垫	kg	65.415	77.750	103.300	124.420
	172500001	塑料管（综合）	m	16.152	18.450	24.540	29.536
	031301011	电焊条（综合）	kg	34.611	40.380	53.690	64.610
	031102004	铁砂布（综合）	张	61.146	71.520	95.100	114.452
	031509010	斜垫铁（综合）	kg	501.677	540.200	718.300	964.401
	142909001	氧气	m^3	28.243	28.240	37.550	45.190
	142907002	乙炔气	kg	9.414	9.414	12.510	15.063
	013503001	紫铜板（综合）	kg	1.154	1.731	2.301	2.769
	850103006	其他材料费（占材料费）	%	5.000	5.000	5.000	5.000
机械	990403030	平板拖车组 40t	台班	2.682	2.682	3.568	4.292
	990304024	汽车式起重机 25t	台班	1.341	1.341	1.784	2.146
	990304040	汽车式起重机 50t	台班	1.341	1.341	1.784	2.146
	990304052	汽车式起重机 75t	台班	2.682	4.024	5.352	6.438
	991209010	真空滤油机 6000L/h	台班	2.682	2.682	3.568	4.292
	991003050	电动空气压缩机 $6m^3$/min	台班	5.365	6.706	8.920	10.730
	871137001	激光轴对中仪	台班	1.341	2.682	3.568	4.292

第十章

工业炉设备安装

说 明

一、本章内容包括电弧炼钢炉、无芯工频感应电炉、电阻炉、真空炉、高频及中频感应炉、冲天炉、加热炉、热处理炉、解体结构井式热处理炉的安装。

1. 无芯工频感应电炉：包括熔铁、熔铜、熔锌等熔炼电炉。

2. 冲天炉：包括长腰三节炉、移动式直线曲线炉胆热风冲天炉、燃重油冲天炉、一般冲天炉及冲天炉加料机构等。

3. 加热炉及热处理炉包括：按型式分室式、台车式、推杆式、反射式、链式、贯通式、环形式、传送式、箱式、槽式、开隙式、井式（整体组合）、坩锅式等；按燃料分电、天然气、煤气、重油、煤粉、煤块等。

4. 解体结构井式热处理炉包括：电阻炉、天然气炉、煤气炉、重油炉、煤粉炉等。

二、本章包括以下工作内容：

1. 无芯工频感应电炉的水冷管道、油压系统、油箱、油压操纵台等安装以及油压系统的配管、刷漆。

2. 电阻炉、真空炉以及高频、中频感应炉的水冷系统、润滑系统、传动装置、真空机组、安全防护装置等安装。

3. 冲天炉本体和前炉安装。

4. 冲天炉加料机构的轨道、加料车、卷扬装置等安装。

5. 加热炉及热处理炉的炉门升降机构、轨道、炉箅、喷嘴、台车、液压装置、拉杆或推杆装置、传动装置、装料、卸料装置等安装。

三、本章不包括以下工作内容：

1. 各类工业炉安装均不包括炉体内衬砌筑。

2. 电阻炉电阻丝的安装。

3. 热工仪表系统的安装、调试。

4. 风机系统的安装、试运转。

5. 液压泵房站的安装。

6. 阀门的研磨、试压。

7. 台车的组立、装配。

8. 冲天炉出渣轨道的安装。

9. 解体结构井式热处理炉的平台安装。

10. 设备二次灌浆。

11. 烘炉。

四、相关说明：

1. 无芯工频感应电炉安装是按每一炉组为两台炉子考虑，如每一炉组为一台炉子时，则按相应安装项目乘以系数 0.60。

2. 冲天炉的加料机构，按各类形式综合考虑，已包括在冲天炉安装内。

3. 加热炉及热处理炉，如为整体结构（炉体已组装并有内衬砌体），则按相应安装项目人工乘以系数 0.70。计算设备重量时应包括内衬砌体的重量。如为解体结构（炉体是金属构件，需现场组合安装，无内衬砌体），则定额不变。计算设备重量时不包括内衬砌体的重量。

4. 冲天炉的出渣轨道安装，可执行本册第五章“地平面上安装轨道”的相应项目。

5. 加热炉及热处理炉如为解体结构，需要现场进行内衬砌体时，炉窑砌筑应执行第二册《热力设备安装工程》相应项目。

工程量计算规则

一、电弧炼钢炉、电阻炉、真空炉、高频及中频感应炉、加热炉及热处理炉安装应区分设备型号、重量，按设计图示数量，分别以“台”为计量单位。

二、无芯工频感应电炉安装应区分设备重量，按设计图示数量，分别以“组”为计量单位。每一炉组按二台炉子计算。

三、冲天炉安装应区分设备熔化率（t/h），按设计图示数量，分别以“台”为计量单位。

四、加热炉及热处理炉在计算重量时，如为整体结构（炉体已组装并有内衬砌体），应包括内衬砌体的重量，如为解体结构（炉体为金属结构件，需要现场组合安装，无内衬砌体）时，则不包括内衬砌体的重量。

一、电弧炼钢炉

工作内容： 开箱清点、场内运输、外观检查、设备清洗、吊装、连接、安装就位、调整、固定、单体调试。　　　　**计量单位：** 台

编号				1-10-1	1-10-2	1-10-3	1-10-4	1-10-5
项目				设备重量（t）				
				0.5	1.5	3.0	5.0	10.0
		名称	单位	消耗量				
人工	000203000	综合二类工	工日	9.433	21.109	37.314	50.106	79.791
材料	031509007	平垫铁（综合）	kg	5.640	7.530	15.500	39.280	42.100
	031509010	斜垫铁（综合）	kg	5.100	6.120	15.290	35.200	37.160
	012101008	角钢 60	kg	5.000	8.000	12.000	15.000	20.000
	012900017	钢板 δ4.5～7	kg	15.000	20.000	20.000	20.000	15.000
	012903011	热轧中厚钢板 δ8～20	kg	35.000	50.000	60.000	70.000	85.000
	031507018	镀锌铁丝 φ2.8～4.0	kg	3.000	5.000	7.000	10.000	10.000
	031301009	低碳钢焊条 J427（综合）	kg	7.466	15.509	23.100	36.750	57.750
	031301023	碳钢气焊条（综合）	kg	0.300	0.500	1.200	2.000	2.500
	050301004	木板（综合）	m^3	0.030	0.050	0.070	0.090	0.110
	050105001	道木（综合）	m^3	0.079	0.105	0.155	0.191	0.237
	140307001	煤油	kg	3.150	5.250	13.650	21.000	26.250
	140303001	机油（综合）	kg	1.530	2.040	4.080	5.100	8.160
	140901003	黄油钙基脂	kg	0.500	0.800	1.500	2.000	3.000
	142909001	氧气	m^3	6.375	18.870	32.640	40.800	51.000
	142907002	乙炔气	kg	2.452	7.258	12.554	15.692	19.615
	023503001	无石棉板 1.6～2×500～800	kg	2.000	4.000	5.000	7.000	10.000
	020112007	无石棉橡胶板 高压 δ1～6	kg	3.000	5.000	8.000	10.000	12.000
	020901007	四氟乙烯塑料薄膜	kg	0.200	0.300	0.400	0.400	0.500
	850103006	其他材料费（占材料费）	%	5.000	5.000	5.000	5.000	5.000
机械	990401035	载重汽车 10t	台班	—	—	—	0.400	0.500
	990305020	叉式起重机 5t	台班	0.300	0.300	0.800	1.000	1.200
	990304004	汽车式起重机 8t	台班	0.700	1.200	1.500	3.400	4.700
	990304012	汽车式起重机 12t	台班	0.300	0.300	0.300	0.300	—
	990304028	汽车式起重机 30t	台班	—	—	—	—	0.400
	990901010	交流弧焊机 21kV·A	台班	1.500	3.800	4.200	7.000	12.000

二、无芯工频感应电炉

工作内容： 开箱清点、场内运输、外观检查、设备清洗、吊装、连接、安装就位、调整、固定、单体调试。

计量单位：台

编号				1-10-6	1-10-7	1-10-8	1-10-9	1-10-10	1-10-11
项目				设备重量（t）					
				0.75	1.5	3.0	5.0	10.0	20.0
名称			单位	消耗量					
人工	000203000	综合二类工	工日	19.452	26.788	45.016	65.084	115.697	190.450
材料	031509007	平垫铁（综合）	kg	11.170	13.970	21.880	50.880	88.500	103.330
	031509010	斜垫铁（综合）	kg	12.200	15.100	21.280	49.160	85.660	97.940
	012900017	钢板 δ4.5～7	kg	6.000	10.000	14.000	6.000	12.000	22.000
	031507018	镀锌铁丝 ϕ2.8～4.0	kg	3.000	3.000	6.000	7.000	8.000	10.000
	012903011	热轧中厚钢板 δ8～20	kg	—	—	—	16.000	24.000	40.000
	031301025	紫铜电焊条 T107 ϕ3.2	kg	—	—	—	0.600	0.900	1.000
	031301009	低碳钢焊条 J427（综合）	kg	8.159	13.167	22.659	21.101	39.018	51.975
	031301023	碳钢气焊条（综合）	kg	1.000	1.000	1.500	1.500	2.000	3.000
	031307003	铜焊粉气剂 301 瓶装	kg	—	—	—	0.300	0.500	0.800
	050401003	板枋材	m^3	—	—	—	—	—	0.080
	050301004	木板（综合）	m^3	0.010	0.015	0.025	0.030	0.040	0.063
	050105001	道木（综合）	m^3	0.052	0.055	0.080	0.141	0.187	0.454
	140301001	汽油 89#	kg	0.200	0.220	0.240	0.280	0.350	1.000
	140307001	煤油	kg	2.100	5.250	6.300	10.500	10.500	14.700
	140303001	机油（综合）	kg	0.510	1.020	1.530	2.040	2.040	4.080
	140509006	油漆溶剂油	kg	0.650	0.720	0.800	0.900	1.050	2.000
	140901003	黄油钙基脂	kg	0.500	0.500	1.000	1.500	1.500	2.000
	142909001	氧气	m^3	3.570	4.080	8.160	9.180	16.320	20.400
	142907002	乙炔气	kg	1.373	1.569	3.138	3.531	6.277	7.846
	130115001	调和漆	kg	1.800	2.000	2.200	2.500	3.000	4.000
	130505002	防锈漆 C53-1	kg	2.000	2.400	2.640	3.000	3.600	5.000
	023503001	无石棉板 1.6～2×500～800	kg	3.000	4.000	5.000	7.000	10.000	15.000
	020112007	无石棉橡胶板高压 δ1～6	kg	1.000	1.000	1.500	1.500	2.500	4.000
	023503005	普通无石棉布	kg	14.000	18.400	26.000	32.800	56.000	72.000
	020901007	四氟乙烯塑料薄膜	kg	0.250	0.500	0.500	0.750	0.750	1.000
	023503002	无石棉水泥板 δ20	m^2	—	—	2.000	3.400	—	—
	023503003	无石棉水泥板 δ25	m^2	—	—	—	—	7.600	12.000
	850103006	其他材料费（占材料费）	%	5.000	5.000	5.000	5.000	5.000	5.000
机械	990401035	载重汽车 10t	台班	1.000	1.000	1.500	1.500	2.500	3.000
	990305020	叉式起重机 5t	台班	0.200	0.200	0.200	0.500	2.000	2.300
	990304004	汽车式起重机 8t	台班	0.350	0.600	0.900	1.750	4.850	5.350
	990304012	汽车式起重机 12t	台班	0.300	0.300	0.300	0.300	—	—
	990304028	汽车式起重机 30t	台班	—	—	—	—	0.400	—
	990304040	汽车式起重机 50t	台班	—	—	—	—	—	0.400
	990901010	交流弧焊机 21kV·A	台班	3.400	5.300	9.200	12.500	17.000	22.000

三、电阻炉、真空炉、高频及中频感应炉

工作内容：开箱清点、场内运输、外观检查、设备清洗、吊装、连接、安装就位、调整、固定、单体调试。

计量单位：台

编号				1-10-12	1-10-13	1-10-14	1-10-15
项目				设备重量（t）			
				1.0	2.0	4.0	7.0
		名称	单位	消耗量			
人工	000203000	综合二类工	工日	11.057	19.760	29.246	42.639
材料	031509007	平垫铁（综合）	kg	2.820	3.760	5.640	8.640
	031509010	斜垫铁（综合）	kg	3.060	4.590	2.550	8.000
	012900017	钢板 δ4.5～7	kg	3.200	3.600	6.120	4.200
	031507018	镀锌铁丝 ϕ2.8～4.0	kg	2.000	2.200	4.000	6.000
	031301009	低碳钢焊条 J427（综合）	kg	0.630	0.945	0.945	1.260
	031301023	碳钢气焊条（综合）	kg	0.700	1.000	1.200	1.600
	050301004	木板（综合）	m^3	0.005	0.006	0.007	0.009
	050105001	道木（综合）	m^3	0.065	0.080	0.093	0.140
	140307001	煤油	kg	2.100	2.625	3.150	3.885
	140303001	机油（综合）	kg	0.510	0.714	0.765	0.918
	140901003	黄油钙基脂	kg	0.210	0.220	0.300	0.500
	140701004	真空泵油	kg	0.500	0.650	0.700	0.800
	143315001	丙酮	kg	0.200	0.200	0.200	0.300
	142909001	氧气	m^3	1.224	1.530	1.836	2.448
	142907002	乙炔气	kg	0.471	0.588	0.706	0.942
	151311001	聚酯乙烯泡沫塑料	kg	0.200	0.200	0.250	0.300
	020112007	无石棉橡胶板高压 δ1～6	kg	0.600	0.800	0.950	1.800
	020901007	四氟乙烯塑料薄膜	kg	0.020	0.030	0.030	0.050
	850103006	其他材料费（占材料费）	%	5.000	5.000	5.000	5.000
机械	990401035	载重汽车 10t	台班	—	—	—	0.400
	990305020	叉式起重机 5t	台班	0.100	0.100	0.200	0.200
	990304004	汽车式起重机 8t	台班	0.300	0.300	—	0.800
	990304016	汽车式起重机 16t	台班	—	—	0.300	0.400
	990901010	交流弧焊机 21kV·A	台班	0.380	0.380	0.380	0.480

工作内容： 开箱清点、场内运输、外观检查、设备清洗、吊装、连接、安装就位、调整、固定、单体调试。

计量单位：台

编号				1-10-16	1-10-17	1-10-18
项目				设备重量（t）		
				10.0	15.0	20.0
名称			单位	消耗量		
人工	000203000	综合二类工	工日	56.797	70.380	82.885
材料	031509007	平垫铁（综合）	kg	12.520	21.950	25.000
	031509010	斜垫铁（综合）	kg	11.510	18.332	22.500
	012900017	钢板 δ4.5～7	kg	4.200	5.600	5.600
	031507018	镀锌铁丝 ϕ2.8～4.0	kg	6.600	6.600	6.600
	031301009	低碳钢焊条 J427（综合）	kg	1.575	2.205	2.520
	031301023	碳钢气焊条（综合）	kg	1.800	2.000	2.400
	050401003	板枋材	m^3	—	—	0.060
	050301004	木板（综合）	m^3	0.009	0.011	0.011
	050105001	道木（综合）	m^3	0.162	0.190	0.207
	140307001	煤油	kg	4.725	5.250	5.775
	140303001	机油（综合）	kg	1.224	1.530	1.734
	140901003	黄油钙基脂	kg	0.600	0.600	0.660
	140701004	真空泵油	kg	1.000	1.300	1.500
	143315001	丙酮	kg	0.350	0.350	0.400
	142909001	氧气	m^3	2.754	3.060	3.672
	142907002	乙炔气	kg	1.059	1.177	1.412
	151311001	聚酯乙烯泡沫塑料	kg	0.300	0.350	0.350
	020112007	无石棉橡胶板高压 δ1～6	kg	2.200	3.000	4.000
	020901007	四氟乙烯塑料薄膜	kg	0.100	0.100	0.100
	850103006	其他材料费（占材料费）	%	5.000	5.000	5.000
机械	990401035	载重汽车 10t	台班	0.400	0.500	0.400
	990305020	叉式起重机 5t	台班	0.200	0.300	0.300
	990304004	汽车式起重机 8t	台班	1.000	1.000	1.000
	990304016	汽车式起重机 16t	台班	0.400	—	1.000
	990304028	汽车式起重机 30t	台班	—	0.500	0.500
	990901010	交流弧焊机 21kV·A	台班	0.480	0.750	0.950

四、冲 天 炉

工作内容：开箱清点、场内运输、外观检查、设备清洗、吊装、连接、安装就位、调整、固定、单体调试。

计量单位：台

编 号				1-10-19	1-10-20	1-10-21	1-10-22	1-10-23
项 目				熔化率（t/h 以内）				
				1.5	3.0	5.0	10.0	15.0
名 称			单位	消 耗 量				
人工	000203000	综合二类工	工日	19.446	37.190	52.679	101.914	127.501
材料	031509007	平垫铁（综合）	kg	5.800	8.820	11.640	17.460	19.400
	031509010	斜垫铁（综合）	kg	5.200	6.573	9.880	14.820	17.280
	012101008	角钢 60	kg	8.000	12.000	15.000	15.000	20.000
	012900017	钢板 δ4.5～7	kg	10.000	10.000	15.000	15.000	20.000
	012903011	热轧中厚钢板 δ8～20	kg	20.000	25.000	50.000	60.000	80.000
	010501012	钢丝绳 ϕ15.5	m	—	—	1.250	1.920	—
	010501014	钢丝绳 ϕ20	m	—	—	—	—	2.330
	031507018	镀锌铁丝 ϕ2.8～4.0	kg	10.000	10.000	12.000	12.000	12.000
	031301009	低碳钢焊条 J427（综合）	kg	16.800	23.100	31.500	44.100	68.250
	031301023	碳钢气焊条（综合）	kg	0.500	0.500	1.000	1.000	1.500
	050401003	板枋材	m^3	—	—	0.060	0.080	0.090
	050301004	木板（综合）	m^3	0.009	0.010	0.014	0.150	0.023
	050105001	道木（综合）	m^3	0.077	0.080	0.116	0.177	0.227
	140307001	煤油	kg	2.100	4.200	5.250	8.400	8.400
	140303001	机油（综合）	kg	0.510	1.020	1.020	2.040	2.040
	140901003	黄油钙基脂	kg	0.500	0.500	1.000	1.000	1.000
	142909001	氧气	m^3	8.160	12.240	20.400	30.600	35.700
	142907002	乙炔气	kg	3.138	4.708	7.846	11.769	13.731
	023503001	无石棉板 1.6～2×500～800	kg	20.000	35.000	35.000	45.000	60.000
	020112007	无石棉橡胶板高压 δ1～6	kg	5.000	10.000	10.000	15.000	20.000
	020901007	四氟乙烯塑料薄膜	kg	0.150	0.200	0.300	0.300	0.500
	850103006	其他材料费（占材料费）	%	5.000	5.000	5.000	5.000	5.000
机械	990401035	载重汽车 10t	台班	0.300	0.400	0.500	1.000	1.200
	990304004	汽车式起重机 8t	台班	1.500	1.500	2.750	3.800	4.800
	990304012	汽车式起重机 12t	台班	0.300	—	—	—	—
	990304016	汽车式起重机 16t	台班	—	0.500	—	—	—
	990304024	汽车式起重机 25t	台班	—	—	0.400	—	—
	990304040	汽车式起重机 50t	台班	—	—	—	0.500	—
	990304052	汽车式起重机 75t	台班	—	—	—	—	0.500
	990901010	交流弧焊机 21kV·A	台班	5.000	7.000	8.500	11.000	14.500

五、加热炉及热处理炉

工作内容： 开箱清点、场内运输、外观检查、设备清洗、吊装、连接、安装就位、调整、固定、单体调试。

计量单位：台

编号				1-10-24	1-10-25	1-10-26	1-10-27	1-10-28	1-10-29
项目				设备重量（t 以内）					
				1.0	3.0	5.0	7.0	9.0	12.0
名称			单位	消耗量					
人工	000203000	综合二类工	工日	11.395	22.672	34.027	46.396	57.138	74.530
材料	031509007	平垫铁（综合）	kg	9.410	11.290	13.440	15.360	19.800	23.760
	031509010	斜垫铁（综合）	kg	7.640	9.170	11.656	12.560	17.630	20.160
	012101008	角钢 60	kg	8.000	10.000	11.000	12.000	13.000	15.000
	012900017	钢板 δ4.5～7	kg	3.000	4.200	4.700	5.100	5.700	6.250
	012903011	热轧中厚钢板 δ8～20	kg	18.000	22.000	25.000	28.000	31.000	34.000
	031507018	镀锌铁丝 ϕ2.8～4.0	kg	1.000	2.000	4.000	6.000	6.000	6.000
	031301009	低碳钢焊条 J427（综合）	kg	10.500	15.750	19.950	24.150	28.350	33.600
	031301023	碳钢气焊条（综合）	kg	—	0.600	0.700	0.800	0.900	1.000
	050301004	木板（综合）	m^3	0.007	0.011	0.015	0.021	0.027	0.034
	050105001	道木（综合）	m^3	0.046	0.055	0.072	0.100	0.106	0.117
	140307001	煤油	kg	1.050	2.100	2.415	2.940	3.465	4.200
	140303001	机油（综合）	kg	0.510	0.612	0.816	1.020	1.224	1.428
	140901003	黄油钙基脂	kg	0.200	0.200	0.400	0.600	0.600	0.600
	142909001	氧气	m^3	3.060	5.100	7.140	9.180	11.220	14.280
	142907002	乙炔气	kg	1.177	1.962	2.746	3.531	4.315	5.492
	023503001	无石棉板 1.6～2×500～800	kg	2.000	2.400	2.900	3.400	3.900	4.400
	020112007	无石棉橡胶板高压 δ1～6	kg	0.800	0.940	1.320	1.680	2.430	2.800
	020901007	四氟乙烯塑料薄膜	kg	0.100	0.200	0.250	0.300	0.350	0.350
	850103006	其他材料费（占材料费）	%	5.000	5.000	5.000	5.000	5.000	5.000
机械	990401035	载重汽车 10t	台班	—	—	—	0.300	0.300	0.400
	990304004	汽车式起重机 8t	台班	—	0.800	1.150	1.500	1.750	2.000
	990304012	汽车式起重机 12t	台班	0.200	0.200	0.300	—	—	—
	990304016	汽车式起重机 16t	台班	—	—	—	0.400	0.400	—
	990304028	汽车式起重机 30t	台班	—	—	—	—	—	0.500
	990901010	交流弧焊机 21kV·A	台班	1.000	2.400	3.400	3.900	4.350	5.800

工作内容：开箱清点、场内运输、外观检查、设备清洗、吊装、连接、安装就位、调整、固定、单体调试。 **计量单位：台**

编号				1-10-30	1-10-31	1-10-32	1-10-33	1-10-34
项目				设备重量（t 以内）				
				15.0	20.0	25.0	30.0	40.0
名称			单位	消耗量				
人工	000203000	综合二类工	工日	92.419	122.465	149.284	177.119	232.255
材料	031509007	平垫铁（综合）	kg	27.170	29.110	51.740	62.090	70.400
	031509010	斜垫铁（综合）	kg	22.230	24.700	45.860	55.040	60.800
	012101008	角钢 60	kg	17.000	19.000	22.000	25.000	28.000
	012900017	钢板 δ4.5～7	kg	9.600	11.100	12.600	15.000	16.500
	012903011	热轧中厚钢板 δ8～20	kg	38.000	41.000	44.000	47.000	49.000
	031507018	镀锌铁丝 ϕ2.8～4.0	kg	6.000	6.000	6.000	6.000	6.000
	031301009	低碳钢焊条 J427（综合）	kg	38.850	46.200	53.550	60.900	70.350
	031301023	碳钢气焊条（综合）	kg	1.100	1.300	1.500	1.700	2.000
	050401003	板枋材	m^3	—	0.080	0.080	0.080	0.090
	050301004	木板（综合）	m^3	0.040	0.048	0.057	0.067	0.080
	050105001	道木（综合）	m^3	0.140	0.192	0.249	0.274	0.234
	140307001	煤油	kg	4.935	6.825	8.400	9.975	12.600
	140303001	机油（综合）	kg	1.632	2.040	2.448	2.856	3.468
	140901003	黄油钙基脂	kg	0.600	0.600	0.700	0.700	0.700
	142909001	氧气	m^3	17.340	22.440	27.540	32.640	39.780
	142907002	乙炔气	kg	6.669	8.631	10.592	12.554	15.300
	023503001	无石棉板 1.6～2×500～800	kg	4.900	5.400	5.900	6.400	6.900
	020112007	无石棉橡胶板高压 δ1～6	kg	3.550	4.560	5.520	6.480	7.440
	020901007	四氟乙烯塑料薄膜	kg	0.400	0.450	0.450	0.450	0.500
	850103006	其他材料费（占材料费）	%	5.000	5.000	5.000	5.000	5.000
机械	990401035	载重汽车 10t	台班	0.400	0.400	0.400	0.500	0.600
	990304016	汽车式起重机 16t	台班	1.700	2.000	2.000	2.800	3.000
	990304028	汽车式起重机 30t	台班	0.500	0.600	—	—	—
	990304052	汽车式起重机 75t	台班	—	—	0.800	0.800	—
	990304064	汽车式起重机 100t	台班	—	—	—	—	0.800
	990901010	交流弧焊机 21kV·A	台班	6.800	8.700	9.700	11.200	14.500

工作内容：开箱清点、场内运输、外观检查、设备清洗、吊装、连接、安装就位、调整、固定、单体调试。

计量单位：台

编号				1-10-35	1-10-36	1-10-37	1-10-38	1-10-39
项目				设备重量（t以内）				
				50.0	65.0	80.0	100.0	150.0
名称			单位	消耗量				
人工	000203000	综合二类工	工日	280.362	356.345	421.370	498.331	730.949
材料	031509007	平垫铁（综合）	kg	80.960	92.500	96.100	106.500	120.380
	031509010	斜垫铁（综合）	kg	70.000	81.000	85.600	95.000	106.880
	012101008	角钢 60	kg	31.000	35.000	39.000	44.000	55.000
	012900017	钢板 δ4.5～7	kg	21.000	25.000	29.000	35.000	45.000
	012903011	热轧中厚钢板 δ8～20	kg	51.000	52.000	54.000	56.000	60.000
	031507018	镀锌铁丝 ϕ2.8～4.0	kg	7.500	7.500	7.500	7.500	7.500
	031301009	低碳钢焊条 J427（综合）	kg	79.800	90.300	100.800	111.300	132.300
	031301023	碳钢气焊条（综合）	kg	2.300	2.700	3.100	3.600	4.500
	050401003	板枋材	m^3	0.100	0.140	0.140	0.160	0.180
	050301004	木板（综合）	m^3	0.093	0.106	0.119	0.132	0.169
	050105001	道木（综合）	m^3	0.370	0.420	0.473	0.568	0.633
	140307001	煤油	kg	15.225	18.375	21.525	24.675	28.875
	140303001	机油（综合）	kg	4.080	4.896	5.712	6.120	7.344
	140901003	黄油钙基脂	kg	0.800	0.800	0.800	0.800	0.800
	142909001	氧气	m^3	46.920	56.100	65.280	75.480	95.880
	142907002	乙炔气	kg	17.938	21.577	25.108	29.031	36.877
	023503001	无石棉板 1.6～2×500～800	kg	7.400	7.900	8.300	8.700	9.500
	020112007	无石棉橡胶板高压 δ1～6	kg	9.100	9.360	10.320	10.800	12.240
	020901007	四氟乙烯塑料薄膜	kg	0.500	0.500	0.550	0.550	0.600
	850103006	其他材料费（占材料费）	%	5.000	5.000	5.000	5.000	5.000
机械	990401035	载重汽车 10t	台班	0.750	1.000	1.200	1.350	1.500
	990304016	汽车式起重机 16t	台班	3.730	3.900	4.100	5.600	7.950
	990304064	汽车式起重机 100t	台班	0.800	1.000	1.250	1.550	2.300
	990901010	交流弧焊机 21kV·A	台班	16.500	21.000	23.300	26.000	31.000

六、解体结构井式热处理炉

工作内容：开箱清点、场内运输、外观检查、设备清洗、吊装、连接、安装就位、调整、固定、单体调试。

计量单位：台

编号				1-10-40	1-10-41	1-10-42	1-10-43	1-10-44
项目				设备重量（t 以内）				
				10.0	15.0	25.0	35.0	50.0
名称			单位	消耗量				
人工	000203000	综合二类工	工日	77.644	112.505	181.536	247.861	330.953
材料	031509007	平垫铁（综合）	kg	11.640	13.580	17.460	19.400	23.560
	031509010	斜垫铁（综合）	kg	9.880	12.350	14.820	17.290	19.700
	012101008	角钢 60	kg	10.000	15.000	25.000	30.000	40.000
	012900017	钢板 δ4.5～7	kg	15.000	20.000	20.000	25.000	25.000
	012903011	热轧中厚钢板 δ8～20	kg	20.000	30.000	40.000	50.000	50.000
	031507018	镀锌铁丝 ϕ2.8～4.0	kg	8.000	8.000	8.000	10.000	16.000
	031301009	低碳钢焊条 J427（综合）	kg	17.850	25.200	39.900	52.500	63.000
	031301023	碳钢气焊条（综合）	kg	0.500	1.000	3.000	5.000	7.000
	050301004	木板（综合）	m^3	0.008	0.012	0.012	0.012	0.014
	050105001	道木（综合）	m^3	0.112	0.161	0.249	0.264	0.382
	140307001	煤油	kg	5.250	8.400	10.500	13.650	15.750
	140303001	机油（综合）	kg	1.530	2.040	2.550	3.060	3.570
	140901003	黄油钙基脂	kg	1.000	1.500	1.500	2.000	3.000
	142909001	氧气	m^3	14.280	20.400	51.000	67.320	83.640
	142907002	乙炔气	kg	5.492	7.846	19.615	25.892	32.169
	023503001	无石棉板 1.6～2×500～800	kg	20.000	35.000	35.000	50.000	60.000
	020112007	无石棉橡胶板高压 δ1～6	kg	5.000	8.000	10.000	15.000	20.000
	020901007	四氟乙烯塑料薄膜	kg	0.500	0.750	1.000	1.500	2.000
	050401003	板枋材	m^3	—	0.060	0.080	0.080	0.100
	850103006	其他材料费（占材料费）	%	5.000	5.000	5.000	5.000	5.000
机械	990401035	载重汽车 10t	台班	0.500	0.500	0.800	0.800	1.000
	990304016	汽车式起重机 16t	台班	1.000	1.000	1.500	2.500	3.000
	990304024	汽车式起重机 25t	台班	—	0.400	—	—	—
	990304040	汽车式起重机 50t	台班	—	—	0.600	—	—
	990304052	汽车式起重机 75t	台班	—	—	—	0.800	—
	990304064	汽车式起重机 100t	台班	—	—	—	—	1.000
	990901010	交流弧焊机 21kV·A	台班	5.800	7.800	12.000	14.000	18.000

第十一章

煤气发生设备安装

说明

一、本章内容包括以煤或焦炭作燃料的冷热煤气发生炉及其各种附属设备、容器、构件的安装；气密试验；分节容器外壳组对焊接。

1. 煤气发生炉本体及其底部风箱、落灰箱安装，灰盘、炉箅及传动机构安装，水套、炉壳及支柱、框架、支耳安装，炉盖加料筒及传动装置安装，上部加煤机安装，本体其他附件及本体管道安装。

2. 无支柱悬吊式（如 W-G 型）煤气发生炉的料仓、料管安装。

3. 炉膛内径 1.0m 及 1.5m 的煤气发生炉包括随设备带有的给煤提升装置及轨道平台安装。

4. 电气滤清器安装包括沉电极、电晕极检查、下料、安装，顶部绝缘子箱外壳安装。

5. 竖管及人孔清理、安装，顶部装喷嘴和本体管道安装。

6. 洗涤塔外壳组装及内部零件、附件以及必须在现场装配的部件安装。

7. 除尘器安装包括下部水封安装。

8. 盘阀、钟罩阀安装包括操纵装置安装及穿钢丝绳。

9. 水压试验、密封试验及非密闭容器的灌水试验。

二、本章不包括以下工作内容，应执行其他章节相关安装项目。

1. 煤气发生炉炉顶平台安装。

2. 煤气发生炉支柱、支耳、框架因接触不良而需要的加热和修整工作。

3. 洗涤塔木格层制作及散片组成整块、刷防腐漆。

4. 附属设备内部及底部砌筑、填充砂浆及填瓷环。

5. 洗涤塔、电气滤清器等的平台、梯子、栏杆安装。

6. 安全阀防爆薄膜试验。

7. 煤气排送机、鼓风机、泵安装。

三、相关说明：

1. 除洗涤塔外，其他各种附属设备外壳均按整体安装考虑，如为解体安装需要在现场焊接时，除执行相应整体安装项目外，尚需执行“煤气发生设备分节容器外壳组焊”的相应项目。且该项目是按外圈焊接考虑。如外圈和内圈均需焊接时，应按相应项目乘以系数 1.95。

2. 煤气发生设备分节容器外壳组焊时，如所焊设备外径大于 3m，则以 3m 外径及组成节数（3/2、3/3）的项目为基础，按下表乘以调整系数。

系数表

设备外径ϕ（m 以内）/组成节数	4/2	4/3	5/2	5/3	6/2	6/3
调整系数	1.34	1.34	1.67	1.67	2.00	2.00

3. 如实际安装的煤气发生炉，其炉膛内径与项目内径相似，其重量超过 10%时，先按公式求其重量差系数。然后按下表乘以相应系数调整安装费。设备重量差系数 = 设备实际重量/项目设备重量。

系数表

设备重量差系数	1.10	1.20	1.40	1.60	1.80
安装费调整系数	1.00	1.10	1.20	1.30	1.40

工程量计算规则

一、煤气发生设备安装应区分炉膛内径、设备重量，按设计图示数量，分别以“台”为计量单位。

二、洗涤塔、电气滤清器、竖管及附属设备安装应区分设备类型，按设计图示数量，分别以“台”为计量单位。

三、煤气发生设备附属的其他容器构件安装，区分单体重量，按设计图示重量，以“t”为计量单位。

四、煤气发生设备分节容器外壳组焊，区分设备外径和组成节数，按设计图示数量，分别以“台”为计量单位。

一、煤气发生炉

工作内容：开箱清点、场内运输、外观检查、设备清洗、吊装、连接、安装就位、调整、固定、水压试验、密封试验及非密闭容器的灌水试验、单体调试。 **计量单位：**台

编号				1-11-1	1-11-2	1-11-3	1-11-4	1-11-5	1-11-6
项目				炉膛内径（m）					
				1	1.5	2	3		3.6
				设备重量（t）					
				5	6	30	28（无支柱）	38（有支柱）	47
名称			单位	消耗量					
人工	000203000	综合二类工	工日	96.903	112.814	234.167	207.815	270.297	316.142
材料	031509007	平垫铁（综合）	kg	25.760	31.750	74.210	22.000	74.200	222.810
	031509010	斜垫铁（综合）	kg	25.320	30.616	74.176	12.576	74.176	199.410
	012101008	角钢 60	kg	20.000	20.000	25.000	90.000	96.000	110.000
	012901009	热轧薄钢板 δ1.6～1.9	kg	8.000	10.000	16.000	18.000	20.000	28.000
	012903011	热轧中厚钢板 δ8～20	kg	18.000	20.000	60.000	88.000	90.000	100.000
	010501013	钢丝绳 ϕ18.5	m	—	—	2.100	2.100	—	—
	010501014	钢丝绳 ϕ20	m	—	—	—	—	2.330	—
	010501015	钢丝绳 ϕ21.5	m	—	—	—	—	—	2.750
	031507018	镀锌铁丝 ϕ2.8～4.0	kg	2.000	2.000	4.000	4.000	4.000	6.000
	031301009	低碳钢焊条 J427（综合）	kg	5.250	7.350	40.110	46.200	58.800	75.600
	031301023	碳钢气焊条（综合）	kg	1.000	1.000	2.000	2.000	2.000	3.000
	050401003	板枋材	m^3	—	—	0.080	0.080	0.090	0.100
	050301004	木板（综合）	m^3	0.020	0.020	0.090	0.090	0.110	0.120
	050105001	道木（综合）	m^3	0.141	0.187	0.374	0.437	0.472	0.620
	140307001	煤油	kg	10.500	10.500	18.900	18.900	21.000	29.400
	140303001	机油（综合）	kg	3.060	4.080	6.120	6.120	7.140	8.160
	140901003	黄油钙基脂	kg	3.000	4.000	8.000	8.000	10.000	10.000
	143123001	硅酸钠（水玻璃）	kg	2.000	2.000	4.000	5.000	5.000	6.000

工作内容： 开箱清点、场内运输、外观检查、设备清洗、吊装、连接、安装就位、调整、固定、水压试验、密封试验及非密闭容器的灌水试验、单体调试。 **计量单位：** 台

编号				1-11-1	1-11-2	1-11-3	1-11-4	1-11-5	1-11-6
项目				炉膛内径（m）					
				1	1.5	2	3		3.6
				设备重量（t）					
				5	6	30	28 (无支柱)	38 (有支柱)	47
名称			单位	消耗量					
材料	143309001	甘油	kg	1.000	1.000	2.000	2.000	2.000	3.000
	142909001	氧气	m^3	8.160	9.180	22.950	24.480	27.540	32.130
	142907002	乙炔气	kg	3.138	3.531	8.827	9.415	10.592	12.358
	140505001	铅油（厚漆）	kg	2.000	3.000	4.000	5.000	5.000	6.000
	040915003	黑铅粉	kg	2.000	2.000	4.000	5.000	5.000	6.000
	022709007	羊毛毡 12～15	m^2	0.040	0.050	0.100	0.100	0.100	0.120
	020112007	无石棉橡胶板高压 δ1～6	kg	4.000	6.000	9.000	11.000	11.000	12.000
	023503005	普通无石棉布	kg	8.000	10.000	18.000	22.000	22.000	26.000
	023503010	无石棉绳 ϕ6～10 烧失量24%	kg	1.000	1.500	2.000	2.000	2.000	2.200
	023503011	无石棉绳 ϕ11～25 烧失量24%	kg	1.500	2.000	5.000	6.000	6.000	8.000
	020101005	橡胶板 δ5～10	kg	2.000	2.000	4.000	5.000	5.000	6.000
	850103006	其他材料费（占材料费）	%	5.000	5.000	5.000	5.000	5.000	5.000
机械	990401035	载重汽车 10t	台班	0.300	0.400	0.600	0.600	1.000	1.500
	990304004	汽车式起重机 8t	台班	1.650	1.800	4.500	5.000	5.500	6.200
	990304012	汽车式起重机 12t	台班	0.300	—	—	—	—	—
	990304016	汽车式起重机 16t	台班	—	0.400	—	—	—	—
	990304040	汽车式起重机 50t	台班	—	—	0.800	0.800	—	—
	990304052	汽车式起重机 75t	台班	—	—	—	—	1.000	—
	990304064	汽车式起重机 100t	台班	—	—	—	—	—	1.100
	991003050	电动空气压缩机 6m^3/min	台班	1.260	1.260	2.230	2.230	2.910	2.910
	990901010	交流弧焊机 21kV·A	台班	2.400	3.400	5.800	5.800	8.200	9.700

二、洗 涤 塔

工作内容： 开箱清点、场内运输、外观检查、设备清洗、吊装、连接、安装就位、调整、固定、水压试验、密封试验及非密闭容器的灌水试验、单体调试。 **计量单位：台**

编号				1-11-7	1-11-8	1-11-9	1-11-10
项目				设备规格［直径ϕ（mm）/高度H（mm）］			
				1220/9000	1620/9200	2520/12700	3520/14600
		名称	单位	消耗量			
人工	000203000	综合二类工	工日	25.905	31.593	85.941	110.503
材料	031509007	平垫铁（综合）	kg	7.760	11.640	27.750	65.210
	031509010	斜垫铁（综合）	kg	7.410	9.880	26.680	63.610
	012901009	热轧薄钢板 δ1.6～1.9	kg	4.000	4.000	6.000	12.000
	012903011	热轧中厚钢板 δ8～20	kg	18.000	20.000	42.000	75.000
	031507018	镀锌铁丝 ϕ2.8～4.0	kg	3.000	3.000	3.000	3.000
	031301009	低碳钢焊条 J427（综合）	kg	4.200	5.250	29.400	50.400
	050301004	木板（综合）	m^3	0.010	0.010	0.020	0.020
	050105001	道木（综合）	m^3	0.166	0.212	0.274	0.904
	140307001	煤油	kg	3.150	3.150	3.675	5.250
	140303001	机油（综合）	kg	2.550	2.550	3.570	4.590
	140901003	黄油钙基脂	kg	2.200	2.200	3.000	3.800
	142909001	氧气	m^3	6.120	6.120	9.180	11.016
	142907002	乙炔气	kg	2.354	2.354	3.531	4.237
	140505001	铅油（厚漆）	kg	2.000	2.500	3.000	4.000
	040915003	黑铅粉	kg	1.000	1.200	1.400	2.100
	020112007	无石棉橡胶板 高压 δ1～6	kg	1.500	1.800	2.000	3.000
	023503011	无石棉绳 ϕ11～25 烧失量 24%	kg	3.000	3.500	4.000	5.200
	183109009	丝堵 ϕ38 以内	个	2.000	2.000	4.000	5.000
	010501012	钢丝绳 ϕ15.5	m	—	—	1.250	1.250
	050401003	板枋材	m^3	—	—	0.060	0.060
	850103006	其他材料费（占材料费）	%	5.000	5.000	5.000	5.000
机械	990401035	载重汽车 10t	台班	0.500	0.580	0.800	1.000
	990304004	汽车式起重机 8t	台班	0.600	0.700	1.750	2.000
	990304012	汽车式起重机 12t	台班	0.300	—	—	—
	990901010	交流弧焊机 21kV·A	台班	1.000	1.000	3.800	6.300
	991003050	电动空气压缩机 6m^3/min	台班	1.500	1.500	2.000	2.400
	990304016	汽车式起重机 16t	台班	—	0.400	—	—
	990304024	汽车式起重机 25t	台班	—	—	0.500	—
	990304028	汽车式起重机 30t	台班	—	—	—	0.580

工作内容：开箱清点、场内运输、外观检查、设备清洗、吊装、连接、安装就位、调整、固定、水压试验、密封试验及非密闭容器的灌水试验、单体调试。 计量单位：台

编号				1-11-11	1-11-12	1-11-13
项目				设备规格［直径ϕ（mm）/高度H（mm）］		
				2650/18800	3520/24050	4020/24460
名称			单位	消耗量		
人工	000203000	综合二类工	工日	133.172	194.826	217.828
材料	031509007	平垫铁（综合）	kg	86.940	111.640	120.230
	031509010	斜垫铁（综合）	kg	84.820	94.730	105.260
	012901009	热轧薄钢板 δ1.6～1.9	kg	20.000	20.000	24.000
	012903011	热轧中厚钢板 δ8～20	kg	80.000	90.000	128.000
	010501013	钢丝绳 ϕ18.5	m	2.080	—	—
	010501015	钢丝绳 ϕ21.5	m	—	2.750	—
	010501016	钢丝绳 ϕ26	m	—	—	5.000
	031507018	镀锌铁丝 ϕ2.8～4.0	kg	3.000	3.500	3.500
	031301009	低碳钢焊条 J427（综合）	kg	71.400	89.250	105.000
	050401003	板枋材	m^3	0.080	0.100	0.140
	050301004	木板（综合）	m^3	0.020	0.020	0.020
	050105001	道木（综合）	m^3	0.754	1.182	1.524
	140307001	煤油	kg	5.775	7.350	8.400
	140303001	机油（综合）	kg	5.100	7.140	8.160
	140901003	黄油钙基脂	kg	4.000	6.500	7.500
	142909001	氧气	m^3	11.016	13.770	18.360
	142907002	乙炔气	kg	4.237	5.296	7.062
	140505001	铅油（厚漆）	kg	4.500	5.000	6.000
	040915003	黑铅粉	kg	2.200	3.000	3.500
	020112007	无石棉橡胶板高压 δ1～6	kg	3.500	5.000	6.000
	023503011	无石棉绳 ϕ11～25 烧失量24%	kg	6.000	6.000	6.500
	183109009	丝堵ϕ38 以内	个	5.000	16.000	16.000
	850103006	其他材料费（占材料费）	%	5.000	5.000	5.000
机械	990401035	载重汽车 10t	台班	1.000	1.200	1.200
	990304004	汽车式起重机 8t	台班	2.280	3.832	4.705
	990304040	汽车式起重机 50t	台班	0.700	—	—
	990304064	汽车式起重机 100t	台班	—	0.800	1.000
	991003050	电动空气压缩机 6m^3/min	台班	2.400	2.900	2.900
	990901010	交流弧焊机 21kV·A	台班	7.800	9.700	12.100

三、电气滤清器

工作内容： 开箱清点、场内运输、外观检查、设备清洗、吊装、连接、安装就位、调整、固定、单体调试。

计量单位：台

编号				1-11-14	1-11-15	1-11-16	1-11-17	1-11-18
项目				设备型号				
				C-39	C-72	C-97	C-140	C-180
名称			单位	消耗量				
人工	000203000	综合二类工	工日	124.917	145.297	173.651	206.991	248.391
材料	031509007	平垫铁（综合）	kg	33.680	40.660	94.920	113.900	145.380
	031509010	斜垫铁（综合）	kg	29.480	39.310	81.430	93.070	118.120
	012901009	热轧薄钢板 δ1.6～1.9	kg	26.000	32.000	34.000	34.000	40.800
	012900017	钢板 δ4.5～7	kg	28.000	60.000	72.000	90.000	108.000
	010501012	钢丝绳 ϕ15.5	m	1.920	—	—	—	—
	010501013	钢丝绳 ϕ18.5	m	—	2.200	2.200	—	—
	010501014	钢丝绳 ϕ20	m	—	—	—	2.330	2.796
	031507018	镀锌铁丝 ϕ2.8～4.0	kg	1.000	1.000	1.500	1.500	1.800
	031301009	低碳钢焊条 J427（综合）	kg	12.600	12.600	14.700	15.750	18.900
	050401003	板枋材	m^3	0.080	0.128	0.136	0.159	0.191
	050301004	木板（综合）	m^3	0.010	0.010	0.020	0.020	0.024
	050105001	道木（综合）	m^3	0.604	0.628	0.886	1.159	1.391
	140307001	煤油	kg	2.625	2.625	3.150	4.200	5.040
	140303001	机油（综合）	kg	3.060	3.570	4.080	5.100	6.120
	140901003	黄油钙基脂	kg	1.500	1.500	2.000	2.500	3.000
	142909001	氧气	m^3	5.100	5.100	6.120	8.160	9.792
	142907002	乙炔气	kg	1.962	1.962	0.785	3.138	3.766
	040915003	黑铅粉	kg	1.500	1.500	2.000	2.200	2.640
	020112007	无石棉橡胶板高压 δ1～6	kg	8.000	9.000	10.000	14.000	16.800
	023503011	无石棉绳 ϕ11～25 烧失量 24%	kg	2.000	2.200	2.800	3.600	4.320
	850103006	其他材料费（占材料费）	%	5.000	5.000	5.000	5.000	5.000
机械	990401035	载重汽车 10t	台班	0.580	0.580	0.580	0.970	0.970
	990304004	汽车式起重机 8t	台班	2.230	2.520	2.800	3.200	3.500
	990304028	汽车式起重机 30t	台班	0.580	—	—	—	—
	990304040	汽车式起重机 50t	台班	—	0.780	0.780	0.780	0.780
	990901010	交流弧焊机 21kV·A	台班	3.880	3.880	4.400	5.330	6.300
	991003050	电动空气压缩机 $6m^3/min$	台班	2.420	2.420	2.910	2.910	3.400

四、竖　管

工作内容： 开箱清点、场内运输、外观检查、设备清洗、吊装、连接、安装就位、调整、固定、单体调试。

计量单位：台

编号				1-11-19	1-11-20	1-11-21	1-11-22
项目				单竖管	双竖管		
				设备规格［直径ϕ（mm）/高度H（mm）］			
				1620/9100；1420/6200	ϕ400	ϕ820	ϕ1620
名称			单位	消耗量			
人工	000203000	综合二类工	工日	24.129	15.965	27.123	32.383
材料	031509007	平垫铁（综合）	kg	9.700	4.700	5.640	8.470
	031509010	斜垫铁（综合）	kg	7.410	4.590	6.120	9.170
	012901009	热轧薄钢板 δ1.6～1.9	kg	8.000	8.000	10.000	12.000
	031507018	镀锌铁丝 ϕ2.8～4.0	kg	1.200	1.200	1.400	1.400
	031301009	低碳钢焊条 J427（综合）	kg	2.100	1.050	1.575	2.100
	050301004	木板（综合）	m^3	0.010	0.010	0.010	0.010
	050105001	道木（综合）	m^3	0.030	0.027	0.030	0.030
	140307001	煤油	kg	0.315	0.315	0.420	0.525
	140303001	机油（综合）	kg	0.204	0.204	0.306	0.510
	142909001	氧气	m^3	0.510	0.510	0.918	0.918
	142907002	乙炔气	kg	0.196	0.196	0.353	0.353
	140505001	铅油（厚漆）	kg	0.200	0.200	0.300	0.400
	040915003	黑铅粉	kg	0.400	0.400	0.600	0.800
	020112007	无石棉橡胶板高压 δ1～6	kg	2.000	2.000	2.400	3.000
	023503011	无石棉绳 ϕ11～25 烧失量24%	kg	1.200	1.200	2.000	3.000
	020101005	橡胶板 δ5～10	kg	1.000	1.000	1.200	1.500
	850103006	其他材料费（占材料费）	%	5.000	5.000	5.000	5.000
机械	990401035	载重汽车 10t	台班	0.300	0.300	0.300	0.300
	990304012	汽车式起重机 12t	台班	0.930	0.930	0.930	1.020
	990901010	交流弧焊机 21kV·A	台班	0.500	0.300	0.400	0.500
	991003050	电动空气压缩机 6m^3/min	台班	1.000	1.000	1.000	1.300

五、附 属 设 备

工作内容： 开箱清点、场内运输、外观检查、设备清洗、吊装、连接、安装就位、调整、固定、单体调试。

计量单位：台

编号				1-11-23	1-11-24	1-11-25	1-11-26	1-11-27
项目				废热锅炉	废热锅炉竖管	除滴器	旋涡除尘器	
				设备规格［直径ϕ（mm）/高度H（mm）］				ϕ2060
				1200/7500	1400/8400	2500/5000	2400/6745	
		名称	单位	消耗量				
人工	000203000	综合二类工	工日	43.722	57.374	28.280	34.741	30.552
材料	031509007	平垫铁（综合）	kg	11.640	17.460	6.590	5.640	5.640
	031509010	斜垫铁（综合）	kg	9.880	14.820	7.640	6.120	6.120
	012901009	热轧薄钢板 δ1.6～1.9	kg	—	—	10.000	10.000	8.000
	012903011	热轧中厚钢板 δ8～20	kg	4.000	6.000	52.000	46.000	40.000
	031507018	镀锌铁丝 ϕ2.8～4.0	kg	1.200	1.500	2.000	2.000	2.000
	031301009	低碳钢焊条 J427（综合）	kg	0.525	0.525	1.680	2.100	1.575
	050301004	木板（综合）	m^3	0.010	0.010	0.010	0.010	0.010
	050105001	道木（综合）	m^3	0.052	0.052	0.095	0.092	0.092
	140307001	煤油	kg	0.315	0.525	1.050	1.050	0.840
	140303001	机油（综合）	kg	0.102	0.204	1.020	1.020	0.510
	140901003	黄油钙基脂	kg	—	—	0.250	0.500	0.500
	140505001	铅油（厚漆）	kg	0.100	0.100	0.200	0.200	0.200
	040915003	黑铅粉	kg	0.300	0.600	—	0.800	0.600
	020112007	无石棉橡胶板 高压 δ1～6	kg	4.000	6.000	—	2.500	2.000
	023503011	无石棉绳 ϕ11～25 烧失量 24%	kg	1.000	1.800	—	3.000	2.500
	850103006	其他材料费（占材料费）	%	5.000	5.000	5.000	5.000	5.000
机械	990401035	载重汽车 10t	台班	0.300	0.300	0.200	0.300	0.200
	990304004	汽车式起重机 8t	台班	0.970	1.160	0.580	0.680	0.580
	990304016	汽车式起重机 16t	台班	0.300	0.300	0.300	0.400	0.300
	990901010	交流弧焊机 21kV·A	台班	0.300	0.300	1.000	0.500	0.500
	991003050	电动空气压缩机 6m^3/min	台班	1.500	1.500	1.500	1.500	1.500

工作内容：开箱清点、场内运输、外观检查、设备清洗、吊装、连接、安装就位、调整、固定、单体调试。

计量单位：台

编号				1-11-28	1-11-29	1-11-30	1-11-31
项目				焦油分离机	除灰水封	隔离水封	
					设备规格［直径ϕ（mm）/高度H（mm）］		
				3400m³/h	1020/8800	720/2400	1220/3800；1620/5200
名称			单位	消耗量			
人工	000203000	综合二类工	工日	99.545	19.861	7.629	18.057
材料	031509007	平垫铁（综合）	kg	36.780	3.760	2.820	3.760
	031509010	斜垫铁（综合）	kg	35.570	4.590	3.060	4.590
	012901009	热轧薄钢板 δ1.6～1.9	kg	3.000	—	—	—
	012903011	热轧中厚钢板 δ8～20	kg	5.000	—	—	—
	031507018	镀锌铁丝 ϕ2.8～4.0	kg	2.500	1.200	1.200	1.300
	031301009	低碳钢焊条 J427（综合）	kg	6.300	0.525	0.525	0.525
	050301004	木板（综合）	m³	0.020	0.010	0.010	0.010
	050105001	道木（综合）	m³	0.193	0.027	0.027	0.027
	140307001	煤油	kg	8.400	—	0.420	0.525
	140303001	机油（综合）	kg	1.530	—	0.408	0.510
	140901003	黄油钙基脂	kg	1.000	—	0.100	0.100
	140505001	铅油（厚漆）	kg	0.500	—	—	—
	040915003	黑铅粉	kg	1.000	—	—	—
	020112007	无石棉橡胶板 高压 δ1～6	kg	—	1.500	1.500	2.000
	023503011	无石棉绳 ϕ11～25 烧失量 24%	kg	—	0.500	0.500	0.600
	850103006	其他材料费（占材料费）	%	5.000	5.000	5.000	5.000
机械	990401035	载重汽车 10t	台班	0.200	—	—	—
	990304004	汽车式起重机 8t	台班	1.450	0.580	0.380	0.680
	990304016	汽车式起重机 16t	台班	0.500	—	—	—
	990901010	交流弧焊机 21kV·A	台班	1.450	0.500	0.200	0.200

工作内容：开箱清点、场内运输、外观检查、设备清洗、吊装、连接、安装就位、调整、固定、单体调试。

计量单位：台

编号				1-11-32	1-11-33	1-11-34	1-11-35
项目				总管沉灰箱	总管清理水封	钟罩阀	盘阀
				设备规格［直径ϕ（mm）/高度H（mm）］			
				ϕ720	ϕ630	ϕ200；ϕ300	1000/1000；950/1150
名称			单位	消耗量			
人工	000203000	综合二类工	工日	7.630	13.256	3.623	8.932
材料	031509007	平垫铁（综合）	kg	3.760	1.410	—	—
	031509010	斜垫铁（综合）	kg	4.590	2.040	—	—
	031507018	镀锌铁丝 ϕ2.8～4.0	kg	1.200	1.200	—	—
	031301009	低碳钢焊条 J427（综合）	kg	0.525	0.525	0.525	—
	050301004	木板（综合）	m^3	0.010	0.010	—	—
	050105001	道木（综合）	m^3	0.027	—	—	—
	140901003	黄油钙基脂	kg	0.100	0.100	—	—
	040915003	黑铅粉	kg	—	—	—	0.200
	020112007	无石棉橡胶板 高压 δ1～6	kg	1.000	1.000	1.000	—
	023503011	无石棉绳 ϕ11～25 烧失量 24%	kg	0.500	0.500	0.500	0.500
	850103006	其他材料费（占材料费）	%	5.000	5.000	5.000	5.000
机械	990304004	汽车式起重机 8t	台班	0.370	0.680	—	—
	990901010	交流弧焊机 21kV·A	台班	0.300	0.200	0.300	—

六、煤气发生设备附属其他容器构件

工作内容： 开箱清点、场内运输、外观检查、设备清洗、吊装、连接、安装就位、调整、固定、单体调试。

计量单位：t

编号				1-11-36	1-11-37
项目				设备重量（t）	
				≤0.5	>0.5
名称			单位	消耗量	
人工	000203000	综合二类工	工日	18.225	15.024
材料	031509007	平垫铁（综合）	kg	2.820	2.820
	031509010	斜垫铁（综合）	kg	3.060	3.060
	370915002	钢板垫板	kg	10.000	6.000
	031507018	镀锌铁丝 ϕ2.8～4.0	kg	2.020	2.000
	031301009	低碳钢焊条 J427（综合）	kg	3.150	2.100
	050301004	木板（综合）	m^3	0.010	0.009
	050105001	道木（综合）	m^3	0.052	0.040
	140307001	煤油	kg	1.260	1.050
	140303001	机油（综合）	kg	0.612	0.510
	140901003	黄油钙基脂	kg	0.600	0.500
	142909001	氧气	m^3	1.224	1.020
	142907002	乙炔气	kg	0.408	0.340
	140505001	铅油（厚漆）	kg	1.000	0.800
	040915003	黑铅粉	kg	1.000	0.800
	020112007	无石棉橡胶板 高压 δ1～6	kg	1.500	1.200
	023503011	无石棉绳 ϕ11～25 烧失量 24%	kg	1.200	1.000
	850103006	其他材料费（占材料费）	%	5.000	5.000
机械	990304012	汽车式起重机 12t	台班	0.800	0.600
	990901010	交流弧焊机 21kV·A	台班	1.450	1.000
	991003070	电动空气压缩机 10m^3/min	台班	1.250	1.200

七、煤气发生设备分节容器外壳组焊

工作内容：组对、焊接。 **计量单位：**台

编号				1-11-38	1-11-39	1-11-40	1-11-41	1-11-42	1-11-43
项目				设备外径（m以内）/组成节数					
				1/2	1/3	2/2	2/3	3/2	3/3
名称			单位	消耗量					
人工	000203000	综合二类工	工日	6.799	12.155	13.673	24.440	20.583	36.793
材料	031301009	低碳钢焊条 J427（综合）	kg	5.933	11.834	18.123	23.667	17.388	35.501
	050105001	道木（综合）	m^3	0.023	0.023	0.023	0.023	0.023	0.023
	850103006	其他材料费（占材料费）	%	5.000	5.000	5.000	5.000	5.000	5.000
机械	990304004	汽车式起重机 8t	台班	0.200	0.300	0.400	0.800	0.500	0.800
	990901010	交流弧焊机 21kV·A	台班	1.000	1.450	2.000	4.000	3.000	6.000

第十二章

制冷设备安装

说　明

一、本章内容包括制冷设备、螺杆式制冷机组、离心式制冷机组、热泵机组、溴化锂吸收式制冷机、制冰设备、冷风机、冷凝器及蒸发器、贮液器、分离器、过滤器、冷却器、玻璃钢冷却塔、集油器、油视镜、紧急泄氨器设备的安装及制冷容器单体试密与排污。

1. 制冷机组包括：活塞式制冷机组、螺杆式冷水机组、离心式冷水机组、热泵机组、溴化锂吸收式制冷机组、双工况制冷机组。

2. 制冷设备包括：快速制冰设备、盐水制冰设备、搅拌器。

3. 冷风机包括：落地式冷风机、吊顶式冷风机。

4. 制冷机械配套附属设备包括：冷凝器、蒸发器、贮液器、分离器、过滤器、冷却器、玻璃钢冷却塔、集油器、油视镜、紧急泄氨器等。

二、本章包括以下工作内容：

1. 设备整体、解体安装。

2. 设备带有的电动机、附件、零件等安装。

3. 制冷机械附属设备整体安装；随设备带有与设备联体固定的配件（放油阀、放水阀、安全阀、压力表、水位表）等安装。

4. 制冷容器单体气密试验（包括装拆空气压缩机本体及连接试验用的管道、装拆盲板、通气、检查、放气等）与排污。

三、本章不包括以下工作内容：

1. 与设备本体非同一底座的各种设备、起动装置与仪表盘、柜等的安装、调试。

2. 电动机及其他动力机械的拆装检查、配管、配线、调试。

3. 非设备带有的支架、沟槽、防护罩等的制作安装。

4. 设备保温及油漆。

5. 加制冷剂、制冷系统调试。

四、相关说明：

1. 除溴化锂吸收式制冷机外，其他制冷机组均按同一底座，并带有减震装置的整体安装方法考虑的。如制冷机组解体安装，可执行相应的空气压缩机安装项目。减震装置若由施工单位提供，可按设计选用的规格另行计算材料费。

2. 制冷机组安装项目中，已包括施工单位配合制造厂试车的工作内容。

3. 制冷容器的单体气密试验与排污项目是按试一次考虑的。如“技术规范”或“设计要求”需要多次连续试验时，则第二次的试验按相应项目乘以系数 0.90。第三次及以上试验时，按相应项目乘以系数 0.75。

4. 处理水量大于 700m^3/h 以上的玻璃钢冷却塔设备安装，应执行本章补充安装相应项目。

工程量计算规则

一、制冷机组、制冰设备安装应区分设备类型、机组重量，按设计图示数量，分别以“台”为计量单位。

二、冷风机安装应区分设备类型、冷却面积、设备重量，按设计图示数量，分别以“台”为计量单位。

三、立式、卧式管壳式冷凝器、蒸发器、淋水式冷凝器、蒸发式冷凝器、立式蒸发器、中间冷却器、空气分离器安装应区分设备类型、冷却或蒸发面积、设备重量，按设计图示数量，分别以“台”为计量单位。

四、立式低压循环储液器和卧式高压储液器（排液桶）安装应区分设备类型、容积、设备重量，按设计图示数量，分别以“台”为计量单位。

五、氨油分离器、氨液分离器、氨气过滤器、氨液过滤器安装应区分设备类型、直径、设备重量，按设计图示数量，分别以“台”为计量单位。

六、玻璃钢冷却塔安装，区分设备处理水量（m^3/h），按设计图示数量，分别以“台”为计量单位。处理水量大于 700m^3/h 以上的玻璃钢冷却塔设备，以散件形式到货时，冷却塔风筒安装，应区分风筒直径，分别以“个”为计量单位；冷却塔风机安装，应区分风机直径，分别以“台”为计量单位；冷却塔填料以“m^3”为计量单位、玻璃钢收水器以“m^2”为计量单位、玻璃钢挡水板以“10m^2”为计量单位。

七、集油器、油视镜、紧急泄氨器安装应区分设备类型、设备直径，按设计图示数量，分别以“台”或“个”为计量单位。

八、制冷容器单体试密与排污应区分设备容积，按设计图示数量，以“每次/台”为计量单位。

九、制冷机组、制冰设备和冷风机的设备重量按同一底座上的主机、电动机、附属设备及底座的总重量计算。

一、制冷设备安装

工作内容：开箱清点、场内运输、外观检查、设备清洗、吊装、连接、安装就位、调整、固定、单体调试。

计量单位：台

编号				1-12-1	1-12-2	1-12-3	1-12-4	1-12-5
项目				设备重量（t 以内）				
				0.3	0.5	0.8	1	1.5
名称			单位	消耗量				
人工	000203000	综合二类工	工日	6.365	7.957	9.799	11.500	13.611
材料	012900019	钢板 δ4.5～10	kg	2.000	2.000	2.000	2.000	2.000
	031301009	低碳钢焊条 J427（综合）	kg	0.150	0.150	0.200	0.200	0.200
	142909001	氧气	m^3	0.300	0.300	0.300	0.300	0.360
	142907002	乙炔气	kg	0.115	0.115	0.115	0.115	0.138
	031507018	镀锌铁丝 ϕ2.8～4.0	kg	0.300	0.300	0.300	0.300	0.300
	140307001	煤油	kg	0.500	0.500	0.600	0.600	0.800
	140303001	机油（综合）	kg	0.100	0.150	0.200	0.300	0.400
	140113002	黄油	kg	0.100	0.100	0.150	0.150	0.250
	850103006	其他材料费（占材料费）	%	5.000	5.000	5.000	5.000	5.000
机械	990304004	汽车式起重机 8t	台班	0.060	0.060	0.060	0.060	0.060
	990901010	交流弧焊机 21kV·A	台班	0.100	0.150	0.150	0.200	0.200

计量单位：台

编号				1-12-6	1-12-7	1-12-8	1-12-9
项目				设备重量（t 以内）			
				2	2.5	3	4
名称			单位	消耗量			
人工	000203000	综合二类工	工日	17.154	20.726	23.228	30.194
材料	012900019	钢板 δ4.5～10	kg	2.000	3.000	3.000	3.000
	031301009	低碳钢焊条 J427（综合）	kg	0.220	0.240	0.260	0.286
	142909001	氧气	m^3	0.360	0.420	0.420	0.600
	142907002	乙炔气	kg	0.138	0.162	0.162	0.231
	031507018	镀锌铁丝 ϕ2.8～4.0	kg	0.300	0.300	0.300	0.300
	140307001	煤油	kg	0.800	1.000	1.100	1.300
	140303001	机油（综合）	kg	0.450	0.500	0.600	0.700
	140113002	黄油	kg	0.250	0.250	0.300	0.300
	850103006	其他材料费（占材料费）	%	5.000	5.000	5.000	5.000
机械	990304016	汽车式起重机 16t	台班	—	—	0.130	0.200
	990304004	汽车式起重机 8t	台班	0.090	0.110	—	—
	990901010	交流弧焊机 21kV·A	台班	0.250	0.250	0.300	0.300

工作内容：开箱清点、场内运输、外观检查、设备清洗、吊装、连接、安装就位、调整、固定、单体调试。

计量单位：台

编号				1-12-10	1-12-11	1-12-12	1-12-13
项目				设备重量（t 以内）			
				5	6	8	10
名称			单位	消耗量			
人工	000203000	综合二类工	工日	36.889	40.740	53.753	60.699
材料	012900019	钢板 δ4.5～10	kg	4.000	4.000	6.000	6.000
	031301009	低碳钢焊条 J427（综合）	kg	0.315	0.347	0.382	0.420
	142909001	氧气	m^3	0.600	0.750	0.750	0.900
	142907002	乙炔气	kg	0.231	0.288	0.288	0.346
	031507018	镀锌铁丝 ϕ2.8～4.0	kg	0.300	0.300	0.300	0.300
	140307001	煤油	kg	1.600	1.700	1.800	2.500
	140303001	机油（综合）	kg	0.800	0.900	1.000	1.000
	140113002	黄油	kg	0.400	0.400	0.400	0.450
	850103006	其他材料费（占材料费）	%	5.000	5.000	5.000	5.000
机械	990304016	汽车式起重机 16t	台班	0.350	0.450	0.600	0.850
	990901010	交流弧焊机 21kV · A	台班	0.350	0.350	0.400	0.400

二、螺杆式冷水机组

工作内容：开箱清点、场内运输、外观检查、设备清洗、吊装、连接、安装就位、调整、固定、单体调试。

计量单位：台

编号				1-12-14	1-12-15	1-12-16	1-12-17	1-12-18
项目				设备重量（t 以内）				
				1	3	5	8	10
名称			单位	消耗量				
人工	000203000	综合二类工	工日	12.650	23.800	36.929	53.893	63.210
材料	012900019	钢板 δ4.5～10	kg	2.000	3.000	4.000	6.000	6.000
	031301009	低碳钢焊条 J427（综合）	kg	0.200	0.220	0.315	0.382	0.420
	142909001	氧气	m^3	0.300	0.420	0.600	0.750	0.900
	142907002	乙炔气	kg	0.115	0.162	0.231	0.288	0.346
	031507018	镀锌铁丝 ϕ2.8～4.0	kg	0.300	0.300	0.300	0.300	0.300
	140307001	煤油	kg	1.000	1.500	2.000	2.000	2.500
	140303001	机油（综合）	kg	0.300	0.600	0.700	0.800	1.000
	140113002	黄油	kg	0.200	0.300	0.350	0.400	0.500
	850103006	其他材料费（占材料费）	%	5.000	5.000	5.000	5.000	5.000
机械	990304004	汽车式起重机 8t	台班	0.600	—	—	—	—
	990304016	汽车式起重机 16t	台班	—	0.250	0.350	0.600	0.850
	990901010	交流弧焊机 21kV · A	台班	0.200	0.300	0.350	0.400	0.400

三、离心式冷水机组

工作内容：开箱清点、场内运输、外观检查、设备清洗、吊装、连接、安装就位、调整、固定、单体调试。

计量单位：台

编号				1-12-19	1-12-20	1-12-21	1-12-22
项目				设备重量（t 以内）			
				0.5	1	3	5
		名称	单位	消耗量			
人工	000203000	综合二类工	工日	8.637	12.650	23.800	36.929
材料	012900019	钢板 δ4.5～10	kg	2.000	2.000	3.000	4.000
	031301009	低碳钢焊条 J427（综合）	kg	0.300	0.375	0.469	0.586
	142909001	氧气	m^3	0.150	0.200	0.200	0.600
	142907002	乙炔气	kg	0.058	0.077	0.077	0.231
	031507018	镀锌铁丝 φ2.8～4.0	kg	0.300	0.300	0.300	0.300
	140307001	煤油	kg	0.500	1.000	1.500	2.000
	140303001	机油（综合）	kg	0.150	0.300	0.600	0.700
	140113002	黄油	kg	0.100	0.200	0.250	0.350
	850103006	其他材料费（占材料费）	%	5.000	5.000	5.000	5.000
机械	990304004	汽车式起重机 8t	台班	0.060	0.600	—	—
	990304016	汽车式起重机 16t	台班	—	—	0.130	0.200
	990901010	交流弧焊机 21kV·A	台班	0.150	0.200	0.300	0.350

计量单位：台

编号				1-12-23	1-12-24	1-12-25
项目				设备重量（t 以内）		
				8	10	15
		名称	单位	消耗量		
人工	000203000	综合二类工	工日	53.893	63.210	79.003
材料	012900019	钢板 δ4.5～10	kg	6.000	6.000	8.000
	031301009	低碳钢焊条 J427（综合）	kg	0.733	0.916	1.145
	142909001	氧气	m^3	0.750	0.900	1.200
	142907002	乙炔气	kg	0.288	0.346	0.462
	031507018	镀锌铁丝 φ2.8～4.0	kg	0.300	0.300	0.300
	140307001	煤油	kg	2.000	2.500	3.000
	140303001	机油（综合）	kg	0.800	1.000	1.200
	140113002	黄油	kg	0.400	0.500	0.600
	850103006	其他材料费（占材料费）	%	5.000	5.000	5.000
机械	990304028	汽车式起重机 30t	台班	0.600	0.800	1.000
	990901010	交流弧焊机 21kV·A	台班	0.400	0.400	0.500

四、热泵机组

工作内容：开箱清点、场内运输、外观检查、设备清洗、吊装、连接、安装就位、调整、固定、单体调试。

计量单位：台

编号				1-12-26	1-12-27	1-12-28	1-12-29
项目				设备重量（t 以内）			
				0.5	1	3	5
名称			单位	消耗量			
人工	000203000	综合二类工	工日	8.357	12.070	23.228	36.889
材料	012900019	钢板 δ4.5～10	kg	2.000	2.000	3.000	4.000
	031301009	低碳钢焊条 J427（综合）	kg	0.150	0.200	0.250	0.650
	142909001	氧气	m^3	0.300	0.300	0.420	0.600
	142907002	乙炔气	kg	0.115	0.115	0.162	0.231
	031507018	镀锌铁丝 φ2.8～4.0	kg	0.300	0.300	0.300	0.300
	140307001	煤油	kg	0.500	1.000	1.500	2.000
	140303001	机油（综合）	kg	0.150	0.300	0.500	0.700
	140113002	黄油	kg	0.100	0.200	0.300	0.350
	850103006	其他材料费（占材料费）	%	5.000	5.000	5.000	5.000
机械	990304004	汽车式起重机 8t	台班	0.060	0.060	—	—
	990304016	汽车式起重机 16t	台班	—	—	0.130	—
	990304028	汽车式起重机 30t	台班	—	—	—	0.300
	990901010	交流弧焊机 21kV·A	台班	0.150	0.200	0.300	0.350

计量单位：台

编号				1-12-30	1-12-31	1-12-32
项目				设备重量（t 以内）		
				8	10	15
名称			单位	消耗量		
人工	000203000	综合二类工	工日	53.753	60.699	75.841
材料	012900019	钢板 δ4.5～10	kg	6.000	6.000	8.000
	031301009	低碳钢焊条 J427（综合）	kg	0.813	1.016	1.270
	142909001	氧气	m^3	0.750	0.900	1.200
	142907002	乙炔气	kg	0.288	0.346	0.462
	031507018	镀锌铁丝 φ2.8～4.0	kg	0.300	0.300	0.300
	140307001	煤油	kg	2.000	2.500	3.000
	140303001	机油（综合）	kg	0.800	1.000	1.200
	140113002	黄油	kg	0.400	0.500	0.600
	850103006	其他材料费（占材料费）	%	5.000	5.000	5.000
机械	990304028	汽车式起重机 30t	台班	0.600	0.850	1.100
	990901010	交流弧焊机 21kV·A	台班	0.400	0.400	0.500

五、溴化锂吸收式制冷机

工作内容：开箱清点、场内运输、外观检查、设备清洗、吊装、连接、安装就位、调整、固定、单体调试。

计量单位：台

编号				1-12-33	1-12-34	1-12-35	1-12-36
项目				设备重量（t 以内）			
				5	8	10	15
		名称	单位	消耗量			
人工	000203000	综合二类工	工日	30.939	45.158	53.586	77.951
材料	031509007	平垫铁（综合）	kg	25.700	29.570	36.300	45.280
	031509010	斜垫铁（综合）	kg	22.310	27.460	31.920	39.040
	010501001	钢丝绳 ϕ14.1～15	kg	—	—	—	1.250
	031507018	镀锌铁丝 ϕ2.8～4.0	kg	2.200	2.200	2.200	2.200
	031501009	圆钉 ϕ5 以内	kg	0.050	0.050	0.050	0.100
	031301009	低碳钢焊条 J427（综合）	kg	0.650	0.813	1.016	1.270
	031301023	碳钢气焊条（综合）	kg	0.200	0.200	0.200	0.200
	050301004	木板（综合）	m^3	0.013	0.017	0.032	0.044
	050105001	道木（综合）	m^3	0.041	0.062	0.062	0.077
	140307001	煤油	kg	13.740	17.000	20.360	22.400
	140303001	机油（综合）	kg	1.010	1.520	2.020	2.530
	140901003	黄油钙基脂	kg	0.270	0.270	0.270	0.270
	142909001	氧气	m^3	0.520	0.520	1.071	1.071
	142907002	乙炔气	kg	0.200	0.200	0.412	0.412
	130119001	白漆	kg	0.100	0.100	0.100	0.100
	020112007	无石棉橡胶板 高压 δ1～6	kg	4.000	5.000	6.000	6.500
	133519002	橡胶盘根 低压	kg	0.500	0.600	0.700	0.800
	031102005	铁砂布 $0^{\#}$～$2^{\#}$	张	3.000	4.000	4.000	4.000
	020905002	塑料布	kg	4.410	5.790	5.790	5.790
	850103006	其他材料费（占材料费）	%	5.000	5.000	5.000	5.000
机械	990401035	载重汽车 10t	台班	0.240	0.360	0.360	0.480
	990304004	汽车式起重机 8t	台班	0.120	0.600	0.730	0.850
	990304028	汽车式起重机 30t	台班	0.300	0.600	0.850	1.100
	990901010	交流弧焊机 21kV·A	台班	0.350	0.400	0.400	0.500
	991003050	电动空气压缩机 $6m^3/min$	台班	0.600	0.850	1.100	1.300

工作内容： 开箱清点、场内运输、外观检查、设备清洗、吊装、连接、安装就位、调整、固定、单体调试。

计量单位：台

编号				1-12-37	1-12-38	1-12-39
项目				设备重量（t 以内）		
				20	25	30
名称			单位	消耗量		
人工	000203000	综合二类工	工日	91.654	107.984	119.467
材料	031509007	平垫铁（综合）	kg	50.920	60.370	83.000
	031509010	斜垫铁（综合）	kg	44.920	56.760	75.600
	010501001	钢丝绳 ϕ14.1～15	kg	1.920	—	—
	010501002	钢丝绳 ϕ16～18.5	kg	—	2.080	2.080
	031507018	镀锌铁丝 ϕ2.8～4.0	kg	2.200	2.200	2.200
	031501009	圆钉 ϕ5 以内	kg	0.100	0.150	0.150
	031301009	低碳钢焊条 J427（综合）	kg	1.588	1.985	2.481
	031301023	碳钢气焊条（综合）	kg	0.300	0.400	0.500
	050301004	木板（综合）	m^3	0.054	0.060	0.085
	050105001	道木（综合）	m^3	0.116	0.152	0.173
	140307001	煤油	kg	25.440	28.500	31.560
	140303001	机油（综合）	kg	2.730	2.830	3.030
	140901003	黄油钙基脂	kg	0.300	0.300	0.300
	142909001	氧气	m^3	1.071	1.071	1.612
	142907002	乙炔气	kg	0.412	0.412	0.620
	130119001	白漆	kg	0.300	0.300	0.400
	020112007	无石棉橡胶板 高压 δ1～6	kg	6.500	7.000	7.500
	133519002	橡胶盘根 低压	kg	1.000	1.200	1.400
	031102005	铁砂布 $0^{\#}$～$2^{\#}$	张	5.000	5.000	5.000
	020905002	塑料布	kg	9.210	10.200	11.130
	850103006	其他材料费（占材料费）	%	5.000	5.000	5.000
机械	990401035	载重汽车 10t	台班	0.600	1.000	1.200
	990304004	汽车式起重机 8t	台班	2.400	2.800	3.000
	990304040	汽车式起重机 50t	台班	1.200	1.500	—
	990304052	汽车式起重机 75t	台班	—	—	1.500
	990901010	交流弧焊机 21kV · A	台班	0.500	0.800	1.000
	991003050	电动空气压缩机 $6m^3/min$	台班	3.000	3.150	3.300

六、制 冰 设 备

工作内容： 开箱清点、场内运输、外观检查、设备清洗、吊装、连接、安装就位、调整、固定、单体调试。

计量单位：台

编　号				1-12-40	1-12-41	1-12-42	1-12-43
项　目				快速制冰设备	盐水制冰设备		
				AJP 15/24	倒冰架		加水器
				设备重量（t 以内）			
				6.5	0.5	1.0	
		名　称	单位	消　耗　量			
人工	000203000	综合二类工	工日	134.334	6.802	8.913	11.052
材料	031509007	平垫铁（综合）	kg	12.240	5.820	5.820	5.820
	031509010	斜垫铁（综合）	kg	10.380	4.940	4.940	4.940
	031507018	镀锌铁丝 ϕ2.8～4.0	kg	3.000	1.500	1.500	1.500
	031501009	圆钉 ϕ5 以内	kg	0.040	—	0.020	0.020
	031301009	低碳钢焊条 J427（综合）	kg	4.520	0.150	0.150	0.150
	031301023	碳钢气焊条（综合）	kg	1.900	—	—	—
	050301004	木板（综合）	m^3	0.029	0.010	0.010	0.010
	050105001	道木（综合）	m^3	0.068	—	0.008	0.008
	140307001	煤油	kg	14.120	1.510	1.820	1.510
	140303001	机油（综合）	kg	0.505	0.101	0.101	0.101
	140901003	黄油钙基脂	kg	0.505	—	—	0.101
	130119001	白漆	kg	0.480	0.080	0.080	0.080
	020112007	无石棉橡胶板　高压 δ1～6	kg	1.500	—	—	—
	023503020	油浸无石棉绳	kg	0.500	—	—	—
	031102005	铁砂布　0#～2#	张	18.000	2.000	2.000	2.000
	020905002	塑料布	kg	7.920	0.600	0.600	0.600
	850103006	其他材料费（占材料费）	%	5.000	5.000	5.000	5.000
机械	990401035	载重汽车　10t	台班	0.610	—	—	—
	990305020	叉式起重机　5t	台班	—	0.360	0.360	0.360
	990304028	汽车式起重机　30t	台班	1.000	—	—	—
	990901010	交流弧焊机　21kV · A	台班	2.500	0.250	0.250	0.250

工作内容：开箱清点、场内运输、外观检查、设备清洗、吊装、连接、安装就位、调整、固定、单体调试。

计量单位：台

编号				1-12-44	1-12-45	1-12-46	1-12-47
项目				盐水制冰设备			
				冰桶	单层制冰池盖	双层制冰池盖	冰池盖
				设备重量（t以内）			
				0.05	0.03		包镀锌铁皮
名称			单位	消耗量			
人工	000203000	综合二类工	工日	0.247	0.438	0.541	1.511
材料	012907006	镀锌薄钢板 δ0.5～0.65	kg	—	—	—	13.000
	031509001	铁件（综合）	kg	—	0.330	0.330	—
	030103051	木螺钉 d6×100以下	10个	—	2.600	4.200	6.000
	050301004	木板（综合）	m^3	—	0.068	0.068	—
	140307001	煤油	kg	0.102	—	—	—
	130119001	白漆	kg	0.080	0.080	0.080	0.080
	031102005	铁砂布 0#～2#	张	2.000	2.000	2.000	2.000
	020905002	塑料布	kg	0.600	0.600	0.600	0.600
	850103006	其他材料费（占材料费）	%	5.000	5.000	5.000	5.000

计量单位：台

编号				1-12-48	1-12-49	1-12-50
项目				盐水制冰设备		
				盐水搅拌器		
				设备重量（t以内）		
				0.1	0.2	0.3
名称			单位	消耗量		
人工	000203000	综合二类工	工日	2.374	3.079	4.489
材料	031509007	平垫铁（综合）	kg	2.820	2.820	2.820
	031509010	斜垫铁（综合）	kg	3.060	3.060	3.060
	031507018	镀锌铁丝 ϕ2.8～4.0	kg	—	1.100	1.100
	031301009	低碳钢焊条 J427（综合）	kg	0.210	0.231	0.254
	050301004	木板（综合）	m^3	0.001	0.001	0.001
	050105001	道木（综合）	m^3	0.002	0.002	0.002
	140307001	煤油	kg	1.525	1.525	1.735
	140303001	机油（综合）	kg	0.202	0.212	0.313
	140901003	黄油钙基脂	kg	—	0.212	0.313
	130119001	白漆	kg	0.080	0.080	0.080
	020112007	无石棉橡胶板 高压 δ1～6	kg	0.120	0.220	0.240
	031102005	铁砂布 0#～2#	张	2.000	2.000	2.000
	020905002	塑料布	kg	0.600	0.600	0.600
	850103006	其他材料费（占材料费）	%	5.000	5.000	5.000
机械	990305020	叉式起重机 5t	台班	0.150	0.200	0.250
	990901010	交流弧焊机 21kV·A	台班	0.200	0.200	0.200

七、冷　风　机

1. 落地式风机

工作内容：开箱清点、场内运输、外观检查、设备清洗、吊装、连接、安装就位、调整、固定、单体调试。

计量单位：台

				1-12-51	1-12-52	1-12-53	1-12-54
编　号				1-12-51	1-12-52	1-12-53	1-12-54
项　目				冷却面积（m²）或设备直径ϕ（mm）			
				100	150	200	250
				设备重量（t 以内）			
				1	1.5	2	2.5
	名　称		单位	消　耗　量			
人工	000203000	综合二类工	工日	10.171	11.878	15.125	18.649
材料	031509007	平垫铁（综合）	kg	5.800	5.800	5.800	5.800
	031509010	斜垫铁（综合）	kg	5.200	5.200	5.200	5.200
	012901009	热轧薄钢板 δ1.6～1.9	kg	0.800	1.000	1.000	1.400
	031501009	圆钉 ϕ5 以内	kg	0.050	0.050	0.050	0.100
	031301009	低碳钢焊条 J427（综合）	kg	0.210	0.252	0.302	0.362
	050301004	木板（综合）	m³	0.002	0.005	0.006	0.008
	050105001	道木（综合）	m³	0.010	0.020	0.030	0.041
	140307001	煤油	kg	1.410	1.500	2.110	2.210
	140713001	冷冻机油	kg	0.300	0.300	0.500	0.500
	140303001	机油（综合）	kg	0.100	0.100	0.100	0.100
	140901003	黄油钙基脂	kg	0.303	0.303	0.404	0.404
	130119001	白漆	kg	0.080	0.080	0.080	0.100
	031102005	铁砂布 0#～2#	张	2.000	2.000	2.000	3.000
	020905002	塑料布	kg	0.500	0.500	0.500	1.500
	850103006	其他材料费（占材料费）	%	5.000	5.000	5.000	5.000
机械	990304004	汽车式起重机 8t	台班	0.240	0.360	0.480	0.600
	990901010	交流弧焊机 21kV·A	台班	0.200	0.250	0.300	0.350

工作内容： 开箱清点、场内运输、外观检查、设备清洗、吊装、连接、安装就位、调整、固定、单体调试。

计量单位：台

编号				1-12-55	1-12-56	1-12-57	1-12-58
项目				落地式冷风机			
				冷却面积（m^2）或设备直径ϕ（mm）			
				300	350	400	500
				设备重量（t 以内）			
				3	3.5	4.5	5.5
名称			单位	消耗量			
人工	000203000	综合二类工	工日	20.776	21.859	24.138	24.908
材料	031509007	平垫铁（综合）	kg	10.300	10.300	10.300	13.010
	031509010	斜垫铁（综合）	kg	7.860	7.860	7.860	11.430
	012901009	热轧薄钢板 δ1.6～1.9	kg	1.400	1.800	1.800	2.400
	031501009	圆钉 ϕ5 以内	kg	0.100	0.100	0.100	0.100
	031301009	低碳钢焊条 J427（综合）	kg	0.434	0.521	0.625	0.750
	050301004	木板（综合）	m^3	0.009	0.010	0.012	0.015
	050105001	道木（综合）	m^3	0.041	0.041	0.041	0.062
	140307001	煤油	kg	2.320	2.320	2.520	2.720
	140713001	冷冻机油	kg	0.800	0.800	1.000	1.200
	140303001	机油（综合）	kg	0.200	0.200	0.303	0.404
	140901003	黄油钙基脂	kg	0.505	0.505	0.505	0.707
	130119001	白漆	kg	0.100	0.100	0.100	0.100
	031102005	铁砂布 0#～2#	张	3.000	3.000	3.000	3.000
	020905002	塑料布	kg	1.500	1.500	1.500	1.500
	850103006	其他材料费（占材料费）	%	5.000	5.000	5.000	5.000
机械	990401035	载重汽车 10t	台班	—	0.240	0.240	0.360
	990304004	汽车式起重机 8t	台班	—	0.420	0.660	—
	990304028	汽车式起重机 30t	台班	—	—	—	0.700
	990901010	交流弧焊机 21kV · A	台班	0.400	0.450	0.500	0.550
	990304016	汽车式起重机 16t	台班	0.600	0.400	0.600	—

2. 吊顶式冷风机

工作内容： 开箱清点、场内运输、外观检查、设备清洗、吊装、连接、安装就位、调整、固定、单体调试。

计量单位： 台

编　　号				1-12-59	1-12-60	1-12-61
项　　目				冷却面积（m^2）或设备直径 ϕ（mm）		
				100	150	200
				设备重量（t 以内）		
				1	1.5	2
	名　　称		单位	消　耗　量		
人工	000203000	综合二类工	工日	14.975	19.742	21.770
材料	031301009	低碳钢焊条 J427（综合）	kg	0.320	0.350	0.380
	050301004	木板（综合）	m^3	0.004	0.004	0.005
	050105001	道木（综合）	m^3	0.010	0.010	0.010
	140307001	煤油	kg	1.306	1.408	1.612
	140713001	冷冻机油	kg	0.150	0.200	0.300
	140303001	机油（综合）	kg	0.101	0.101	0.202
	140901003	黄油钙基脂	kg	0.505	0.606	0.707
	130119001	白漆	kg	0.080	0.080	0.080
	031507018	镀锌铁丝 ϕ2.8～4.0	kg	2.000	2.000	2.000
	020905002	塑料布	kg	0.600	0.600	0.600
	850103006	其他材料费（占材料费）	%	5.000	5.000	5.000
机械	990401035	载重汽车 10t	台班	0.240	0.240	0.240
	990304004	汽车式起重机 8t	台班	0.300	0.420	0.550
	990901010	交流弧焊机 21kV·A	台班	0.200	0.250	0.300

八、冷凝器及蒸发器

1. 立式管壳式冷凝器

工作内容： 开箱清点、场内运输、外观检查、设备清洗、吊装、连接、安装就位、调整、固定、单体调试。

计量单位：台

编号				1-12-62	1-12-63	1-12-64	1-12-65	1-12-66
项目				设备冷却面积（m^2 以内）				
				50	75	100	125	150
				设备重量（t 以内）				
				3	4	5	6	7
名称			单位	消耗量				
人工	000203000	综合二类工	工日	19.228	23.089	27.136	27.596	30.590
材料	031509007	平垫铁（综合）	kg	5.800	5.800	5.800	5.800	5.800
	031509010	斜垫铁（综合）	kg	5.200	5.200	5.200	5.200	5.200
	012901009	热轧薄钢板 δ1.6～1.9	kg	1.400	1.800	2.300	2.500	3.000
	031507018	镀锌铁丝 ϕ2.8～4.0	kg	1.330	1.500	2.000	2.400	2.670
	031501009	圆钉 ϕ5 以内	kg	0.040	0.040	0.040	0.060	0.060
	031301009	低碳钢焊条 J427（综合）	kg	0.210	0.252	0.302	0.362	0.434
	050301004	木板（综合）	m^3	0.010	0.013	0.015	0.017	0.021
	050105001	道木（综合）	m^3	0.041	0.041	0.041	0.062	0.062
	140307001	煤油	kg	2.010	2.214	2.316	2.418	2.520
	140303001	机油（综合）	kg	0.303	0.404	0.505	0.808	0.808
	140901003	黄油钙基脂	kg	0.131	0.162	0.202	0.242	0.273
	130119001	白漆	kg	0.080	0.080	0.080	0.080	0.080
	020112007	无石棉橡胶板 高压 δ1～6	kg	1.800	2.100	2.400	2.400	2.400
	031102005	铁砂布 0#～2#	张	3.000	3.000	3.000	3.000	3.000
	020905002	塑料布	kg	1.680	1.680	1.680	1.680	1.680
	850103006	其他材料费（占材料费）	%	5.000	5.000	5.000	5.000	5.000
机械	990401035	载重汽车 10t	台班	—	0.200	0.200	0.300	0.300
	990305020	叉式起重机 5t	台班	0.500	—	—	—	—
	990304004	汽车式起重机 8t	台班	—	0.600	—	—	—
	990304028	汽车式起重机 30t	台班	—	—	0.700	0.800	1.000
	990901010	交流弧焊机 21kV · A	台班	0.200	0.300	0.300	0.400	0.400

工作内容： 开箱清点、场内运输、外观检查、设备清洗、吊装、连接、安装就位、调整、固定、单体调试。

计量单位：台

编号				1-12-67	1-12-68	1-12-69	1-12-70
项目				设备冷却面积（m² 以内）			
				200	250	350	450
				设备重量（t 以内）			
				9	11	13	15
名称			单位	消耗量			
人工	000203000	综合二类工	工日	34.049	43.602	47.846	56.605
材料	031509007	平垫铁（综合）	kg	5.800	5.800	8.820	8.820
	031509010	斜垫铁（综合）	kg	5.200	5.200	6.573	6.573
	012901009	热轧薄钢板 δ1.6～1.9	kg	3.000	4.000	4.000	4.600
	031507018	镀锌铁丝 ϕ2.8～4.0	kg	2.670	4.000	4.000	4.600
	031501009	圆钉 ϕ5 以内	kg	—	0.080	0.080	0.100
	031301009	低碳钢焊条 J427（综合）	kg	0.521	0.625	0.750	0.900
	050301004	木板（综合）	m³	0.025	0.031	0.036	0.045
	050105001	道木（综合）	m³	0.062	0.071	0.071	0.077
	140307001	煤油	kg	2.724	2.826	3.030	3.336
	140303001	机油（综合）	kg	0.808	0.808	0.808	1.010
	140901003	黄油钙基脂	kg	0.273	0.333	0.333	0.404
	130119001	白漆	kg	0.100	0.100	0.100	0.100
	020112007	无石棉橡胶板 高压 δ1～6	kg	3.200	3.200	3.600	4.000
	031102005	铁砂布 0#～2#	张	3.000	3.000	3.000	3.000
	020905002	塑料布	kg	2.790	2.790	4.410	4.410
	850103006	其他材料费（占材料费）	%	5.000	5.000	5.000	5.000
机械	990401035	载重汽车 10t	台班	0.300	0.400	0.400	0.500
	990304016	汽车式起重机 16t	台班	1.300	0.700	0.700	0.700
	990304028	汽车式起重机 30t	台班	—	0.500	0.900	1.100
	990901010	交流弧焊机 21kV·A	台班	0.400	0.500	0.500	0.600

2. 卧式管壳式冷凝器及卧式蒸发器

工作内容： 开箱清点、场内运输、外观检查、设备清洗、吊装、连接、安装就位、调整、固定、单体调试。

计量单位： 台

编号				1-12-71	1-12-72	1-12-73	1-12-74	1-12-75
项目				设备冷却面积（m^2以内）				
				20	30	60	80	100
				设备重量（t 以内）				
				1	2	3	4	5
名称			单位	消耗量				
人工	000203000	综合二类工	工日	10.771	12.145	16.024	20.007	23.903
材料	031509007	平垫铁（综合）	kg	2.820	3.760	5.800	5.800	5.800
	031509010	斜垫铁（综合）	kg	3.060	4.590	5.200	5.200	5.200
	012901009	热轧薄钢板 δ1.6～1.9	kg	0.800	1.000	1.400	1.800	2.300
	031507018	镀锌铁丝 ϕ2.8～4.0	kg	0.800	1.200	1.200	1.200	1.600
	031501009	圆钉 ϕ5 以内	kg	0.030	0.030	0.030	0.030	0.030
	031301009	低碳钢焊条 J427（综合）	kg	0.210	0.252	0.302	0.362	0.434
	050301004	木板（综合）	m^3	0.001	0.006	0.008	0.011	0.014
	050105001	道木（综合）	m^3	0.027	0.030	0.041	0.041	0.041
	140307001	煤油	kg	3.010	3.112	3.413	3.714	3.816
	140303001	机油（综合）	kg	0.202	0.202	0.303	0.404	0.505
	140901003	黄油钙基脂	kg	0.088	0.101	0.101	0.101	0.121
	140505001	铅油（厚漆）	kg	0.340	0.340	0.600	0.700	0.800
	130119001	白漆	kg	0.160	0.160	0.160	0.160	0.180
	020112007	无石棉橡胶板 高压 δ1～6	kg	1.200	1.200	1.500	1.800	1.800
	020117003	耐酸橡胶板 δ3	kg	0.300	0.300	0.600	0.600	0.750
	031102005	铁砂布 0#～2#	张	6.000	6.000	6.000	6.000	6.000
	020905002	塑料布	kg	2.280	2.280	2.280	3.360	4.470
	850103006	其他材料费（占材料费）	%	5.000	5.000	5.000	5.000	5.000
机械	990401035	载重汽车 10t	台班	—	—	—	0.200	0.200
	990305020	叉式起重机 5t	台班	0.300	0.400	0.500	—	—
	990304016	汽车式起重机 16t	台班	—	—	—	0.500	0.500
	990901010	交流弧焊机 21kV · A	台班	0.200	0.200	0.200	0.300	0.300

工作内容：开箱清点、场内运输、外观检查、设备清洗、吊装、连接、安装就位、调整、固定、单体调试。

计量单位：台

编号				1-12-76	1-12-77	1-12-78	1-12-79
项目				设备冷却面积（m^2以内）			
				120	140	180	200
				设备重量（t以内）			
				6	8	9	12
		名称	单位	消耗量			
人工	000203000	综合二类工	工日	27.099	29.943	34.997	37.303
材料	031509007	平垫铁（综合）	kg	5.800	7.760	7.760	7.760
	031509010	斜垫铁（综合）	kg	5.200	7.410	7.410	7.410
	012901009	热轧薄钢板 δ1.6～1.9	kg	2.300	3.000	3.000	4.000
	031507018	镀锌铁丝 ϕ2.8～4.0	kg	1.600	1.600	1.600	1.600
	031501009	圆钉 ϕ5以内	kg	0.030	0.030	0.030	0.060
	031301009	低碳钢焊条 J427（综合）	kg	0.521	0.625	0.750	0.900
	050301004	木板（综合）	m^3	0.018	0.023	0.023	0.033
	050105001	道木（综合）	m^3	0.062	0.062	0.062	0.077
	140307001	煤油	kg	3.816	3.910	4.010	4.020
	140303001	机油（综合）	kg	0.505	0.505	0.505	0.505
	140901003	黄油钙基脂	kg	0.121	0.121	0.121	0.121
	140505001	铅油（厚漆）	kg	0.900	0.900	1.000	1.000
	130119001	白漆	kg	0.180	0.180	0.180	0.180
	020112007	无石棉橡胶板 高压 δ1～6	kg	2.100	2.100	2.400	2.400
	020117003	耐酸橡胶板 δ3	kg	0.750	0.900	1.050	1.050
	031102005	铁砂布 0#～2#	张	6.000	6.000	6.000	6.000
	020905002	塑料布	kg	4.470	4.470	4.470	7.200
	850103006	其他材料费（占材料费）	%	5.000	5.000	5.000	5.000
机械	990401035	载重汽车 10t	台班	0.200	0.300	0.300	0.400
	990304028	汽车式起重机 30t	台班	0.600	0.900	1.000	1.000
	990901010	交流弧焊机 21kV·A	台班	0.400	0.400	0.400	0.500

3. 淋水式冷凝器

工作内容：开箱清点、场内运输、外观检查、设备清洗、吊装、连接、安装就位、调整、固定、单体调试。

计量单位：台

编号				1-12-80	1-12-81	1-12-82	1-12-83	1-12-84
项目				设备冷却面积（m^2 以内）				
				30	45	60	75	90
				设备重量（t 以内）				
				1.5	2	2.5	3.5	4
名称			单位	消耗量				
人工	000203000	综合二类工	工日	13.321	15.424	19.472	22.534	25.239
材料	031509007	平垫铁（综合）	kg	5.780	8.680	11.580	11.580	14.520
	031509010	斜垫铁（综合）	kg	6.270	9.410	12.000	12.000	16.386
	031507018	镀锌铁丝 ϕ2.8～4.0	kg	2.000	2.000	2.000	2.000	2.000
	031501009	圆钉 ϕ5 以内	kg	0.060	0.090	0.130	0.130	0.160
	031301009	低碳钢焊条 J427（综合）	kg	0.420	0.483	0.555	0.638	0.734
	050301004	木板（综合）	m^3	0.004	0.004	0.006	0.006	0.008
	050105001	道木（综合）	m^3	0.030	0.030	0.041	0.041	0.041
	140307001	煤油	kg	3.010	3.112	3.214	3.267	3.320
	140303001	机油（综合）	kg	0.303	0.303	0.505	0.505	0.505
	140901003	黄油钙基脂	kg	0.202	0.202	0.202	0.202	0.202
	130119001	白漆	kg	0.160	0.160	0.160	0.180	0.180
	020112007	无石棉橡胶板 高压 δ1～6	kg	0.300	0.400	0.600	0.900	1.500
	031102005	铁砂布 0#～2#	张	5.000	5.000	5.000	5.000	5.000
	020905002	塑料布	kg	2.280	2.280	2.280	3.390	3.390
	850103006	其他材料费（占材料费）	%	5.000	5.000	5.000	5.000	5.000
机械	990401035	载重汽车 10t	台班	—	—	—	—	0.200
	990305020	叉式起重机 5t	台班	0.300	0.400	0.500	0.600	—
	990304016	汽车式起重机 16t	台班	—	—	—	—	0.450
	990901010	交流弧焊机 21kV·A	台班	0.400	0.400	0.500	0.500	0.500

4. 蒸发式冷凝器

工作内容： 开箱清点、场内运输、外观检查、设备清洗、吊装、连接、安装就位、调整、固定、单体调试。

计量单位： 台

编号				1-12-85	1-12-86	1-12-87	1-12-88
项目				设备冷却面积（m^2以内）			
				20	40	80	100
				设备重量（t 以内）			
				1	1.7	2.5	3
		名称	单位	消耗量			
人工	000203000	综合二类工	工日	15.455	19.174	24.902	25.650
材料	031509007	平垫铁（综合）	kg	2.820	3.760	5.600	5.600
	031509010	斜垫铁（综合）	kg	3.060	4.590	5.716	5.716
	012901009	热轧薄钢板 δ1.6～1.9	kg	0.800	1.000	1.400	1.400
	031507018	镀锌铁丝 ϕ2.8～4.0	kg	2.000	2.000	2.000	2.000
	031501009	圆钉 ϕ5 以内	kg	0.040	0.040	0.060	0.060
	031301009	低碳钢焊条 J427（综合）	kg	0.210	0.320	0.480	0.720
	050301004	木板（综合）	m^3	0.003	0.006	0.010	0.010
	050105001	道木（综合）	m^3	0.027	0.030	0.041	0.041
	140307001	煤油	kg	11.520	12.030	13.040	13.550
	140303001	机油（综合）	kg	0.306	0.306	0.510	0.510
	140901003	黄油钙基脂	kg	0.306	0.306	0.306	0.306
	130119001	白漆	kg	0.560	0.560	0.560	0.560
	020112007	无石棉橡胶板 高压 δ1～6	kg	1.100	2.200	3.400	4.500
	031102005	铁砂布 $0^{\#}$～$2^{\#}$	张	15.000	15.000	16.000	16.000
	020905002	塑料布	kg	5.280	5.280	9.390	9.390
	850103006	其他材料费（占材料费）	%	5.000	5.000	5.000	5.000
机械	990305020	叉式起重机 5t	台班	0.300	0.400	0.500	0.600
	990901010	交流弧焊机 21kV·A	台班	0.200	0.300	0.400	0.400

工作内容：开箱清点、场内运输、外观检查、设备清洗、吊装、连接、安装就位、调整、固定、单体调试。

计量单位：台

编号				1-12-89	1-12-90	1-12-91
项目				设备冷却面积（m^2 以内）		
				150	200	250
				设备重量（t 以内）		
				4	6	7
名称			单位	消耗量		
人工	000203000	综合二类工	工日	28.374	32.437	35.944
材料	031509007	平垫铁（综合）	kg	5.800	5.800	8.820
	031509010	斜垫铁（综合）	kg	5.200	5.200	6.573
	012901009	热轧薄钢板 δ1.6～1.9	kg	1.800	2.300	3.000
	031507018	镀锌铁丝 ϕ2.8～4.0	kg	2.000	3.000	3.000
	031501009	圆钉 ϕ5 以内	kg	0.080	0.080	0.090
	031301009	低碳钢焊条 J427（综合）	kg	0.864	1.037	1.244
	050301004	木板（综合）	m^3	0.013	0.017	0.021
	050105001	道木（综合）	m^3	0.041	0.062	0.062
	140307001	煤油	kg	14.560	14.815	15.070
	140303001	机油（综合）	kg	0.510	0.510	0.510
	140901003	黄油钙基脂	kg	0.304	0.306	0.306
	130119001	白漆	kg	0.660	0.660	0.660
	020112007	无石棉橡胶板 高压 δ1～6	kg	4.500	4.500	5.000
	031102005	铁砂布 0#～2#	张	17.000	17.000	17.000
	020905002	塑料布	kg	10.620	11.730	11.730
	850103006	其他材料费（占材料费）	%	5.000	5.000	5.000
机械	990401035	载重汽车 10t	台班	0.200	0.300	0.300
	990304016	汽车式起重机 16t	台班	0.400	—	—
	990304028	汽车式起重机 30t	台班	—	0.600	0.680
	990901010	交流弧焊机 21kV · A	台班	0.500	0.500	0.500

5. 立式蒸发器

工作内容： 开箱清点、场内运输、外观检查、设备清洗、吊装、连接、安装就位、调整、固定、单体调试。

计量单位：台

编　号				1-12-92	1-12-93	1-12-94	1-12-95
项　目				设备冷却面积（m² 以内）			
				20	40	60	90
				设备重量（t 以内）			
				1.5	3	4	5
名　称			单位	消　耗　量			
人工	000203000	综合二类工	工日	8.402	11.505	13.739	15.816
材料	031509007	平垫铁（综合）	kg	3.760	5.800	5.800	5.800
	031509010	斜垫铁（综合）	kg	4.590	5.200	5.200	5.200
	012901009	热轧薄钢板 δ1.6～1.9	kg	1.000	1.400	1.800	2.300
	031507018	镀锌铁丝 ϕ2.8～4.0	kg	1.100	1.100	1.100	1.100
	031501009	圆钉 ϕ5 以内	kg	0.020	0.025	0.025	0.030
	031301009	低碳钢焊条 J427（综合）	kg	0.210	0.252	0.302	0.362
	050301004	木板（综合）	m³	0.005	0.008	0.010	0.015
	050105001	道木（综合）	m³	0.030	0.041	0.041	0.041
	140307001	煤油	kg	3.112	3.214	3.316	3.418
	140303001	机油（综合）	kg	0.505	0.505	0.707	0.707
	140901003	黄油钙基脂	kg	0.110	0.110	0.110	0.110
	130119001	白漆	kg	0.160	0.180	0.180	0.180
	020112007	无石棉橡胶板 高压 δ1～6	kg	0.150	0.250	0.250	0.410
	031102005	铁砂布 0#～2#	张	5.000	5.000	5.000	5.000
	020905002	塑料布	kg	2.280	5.010	5.010	5.010
	850103006	其他材料费（占材料费）	%	5.000	5.000	5.000	5.000
机械	990401035	载重汽车 10t	台班	—	—	0.200	0.200
	990305020	叉式起重机 5t	台班	0.400	0.500	—	—
	990304016	汽车式起重机 16t	台班	—	—	0.400	0.500
	990901010	交流弧焊机 21kV · A	台班	0.200	0.200	0.200	0.400

工作内容： 开箱清点、场内运输、外观检查、设备清洗、吊装、连接、安装就位、调整、固定、单体调试。

计量单位：台

编号				1-12-96	1-12-97	1-12-98	1-12-99
项目				设备冷却面积（m^2 以内）			
				120	160	180	240
				设备重量（t 以内）			
				6	8	9	12
名称			单位	消耗量			
人工	000203000	综合二类工	工日	18.541	22.216	23.487	30.054
材料	031509007	平垫铁（综合）	kg	5.800	8.820	8.820	8.820
	031509010	斜垫铁（综合）	kg	5.200	6.573	6.573	6.573
	012901009	热轧薄钢板 δ1.6～1.9	kg	2.300	3.000	3.000	4.000
	031507018	镀锌铁丝 ϕ2.8～4.0	kg	1.650	2.200	2.200	2.200
	031501009	圆钉 ϕ5 以内	kg	0.035	0.040	0.040	0.050
	031301009	低碳钢焊条 J427（综合）	kg	0.434	0.521	0.625	0.750
	050301004	木板（综合）	m^3	0.018	0.021	0.023	0.030
	050105001	道木（综合）	m^3	0.062	0.062	0.062	0.077
	140307001	煤油	kg	3.724	3.724	3.724	3.724
	140303001	机油（综合）	kg	1.010	1.010	1.010	1.010
	140901003	黄油钙基脂	kg	0.172	0.172	0.172	0.172
	130119001	白漆	kg	0.180	0.180	0.180	0.180
	020112007	无石棉橡胶板 高压 δ1～6	kg	0.520	0.630	0.800	0.800
	031102005	铁砂布 0#～2#	张	5.000	5.000	5.000	5.000
	020905002	塑料布	kg	5.010	5.010	5.010	5.010
	850103006	其他材料费（占材料费）	%	5.000	5.000	5.000	5.000
机械	990401035	载重汽车 10t	台班	0.200	0.300	0.300	0.400
	990304028	汽车式起重机 30t	台班	0.600	0.800	1.000	1.200
	990901010	交流弧焊机 21kV·A	台班	0.400	0.500	0.500	0.500

九、立式低压循环贮液器和卧式高压贮液器（排液桶）

1. 立式低压循环贮液器

工作内容：开箱清点、场内运输、外观检查、设备清洗、吊装、连接、安装就位、调整、固定、单体调试。

计量单位：台

编号				1-12-100	1-12-101	1-12-102	1-12-103
项目				设备容积（m³以内）			
				1.6	2.5	3.5	5.0
				设备重量（t以内）			
				1	1.5	2	3
名称			单位	消耗量			
人工	000203000	综合二类工	工日	13.651	16.129	20.290	27.159
材料	031509007	平垫铁（综合）	kg	2.820	2.820	3.760	5.800
	031509010	斜垫铁（综合）	kg	3.060	3.060	4.590	5.200
	012901009	热轧薄钢板 δ1.6～1.9	kg	0.800	1.000	1.000	1.200
	031507018	镀锌铁丝 ϕ2.8～4.0	kg	1.500	1.500	1.500	1.500
	031501009	圆钉 ϕ5 以内	kg	0.030	0.030	0.030	0.030
	031301009	低碳钢焊条 J427（综合）	kg	0.210	0.231	0.254	0.279
	050301004	木板（综合）	m³	0.003	0.006	0.007	0.008
	050105001	道木（综合）	m³	0.027	0.030	0.030	0.041
	140307001	煤油	kg	2.500	2.500	2.500	2.500
	140303001	机油（综合）	kg	0.202	0.202	0.303	0.303
	140901003	黄油钙基脂	kg	0.253	0.253	0.253	0.302
	130119001	白漆	kg	1.160	1.160	1.160	1.180
	020112007	无石棉橡胶板 高压 δ1～6	kg	0.300	0.500	0.600	0.800
	031102005	铁砂布 0#～2#	张	5.000	5.000	5.000	5.000
	020905002	塑料布	kg	2.280	2.280	2.280	3.390
	850103006	其他材料费（占材料费）	%	5.000	5.000	5.000	5.000
机械	990305020	叉式起重机 5t	台班	0.200	0.300	0.400	0.500
	990901010	交流弧焊机 21kV·A	台班	0.200	0.300	0.350	0.400

2. 卧式高压贮液器（排液桶）

工作内容： 开箱清点、场内运输、外观检查、设备清洗、吊装、连接、安装就位、调整、固定、单体调试。

计量单位： 台

编号				1-12-104	1-12-105	1-12-106	1-12-107	1-12-108
项目				设备容积（m^3 以内）				
				1.0	1.5	2.0	3.0	5.0
				设备重量（t 以内）				
				0.7	1	1.5	2	2.5
名称			单位	消耗量				
人工	000203000	综合二类工	工日	6.940	9.621	10.614	12.696	15.210
材料	031509007	平垫铁（综合）	kg	2.820	2.820	2.820	3.760	5.800
	031509010	斜垫铁（综合）	kg	3.060	3.060	3.060	4.590	5.200
	012901009	热轧薄钢板 δ1.6～1.9	kg	0.800	0.800	1.000	1.000	1.400
	031507018	镀锌铁丝 ϕ2.8～4.0	kg	1.100	1.100	1.100	1.100	1.100
	031501009	圆钉 ϕ5 以内	kg	0.020	0.020	0.020	0.030	0.030
	031301009	低碳钢焊条 J427（综合）	kg	0.307	0.338	0.372	0.409	0.450
	050301004	木板（综合）	m^3	0.001	0.001	0.005	0.006	0.008
	050105001	道木（综合）	m^3	0.027	0.027	0.030	0.030	0.041
	140307001	煤油	kg	3.010	3.010	3.112	3.214	3.418
	140303001	机油（综合）	kg	0.200	0.200	0.200	0.300	0.300
	140901003	黄油钙基脂	kg	0.210	0.210	0.210	0.210	0.210
	130119001	白漆	kg	1.160	1.160	1.160	1.160	1.180
	020112007	无石棉橡胶板 高压 δ1～6	kg	0.300	0.600	0.600	0.600	0.600
	031102005	铁砂布 0#～2#	张	5.000	5.000	5.000	5.000	5.000
	020905002	塑料布	kg	2.280	2.280	2.280	2.280	3.390
	850103006	其他材料费（占材料费）	%	5.000	5.000	5.000	5.000	5.000
机械	990305020	叉式起重机 5t	台班	0.300	0.400	0.500	0.600	0.700
	990901010	交流弧焊机 21kV·A	台班	0.500	0.200	0.250	0.300	0.350

十、分 离 器

1. 氨油分离器

工作内容： 开箱清点、场内运输、外观检查、设备清洗、吊装、连接、安装就位、调整、固定、单体调试。

计量单位： 台

编号				1-12-109	1-12-110	1-12-111	1-12-112	1-12-113	1-12-114
项目				设备直径（mm 以内）					
				325	500	700	800	1000	1200
				设备重量（t 以内）					
				0.15	0.3	0.6	1.2	1.75	2
	名称		单位	消耗量					
人工	000203000	综合二类工	工日	2.869	4.685	7.141	10.000	11.406	13.369
材料	031509007	平垫铁（综合）	kg	1.410	2.820	2.820	2.820	2.820	2.820
	031509010	斜垫铁（综合）	kg	2.040	3.060	3.060	3.060	3.060	3.060
	012901009	热轧薄钢板 δ1.6～1.9	kg	0.400	0.400	0.800	0.800	1.000	1.200
	031507018	镀锌铁丝 ϕ2.8～4.0	kg	1.100	1.100	1.650	1.650	1.650	1.650
	031301009	低碳钢焊条 J427（综合）	kg	0.210	0.231	0.254	0.279	0.307	0.338
	050301004	木板（综合）	m^3	0.001	0.001	0.001	0.004	0.004	0.004
	050105001	道木（综合）	m^3	0.027	0.027	0.027	0.030	0.030	0.030
	140307001	煤油	kg	0.500	1.000	1.000	1.500	1.500	1.500
	140303001	机油（综合）	kg	0.202	0.202	0.202	0.202	0.202	0.202
	140901003	黄油钙基脂	kg	0.202	0.212	0.212	0.212	0.212	0.212
	130119001	白漆	kg	0.050	0.050	0.080	0.080	0.080	0.080
	020112007	无石棉橡胶板 高压 δ1～6	kg	0.300	0.300	0.400	0.400	0.500	0.500
	031102005	铁砂布 $0^{\#}$～$2^{\#}$	张	1.000	2.000	2.000	3.000	3.000	3.000
	020905002	塑料布	kg	0.200	0.390	0.480	1.680	1.680	1.680
	850103006	其他材料费（占材料费）	%	5.000	5.000	5.000	5.000	5.000	5.000
机械	990305020	叉式起重机 5t	台班	0.120	0.240	0.360	0.420	0.550	0.600
	990901010	交流弧焊机 21kV·A	台班	0.200	0.200	0.250	0.250	0.300	0.300

2. 氨液分离器

工作内容：开箱清点、场内运输、外观检查、设备清洗、吊装、连接、安装就位、调整、固定、单体调试。

计量单位：台

编号				1-12-115	1-12-116	1-12-117	1-12-118	1-12-119	1-12-120
项目				设备直径（mm 以内）					
				500	600	800	1000	1200	1400
				设备重量（t 以内）					
				0.3	0.4	0.6	0.7	1	1.2
名称			单位	消耗量					
人工	000203000	综合二类工	工日	4.724	5.873	7.501	8.996	10.831	11.515
材料	031509007	平垫铁（综合）	kg	1.410	2.820	3.760	3.760	3.760	3.760
	031509010	斜垫铁（综合）	kg	2.040	3.060	4.590	4.590	4.590	4.590
	012901009	热轧薄钢板 δ1.6～1.9	kg	0.400	0.400	0.800	0.800	0.800	0.800
	031507018	镀锌铁丝 ϕ2.8～4.0	kg	0.800	0.800	0.800	0.800	1.100	1.100
	031301009	低碳钢焊条 J427（综合）	kg	0.210	0.231	0.254	0.279	0.307	0.338
	140307001	煤油	kg	1.500	1.500	1.500	1.500	1.500	1.500
	140303001	机油（综合）	kg	0.101	0.101	0.101	0.202	0.202	0.202
	140901003	黄油钙基脂	kg	0.182	0.182	0.182	0.182	0.182	0.202
	130119001	白漆	kg	0.080	0.080	0.080	0.080	0.080	0.080
	020112007	无石棉橡胶板 高压 δ1～6	kg	0.300	0.400	0.400	0.500	0.600	0.700
	031102005	铁砂布 0#～2#	张	3.000	3.000	3.000	3.000	3.000	3.000
	020905002	塑料布	kg	1.680	1.680	1.680	1.680	1.680	1.680
	050301004	木板（综合）	m^3	—	—	—	—	0.002	0.002
	850103006	其他材料费（占材料费）	%	5.000	5.000	5.000	5.000	5.000	5.000
机械	990305020	叉式起重机 5t	台班	0.120	0.180	0.240	0.300	0.360	0.420
	990901010	交流弧焊机 21kV · A	台班	0.200	0.200	0.250	0.250	0.300	0.300

3. 空气分离器

工作内容： 开箱清点、场内运输、外观检查、设备清洗、吊装、连接、安装就位、调整、固定、单体调试。

计量单位：台

编号				1-12-121	1-12-122
项目				冷却面积（m² 以内）	
				0.45	1.82
				设备重量（t 以内）	
				0.06	0.13
名称			单位	消耗量	
人工	000203000	综合二类工	工日	1.780	2.400
材料	031509007	平垫铁（综合）	kg	1.410	1.410
	031509010	斜垫铁（综合）	kg	2.040	2.040
	012901009	热轧薄钢板 δ1.6～1.9	kg	0.200	0.400
	031301009	低碳钢焊条 J427（综合）	kg	0.105	0.125
	050301004	木板（综合）	m^3	0.001	0.001
	140307001	煤油	kg	1.500	1.500
	130119001	白漆	kg	0.080	0.080
	020112007	无石棉橡胶板 高压 δ1～6	kg	0.200	0.250
	031102005	铁砂布 0#～2#	张	3.000	3.000
	020905002	塑料布	kg	1.680	1.680
	850103006	其他材料费（占材料费）	%	5.000	5.000
机械	990901010	交流弧焊机 21kV·A	台班	0.200	0.200

十一、过 滤 器

1. 氨气过滤器

工作内容： 开箱清点、场内运输、外观检查、设备清洗、吊装、连接、安装就位、调整、固定、单体调试。

计量单位： 台

编 号				1-12-123	1-12-124	1-12-125
项 目				设备直径（mm 以内）		
				100	200	300
				设备重量（t 以内）		
				0.1	0.2	0.5
名 称			单位	消 耗 量		
人工	000203000	综合二类工	工日	1.743	2.921	4.824
材料	031507018	镀锌铁丝 ϕ2.8～4.0	kg	0.800	0.800	0.800
	140301001	汽油 89#	kg	0.501	1.002	2.040
	140307001	煤油	kg	1.000	1.000	1.500
	140713001	冷冻机油	kg	0.200	0.250	0.250
	140303001	机油（综合）	kg	0.101	0.101	0.101
	140901003	黄油钙基脂	kg	0.101	0.404	0.606
	130119001	白漆	kg	0.050	0.050	0.080
	020112007	无石棉橡胶板 高压 δ1～6	kg	0.500	1.000	2.000
	031102005	铁砂布 $0^{\#}$～$2^{\#}$	张	2.000	2.000	2.000
	020905002	塑料布	kg	0.150	0.390	0.600
	850103006	其他材料费（占材料费）	%	5.000	5.000	5.000

2. 氨液过滤器

工作内容： 开箱清点、场内运输、外观检查、设备清洗、吊装、连接、安装就位、调整、固定、单体调试。

计量单位： 台

编 号				1-12-126	1-12-127	1-12-128
项 目				设备直径（mm 以内）		
				25	50	100
				设备重量（t 以内）		
				0.025		0.05
名 称			单位	消 耗 量		
人工	000203000	综合二类工	工日	0.970	2.290	2.591
材料	140301001	汽油 89#	kg	0.204	0.510	1.020
	140307001	煤油	kg	0.500	0.500	0.500
	140713001	冷冻机油	kg	0.100	0.150	0.200
	140303001	机油（综合）	kg	0.101	0.101	0.101
	140901003	黄油钙基脂	kg	0.051	0.152	0.354
	130119001	白漆	kg	0.050	0.050	0.050
	020112007	无石棉橡胶板 高压 δ1～6	kg	0.200	0.400	1.200
	031102005	铁砂布 $0^{\#}$～$2^{\#}$	张	2.000	2.000	2.000
	020905002	塑料布	kg	0.150	0.150	1.680
	850103006	其他材料费（占材料费）	%	5.000	5.000	5.000

十二、中间冷却器

工作内容： 开箱清点、场内运输、外观检查、设备清洗、吊装、连接、安装就位、调整、固定、单体调试。

计量单位：台

编号				1-12-129	1-12-130	1-12-131	1-12-132	1-12-133	1-12-134
项目				设备冷却面积（m² 以内）					
				2	3.5	5	8	10	16
				设备重量（t 以内）					
				0.5	0.6	1	1.6	2	3
名称			单位	消耗量					
人工	000203000	综合二类工	工日	5.492	6.325	8.898	10.850	13.754	17.305
材料	031509007	平垫铁（综合）	kg	2.820	2.820	2.820	2.820	3.760	5.800
	031509010	斜垫铁（综合）	kg	3.060	3.060	3.060	3.060	4.590	5.200
	012901009	热轧薄钢板 $\delta1.6 \sim 1.9$	kg	0.800	0.800	0.800	1.000	1.000	1.200
	031507018	镀锌铁丝 $\phi2.8 \sim 4.0$	kg	1.100	1.100	1.100	1.650	1.650	2.000
	031301009	低碳钢焊条 J427（综合）	kg	0.105	0.140	0.186	0.247	0.329	0.438
	050301004	木板（综合）	m³	0.001	0.001	0.001	0.005	0.006	0.008
	050105001	道木（综合）	m³	—	—	—	0.030	0.030	0.041
	140307001	煤油	kg	2.500	2.500	2.500	2.500	2.500	2.500
	140303001	机油（综合）	kg	0.202	0.303	0.505	0.505	0.505	0.606
	140901003	黄油钙基脂	kg	0.212	0.212	0.212	0.111	0.111	0.111
	130119001	白漆	kg	0.160	0.160	0.160	0.180	0.180	0.180
	020112007	无石棉橡胶板 高压 $\delta1 \sim 6$	kg	1.000	1.300	1.500	1.800	2.000	2.500
	031102005	铁砂布 0#～2#	张	5.000	5.000	5.000	5.000	5.000	5.000
	020905002	塑料布	kg	2.280	2.280	2.280	3.390	3.390	3.390
	850103006	其他材料费（占材料费）	%	5.000	5.000	5.000	5.000	5.000	5.000
机械	990401035	载重汽车 10t	台班	—	—	—	—	—	0.300
	990305020	叉式起重机 5t	台班	0.200	0.250	0.300	0.350	0.400	—
	990304004	汽车式起重机 8t	台班	—	—	—	—	—	0.500
	990901010	交流弧焊机 21kV·A	台班	0.100	0.100	0.200	0.200	0.200	0.300

十三、玻璃钢冷却塔

工作内容： 开箱清点、场内运输、外观检查、设备清洗、吊装、连接、安装就位、调整、固定、单体调试。

计量单位：台

编号				1-12-135	1-12-136	1-12-137	1-12-138	1-12-139
项目				设备处理水量（m^3/h 以内）				
				30	50	70	100	150
名称			单位	消耗量				
人工	000203000	综合二类工	工日	13.373	14.518	16.380	17.906	20.859
材料	031509007	平垫铁（综合）	kg	5.800	5.800	8.820	8.820	8.820
	031509010	斜垫铁（综合）	kg	7.860	7.860	9.880	9.880	9.880
	012901009	热轧薄钢板 δ1.6～1.9	kg	0.200	0.400	0.800	0.800	1.000
	031507018	镀锌铁丝 ϕ2.8～4.0	kg	3.700	3.700	3.700	4.800	4.800
	031301009	低碳钢焊条 J427（综合）	kg	0.210	0.242	0.278	0.320	0.368
	050301004	木板（综合）	m^3	0.002	0.002	0.003	0.006	0.006
	050105001	道木（综合）	m^3	0.027	0.027	0.027	0.027	0.030
	140307001	煤油	kg	1.806	2.408	2.510	3.714	6.224
	140303001	机油（综合）	kg	0.101	0.101	0.101	0.101	0.101
	140901003	黄油钙基脂	kg	0.576	0.576	0.576	0.576	0.576
	144101001	405 号树脂胶	kg	1.000	1.500	2.000	2.500	3.000
	130119001	白漆	kg	0.100	0.100	0.200	0.300	0.300
	020112007	无石棉橡胶板 高压 δ1～6	kg	1.200	1.400	1.400	1.600	1.600
	031102005	铁砂布 0#～2#	张	3.000	4.000	4.000	5.000	5.000
	020905002	塑料布	kg	2.790	5.790	8.130	9.210	9.210
	850103006	其他材料费（占材料费）	%	5.000	5.000	5.000	5.000	5.000
机械	990401035	载重汽车 10t	台班	0.200	0.200	0.400	0.500	0.500
	990304028	汽车式起重机 30t	台班	0.100	0.150	0.200	0.250	0.300
	990901010	交流弧焊机 21kV·A	台班	0.100	0.100	0.100	0.200	0.200

工作内容：开箱清点、场内运输、外观检查、设备清洗、吊装、连接、安装就位、调整、固定、单体调试。

计量单位：台

编号				1-12-140	1-12-141	1-12-142	1-12-143
项目				设备处理水量（m³/h 以内）			
				250	300	500	700
名称			单位	消耗量			
人工	000203000	综合二类工	工日	28.958	35.438	38.106	44.225
材料	031509007	平垫铁（综合）	kg	11.640	14.820	15.800	15.800
	031509010	斜垫铁（综合）	kg	8.572	11.430	11.430	11.430
	012901009	热轧薄钢板 δ1.6～1.9	kg	1.400	1.800	1.800	4.000
	031507018	镀锌铁丝 ϕ2.8～4.0	kg	4.800	4.800	5.550	7.400
	031301009	低碳钢焊条 J427（综合）	kg	0.423	0.486	0.559	0.643
	050301004	木板（综合）	m^3	0.008	0.017	0.017	0.017
	050105001	道木（综合）	m^3	0.041	0.041	0.041	0.062
	140307001	煤油	kg	8.040	11.550	15.570	22.100
	140303001	机油（综合）	kg	0.202	0.202	0.303	0.303
	140901003	黄油钙基脂	kg	0.576	0.576	0.576	0.646
	144101001	405 号树脂胶	kg	4.000	5.000	6.000	7.000
	130119001	白漆	kg	0.600	0.900	1.500	1.500
	020112007	无石棉橡胶板 高压 δ1～6	kg	1.800	2.000	2.500	3.000
	023301001	草袋	条	1.500	5.000	5.000	5.000
	031102005	铁砂布 0#～2#	张	10.000	15.000	23.000	23.000
	020905002	塑料布	kg	18.420	27.630	46.000	46.000
	341101001	水	m^3	1.540	5.900	5.900	5.900
	850103006	其他材料费（占材料费）	%	5.000	5.000	5.000	5.000
机械	990401035	载重汽车 10t	台班	0.600	0.800	1.000	1.000
	990304016	汽车式起重机 16t	台班	0.500	0.700	0.900	0.950
	990304028	汽车式起重机 30t	台班	0.500	0.500	0.500	0.500
	990901010	交流弧焊机 21kV·A	台班	0.200	0.400	0.500	0.500

十四、集油器、油视镜、紧急泄氨器

工作内容：开箱清点、场内运输、外观检查、设备清洗、吊装、连接、安装就位、调整、固定、单体调试。

计量单位：见表

编号				1-12-144	1-12-145	1-12-146	1-12-147	1-12-148	1-12-149
项目				集油器			油视镜		紧急泄氨器
				设备直径（mm 以内）					
				219	325	500	50	100	108
单位				台			个		台
名称			单位	消耗量					
人工	000203000	综合二类工	工日	1.541	2.177	3.242	1.523	2.121	1.694
材料	031509001	铁件（综合）	kg	—	—	—	1.200	1.500	1.750
	140307001	煤油	kg	0.500	0.500	0.500	0.500	0.500	0.500
	140303001	机油（综合）	kg	0.202	0.202	0.202	0.101	0.101	0.101
	020112007	无石棉橡胶板 高压 δ1～6	kg	0.500	0.500	0.500	0.200	0.500	0.200
	050301004	木板（综合）	m^3	0.001	0.001	0.001	—	—	0.001
	031509007	平垫铁（综合）	kg	2.820	2.820	2.820	—	—	—
	031509010	斜垫铁（综合）	kg	3.060	3.060	3.060	—	—	—
	012901009	热轧薄钢板 δ1.6～1.9	kg	0.200	0.200	0.200	—	—	—
	031301009	低碳钢焊条 J427（综合）	kg	0.105	0.121	0.139	—	—	—
	850103006	其他材料费（占材料费）	%	5.000	5.000	5.000	5.000	5.000	5.000
机械	990901010	交流弧焊机 21kV · A	台班	0.100	0.100	0.100	—	—	—

十五、制冷容器单体试密与排污

工作内容： 制堵盲板、装设临时泵及管线、灌水（充气）加压、停压检查、排污、拆除临时管线。

计量单位： 次/台

编号				1-12-150	1-12-151	1-12-152
项目				设备容量（m^3 以内）		
				1	3	5
		名称	单位	消耗量		
人工	000203000	综合二类工	工日	3.829	5.084	6.394
材料	031507018	镀锌铁丝 ϕ2.8～4.0	kg	0.200	0.200	0.200
	031301009	低碳钢焊条 J427（综合）	kg	0.050	0.070	0.100
	031301023	碳钢气焊条（综合）	kg	0.010	0.013	0.017
	140901003	黄油钙基脂	kg	0.250	0.400	0.500
	140505001	铅油（厚漆）	kg	0.100	0.150	0.200
	020112007	无石棉橡胶板 高压 δ1～6	kg	0.240	0.540	0.960
	142909001	氧气	m^3	0.306	0.428	0.734
	142907002	乙炔气	kg	0.102	0.143	0.245
	170201001	无缝钢管 $D22\times2$	m	0.200	0.200	0.200
	170201003	无缝钢管 $D25\times2$	m	0.200	—	—
	170201008	无缝钢管 $D38\times2.25$	m	—	0.200	—
	170201013	无缝钢管 $D57\times3$	m	—	—	0.200
	850103006	其他材料费（占材料费）	%	5.000	5.000	5.000
机械	990901010	交流弧焊机 21kV·A	台班	0.100	0.150	0.200
	991003050	电动空气压缩机 $6m^3/min$	台班	0.500	1.000	1.500

十六、补 充 项 目

1. 双工况制冷机组

工作内容： 开箱清点、场内运输、外观检查、设备清洗、吊装、连接、安装就位、调整、固定、单体调试。

计量单位： 台

编号				1-12-153	1-12-154	1-12-155	1-12-156	1-12-157	1-12-158
项目				设备重量（t 以内）					
				1	2	3	5	8	10
名称			单位	消耗量					
人工	000203000	综合二类工	工日	11.940	18.731	22.465	34.855	50.869	59.663
材料	012903002	中厚钢板（综合）	kg	2.000	2.000	3.000	4.000	6.000	6.000
	031301008	低碳钢焊条 J422（综合）	kg	0.200	0.200	0.200	0.250	0.300	0.300
	142909001	氧气	m^3	0.300	0.360	0.420	0.600	0.750	0.900
	142907002	乙炔气	kg	0.100	0.120	0.140	0.200	0.250	0.300
	031507015	镀锌铁丝 ϕ2.0～4.0	kg	0.300	0.300	0.300	0.300	0.300	0.300
	140307001	煤油	kg	1.000	1.500	1.500	2.000	2.000	2.500
	140303001	机油（综合）	kg	0.300	0.400	0.600	0.700	0.800	1.000
	140113002	黄油	kg	0.200	0.250	0.300	0.350	0.400	0.500
	850103006	其他材料费（占材料费）	%	5.000	5.000	5.000	5.000	5.000	5.000
机械	990304004	汽车式起重机 8t	台班	0.061	0.086	0.135	0.221	—	—
	990901001	弧焊机（综合）	台班	0.123	0.123	0.184	0.245	0.306	0.306
	990304016	汽车式起重机 16t	台班	—	—	—	—	0.613	0.858

第十三章

其他机械安装及设备灌浆

说　明

一、本章内容包括润滑油处理设备、膨胀机、柴油机、柴油发电机组、电动机及电动发电机组、储气罐、乙炔发生器及其附属设备、水压机蓄势罐、小型空气分馏塔、设备减振台座、座浆垫板、离心机安装，小型金属结构件制作、安装及地脚螺栓孔灌浆、设备底座与基础间灌浆。

1. 润滑油处理设备包括：压力滤油机、润滑油再生机组、油沉淀箱。

2. 制氧设备包括：膨胀机、空气分馏塔及小型制氧机配套附属设备（洗涤塔、干燥器、碱水拌和器、纯化器、加热炉、储氧器、充氧台）。

3. 其他机械包括：柴油机、柴油发电机组、电动机及电动发电机组、空气压缩机配套的储气罐、乙炔发生器及其附属设备、水压机附属的蓄势罐、离心机安装。

4. 设备灌浆包括：地脚螺栓孔灌浆、设备底座与基础间灌浆。

二、本章包括以下工作内容：

1. 设备整体、解体安装。

2. 整体安装的空气分馏塔包括本体及本体第一个法兰内的管道、阀门安装；与本体联体的仪表、转换开关安装；清洗、调整、气密试验。

3. 设备带有的电动机安装；主机与电动机组装联轴器或皮带机。

4. 储气罐本体及与本体联体的安全阀、压力表等附件安装，气密试验。

5. 乙炔发生器本体及与本体联体的安全阀、压力表、水位表等附件安装；附属设备安装、气密试验或试漏。

6. 水压机蓄势罐本体及底座安装；与本体联体的附件安装，酸洗、试压。

三、本章不包括下列工作内容：

1. 各种设备本体制作以及设备本体第一个法兰以外的管道、附件安装。

2. 平台、梯子、栏杆等金属构件制作、安装（随设备到货的平台、梯子、栏杆的安装除外）。

3. 空气分馏塔安装前的设备、阀门脱脂、试压；冷箱外的设备安装；阀门研磨、结构、管件、吊耳临时支撑的制作。

4. 其他机械安装不包括刮研工作；与设备本体非同一底座的各种设备、起动装置、仪表盘、柜等的安装、调试。

5. 小型制氧设备及其附属设备的试压、脱脂、阀门研磨；稀有气体及液氧或液氮的制取系统安装。

6. 电动机及其他动力机械的拆装检查、配管、配线、调试。

四、相关说明：

1. 乙炔发生器附属设备是按“密闭性设备”考虑的。如为“非密闭性设备”时，则相应安装项目的人工、机械乘以系数 0.80。

2. 当实际灌浆材料与本定额项目中所列材料不一致时，根据设计选用的特殊灌浆材料按实计算材料费。

工程量计算规则

一、润滑油处理设备安装应区分设备型号、重量，按设计图示数量，分别以“台”为计量单位。

二、膨胀机安装应区分设备重量，按设计图示数量，分别以“台”为计量单位。

三、柴油机、柴油发电机组、电动机及电动发电机组、离心机安装应区分设备类型、重量，按设计图示数量，分别以“台”为计量单位。大型电机安装应按大型电机安装总重量，以“t”为计量单位。

四、储气罐安装应区分设备容量，按设计图示数量，分别以“台”为计量单位。

五、乙炔发生器安装应区分设备生产能力（m^3/h），按设计图示数量，分别以“台”为计量单位。

六、乙炔发生器附属设备、水压机蓄势罐安装应区分设备重量，按设计图示数量，分别以“台”为计量单位。

七、小型整体安装空气分馏塔安装应区分设备型号，按设计图示数量，分别以“台”为计量单位。

八、小型制氧附属设备中，洗涤塔、加热炉、加热器、储氧器及充氧台安装应区分设备类型，按设计图示数量，分别以“台”为计量单位；干燥器和碱水拌和器安装，按设计图示数量，分别以“组”为计量单位；纯化器安装，按设计图示数量，以“套”为计量单位。

九、设备减震台座安装，应区分台座重量，按设计图示数量，以“座”为计量单位。

十、座浆垫板安装，应区分垫板规格尺寸，按设计图示数量，以“墩”为计量单位。

十一、地脚螺栓孔灌浆、设备底座与基础间灌浆，应区分每台设备灌浆量，按图示尺寸计算，以“m^3”为计量单位。

十二、机械设备小型金属结构件制作与安装应区分单体重量，按设计图示重量，以“t”为计量单位。

十三、设备减振器安装，按设计图示数量，以“个”为计量单位。

十四、设备隔振垫安装，按设计图示数量，以“块”为计量单位。

十五、乙炔发生器附属设备、水压机蓄势罐、小型制氧机械配套附属设备及解体安装空气分馏塔等设备，计算设备总重量时，应包括设备本体及与设备联体的阀门、管道、支架、平台、梯子、保护罩等重量。

十六、润滑处理设备、膨胀机、柴油机、电动机及电动发动机组等设备重量的计算方法：在同一底座上的机组按整体总重量计算；非同一底座上的机组应按主机、辅机及底座的总重量计算。

十七、柴油发电机组按机组的总重量计算。

一、润滑油处理设备

工作内容：开箱清点、场内运输、外观检查、设备清洗、吊装、连接、安装就位、调整、固定、单体调试。

计量单位：台

编号				1-13-1	1-13-2	1-13-3	1-13-4	1-13-5
项目				压力滤油机			润滑油再生机组	油沉淀箱
				设备型号				
				LY-50	LY-100	LY-150	CY-120	
				设备重量（t以内）				
				0.2	0.23	0.25		0.2
		名称	单位	消耗量				
人工	000203000	综合二类工	工日	5.368	5.960	6.365	8.270	4.551
材料	031509007	平垫铁（综合）	kg	1.936	1.936	1.936	1.936	1.936
	031509010	斜垫铁（综合）	kg	3.708	3.708	3.708	3.708	3.708
	012901009	热轧薄钢板 δ1.6～1.9	kg	0.400	0.400	0.400	0.400	0.400
	031507018	镀锌铁丝 ϕ2.8～4.0	kg	1.100	1.100	1.100	1.100	1.100
	031301009	低碳钢焊条 J427（综合）	kg	0.105	0.120	0.105	0.105	0.105
	050301004	木板（综合）	m^3	0.004	0.004	0.004	0.005	0.004
	050105001	道木（综合）	m^3	0.008	0.008	0.008	0.008	0.008
	140307001	煤油	kg	1.510	1.610	1.710	1.710	1.510
	140303001	机油（综合）	kg	0.202	0.202	0.303	0.303	0.303
	140901003	黄油钙基脂	kg	0.202	0.202	0.202	0.202	0.202
	130119001	白漆	kg	0.080	0.080	0.080	0.080	0.080
	020112007	无石棉橡胶板 高压 δ1～6	kg	0.200	0.200	0.240	0.240	0.200
	023301001	草袋	条	0.500	0.500	0.500	1.000	0.500
	031102005	铁砂布 0#～2#	张	2.000	2.000	2.000	2.000	2.000
	020905002	塑料布	kg	0.600	0.600	0.600	0.600	0.600
	341101001	水	m^3	0.680	0.680	0.960	1.060	0.680
	850103006	其他材料费（占材料费）	%	5.000	5.000	5.000	5.000	5.000
机械	990305020	叉式起重机 5t	台班	0.150	0.100	0.200	0.200	0.150
	990901010	交流弧焊机 21kV·A	台班	0.100	0.100	0.100	0.100	0.100

二、膨 胀 机

工作内容：开箱清点、场内运输、外观检查、设备清洗、吊装、连接、安装就位、调整、固定、单体调试。

计量单位：台

编号				1-13-6	1-13-7	1-13-8	1-13-9	1-13-10
项目				设备重量（t 以内）				
				1	1.5	2.5	3.5	4.5
		名称	单位	消耗量				
人工	000203000	综合二类工	工日	33.918	38.707	45.485	62.679	75.355
材料	031509010	斜垫铁（综合）	kg	12.770	12.770	12.770	17.820	21.380
	031509007	平垫铁（综合）	kg	14.820	14.820	14.820	22.680	22.680
	012901009	热轧薄钢板 δ1.6～1.9	kg	2.000	2.500	3.500	4.500	5.500
	012903011	热轧中厚钢板 δ8～20	kg	4.500	6.000	7.000	8.000	10.000
	031501009	圆钉 ϕ5 以内	kg	0.050	0.050	0.050	0.050	0.050
	031301009	低碳钢焊条 J427（综合）	kg	0.840	1.050	1.313	1.641	2.100
	013503003	紫铜板 δ0.08～0.2	kg	0.100	0.100	0.110	0.130	0.150
	015301005	铅板 δ3	kg	0.300	0.300	0.500	0.500	0.800
	050301004	木板（综合）	m^3	0.010	0.018	0.018	0.022	0.026
	050105001	道木（综合）	m^3	0.077	0.080	0.080	0.091	0.149
	140307001	煤油	kg	10.350	13.500	16.620	19.740	21.840
	140303001	机油（综合）	kg	1.515	1.515	1.515	1.717	1.717
	140715001	汽轮机油	kg	3.000	5.000	6.000	7.000	8.000
	143167001	四氯化碳	kg	6.000	8.000	10.000	12.000	14.000
	143309001	甘油	kg	0.200	0.200	0.350	0.350	0.400
	142909001	氧气	m^3	1.352	1.531	0.694	1.804	2.704
	142907002	乙炔气	kg	0.520	0.589	0.694	0.867	1.040
	133503008	合成树脂密封胶	kg	2.000	2.000	2.000	2.000	2.000
	130119001	白漆	kg	0.080	0.080	0.100	0.100	0.100
	020112007	无石棉橡胶板 高压 δ1～6	kg	3.060	4.000	5.000	6.000	7.000
	031102005	铁砂布 0#～2#	张	3.000	3.000	3.000	3.000	3.000
	020905002	塑料布	kg	1.680	1.680	2.790	2.790	2.790
	850103006	其他材料费（占材料费）	%	5.000	5.000	5.000	5.000	5.000
机械	990401035	载重汽车 10t	台班	—	—	—	0.500	0.550
	990305020	叉式起重机 5t	台班	0.500	0.580	0.680	—	—
	990304004	汽车式起重机 8t	台班	0.200	0.200	0.300	0.500	0.500
	990304016	汽车式起重机 16t	台班	0.500	0.500	0.500	0.500	0.500
	990901010	交流弧焊机 21kV·A	台班	0.800	0.900	1.000	1.100	1.200

三、柴　油　机

工作内容： 开箱清点、场内运输、外观检查、设备清洗、吊装、连接、安装就位、调整、固定、单体调试。

计量单位：台

编　号				1-13-11	1-13-12	1-13-13	1-13-14	1-13-15
项　目				设备重量（t以内）				
				0.5	1	1.5	2	2.5
名　称			单位	消　耗　量				
人工	000203000	综合二类工	工日	7.821	11.030	12.195	15.209	17.016
材料	031509007	平垫铁（综合）	kg	3.760	3.760	5.640	5.640	11.640
	031509010	斜垫铁（综合）	kg	4.590	4.590	6.120	6.120	9.880
	031507018	镀锌铁丝 ϕ2.8～4.0	kg	2.000	2.000	3.000	3.000	3.000
	031501009	圆钉 ϕ5以内	kg	0.020	0.022	0.027	0.034	0.041
	031301009	低碳钢焊条 J427（综合）	kg	0.158	0.200	0.250	0.300	0.350
	050301004	木板（综合）	m^3	0.008	0.010	0.013	0.015	0.019
	050105001	道木（综合）	m^3	0.008	0.008	0.030	0.038	0.040
	140307001	煤油	kg	1.964	2.079	2.310	2.436	2.678
	140305002	柴油	kg	18.260	24.480	42.540	42.540	47.580
	140303001	机油（综合）	kg	0.566	0.586	0.606	0.626	0.646
	140901003	黄油钙基脂	kg	0.202	0.202	0.202	0.202	0.202
	140505001	铅油（厚漆）	kg	0.050	0.050	0.050	0.050	0.050
	130119001	白漆	kg	0.080	0.080	0.080	0.080	0.080
	151311001	聚酯乙烯泡沫塑料	kg	0.121	0.132	0.132	0.132	0.132
	031102005	铁砂布 0#～2#	张	3.000	3.000	3.000	3.000	3.000
	020905002	塑料布	kg	1.680	1.680	1.680	1.680	1.680
	850103006	其他材料费（占材料费）	%	5.000	5.000	5.000	5.000	5.000
机械	990305020	叉式起重机 5t	台班	0.200	0.200	0.400	0.500	0.600
	990304004	汽车式起重机 8t	台班	—	0.200	0.300	0.400	0.500
	990901010	交流弧焊机 21kV·A	台班	0.100	0.120	0.150	0.200	0.250

工作内容： 开箱清点、场内运输、外观检查、设备清洗、吊装、连接、安装就位、调整、固定、单体调试。

计量单位：台

编号				1-13-16	1-13-17	1-13-18	1-13-19	1-13-20
项目				设备重量（t 以内）				
				3	3.5	4	4.5	5
名称			单位	消耗量				
人工	000203000	综合二类工	工日	19.102	22.007	24.156	26.694	28.695
材料	031509007	平垫铁（综合）	kg	15.520	15.520	15.520	21.340	21.340
	031509010	斜垫铁（综合）	kg	14.820	14.820	14.820	19.760	19.760
	031507018	镀锌铁丝 $\phi2.8\sim4.0$	kg	3.000	3.000	3.000	4.000	4.000
	031501009	圆钉 $\phi5$ 以内	kg	0.047	0.054	0.061	0.067	0.067
	031301009	低碳钢焊条 J427（综合）	kg	0.400	0.450	0.500	0.550	0.600
	050301004	木板（综合）	m^3	0.021	0.025	0.028	0.030	0.034
	050105001	道木（综合）	m^3	0.041	0.410	0.041	0.041	0.041
	140307001	煤油	kg	3.000	3.500	3.500	4.000	4.500
	140305002	柴油	kg	51.000	65.400	70.200	75.200	80.200
	140303001	机油（综合）	kg	0.657	0.667	0.687	0.707	0.737
	140901003	黄油钙基脂	kg	0.202	0.202	0.202	0.202	0.202
	140505001	铅油（厚漆）	kg	0.050	0.050	0.050	0.050	0.050
	130119001	白漆	kg	0.100	0.100	0.100	0.100	0.100
	151311001	聚酯乙烯泡沫塑料	kg	0.154	0.154	0.165	0.165	0.165
	031102005	铁砂布 $0^{\#}\sim2^{\#}$	张	3.000	3.000	3.000	3.000	3.000
	020905002	塑料布	kg	2.790	2.790	2.790	4.410	4.410
	850103006	其他材料费（占材料费）	%	5.000	5.000	5.000	5.000	5.000
机械	990401035	载重汽车 10t	台班	—	0.200	0.300	0.380	0.500
	990304004	汽车式起重机 8t	台班	0.500	0.800	0.900	0.950	1.000
	990901010	交流弧焊机 21kV · A	台班	0.300	0.350	0.400	0.450	0.500

四、柴油发电机组

工作内容：开箱清点、场内运输、外观检查、设备清洗、吊装、连接、安装就位、调整、固定、单体调试。　　**计量单位：**台

编号				1-13-21	1-13-22	1-13-23	1-13-24	1-13-25	1-13-26
项目				设备重量（t以内）					
				2	2.5	3.5	4.5	5.5	13
名称			单位	消耗量					
人工	000203000	综合二类工	工日	17.740	19.746	25.491	31.270	36.786	86.738
材料	031509007	平垫铁（综合）	kg	5.640	5.640	7.530	15.520	21.340	32.340
	031509010	斜垫铁（综合）	kg	6.120	6.120	9.170	14.820	19.760	28.220
	031507018	镀锌铁丝 $\phi2.8\sim4.0$	kg	2.000	3.000	3.000	4.000	4.000	4.000
	031501009	圆钉 $\phi5$ 以内	kg	0.034	0.040	0.054	0.067	0.080	0.135
	031301009	低碳钢焊条 J427（综合）	kg	0.242	0.327	0.441	0.595	0.803	1.084
	050301004	木板（综合）	m^3	0.015	0.020	0.025	0.030	0.038	0.084
	050105001	道木（综合）	m^3	0.030	0.040	0.040	0.041	0.062	0.087
	140307001	煤油	kg	3.320	3.450	3.700	3.960	4.220	6.604
	140305002	柴油	kg	31.080	43.620	45.600	55.800	65.400	98.500
	140303001	机油（综合）	kg	0.586	0.606	0.646	0.667	0.707	22.018
	140901003	黄油钙基脂	kg	0.202	0.202	0.202	0.202	0.303	0.303
	140505001	铅油（厚漆）	kg	0.050	0.050	0.050	0.050	0.050	0.050
	130119001	白漆	kg	0.080	0.080	0.100	0.100	0.100	0.100
	151311001	聚酯乙烯泡沫塑料	kg	0.143	0.143	0.154	0.165	0.176	0.220
	020905002	塑料布	kg	1.680	1.680	2.790	2.790	2.790	4.410
	143175001	重铬酸钾 98%	kg	—	—	—	—	—	5.250
	023503012	铅粉无石棉绳 $\phi6$ 250℃	kg	—	—	—	—	—	0.250
	020101005	橡胶板 $\delta5\sim10$	kg	—	—	—	—	—	0.100
	022907001	麻丝	kg	—	—	—	—	—	0.100
	341111001	木柴	kg	—	—	—	—	—	17.500
	341105001	煤	t	—	—	—	—	—	0.080
	850103006	其他材料费（占材料费）	%	5.000	5.000	5.000	5.000	5.000	5.000
机械	990401035	载重汽车 10t	台班	—	—	0.300	0.500	0.500	0.500
	990305020	叉式起重机 5t	台班	0.200	0.300	0.380	0.580	—	—
	990304004	汽车式起重机 8t	台班	0.200	0.300	0.380	—	—	—
	990304016	汽车式起重机 16t	台班	—	—	—	0.300	—	1.000
	990304028	汽车式起重机 30t	台班	—	—	—	0.300	0.800	—
	990304040	汽车式起重机 50t	台班	—	—	—	—	—	0.500
	990901010	交流弧焊机 21kV·A	台班	0.100	0.100	0.200	0.300	0.400	0.500

五、电动机及电动发电机组

工作内容： 开箱清点、场内运输、外观检查、设备清洗、吊装、连接、安装就位、调整、固定、单体调试。

计量单位：台

编号				1-13-27	1-13-28	1-13-29	1-13-30	1-13-31
项目				设备重量（t 以内）				
				0.5	1	3	5	7
名称			单位	消耗量				
人工	000203000	综合二类工	工日	4.005	6.086	14.889	24.554	34.220
材料	031509007	平垫铁（综合）	kg	3.760	3.760	11.640	21.340	21.340
	031509010	斜垫铁（综合）	kg	4.590	4.590	9.880	19.760	19.760
	031507018	镀锌铁丝 ϕ2.8～4.0	kg	2.000	2.000	2.500	3.000	3.000
	031501009	圆钉 ϕ5 以内	kg	0.012	0.012	0.015	0.024	0.350
	031301009	低碳钢焊条 J427（综合）	kg	0.210	0.263	0.329	0.411	0.514
	050301004	木板（综合）	m^3	0.013	0.013	0.250	0.025	0.025
	050105001	道木（综合）	m^3	0.010	0.010	0.041	0.062	0.062
	140307001	煤油	kg	3.000	3.000	3.300	4.000	4.000
	140303001	机油（综合）	kg	0.606	0.606	0.808	0.960	0.960
	140901003	黄油钙基脂	kg	0.202	0.202	0.404	0.505	0.505
	130119001	白漆	kg	0.080	0.100	0.100	0.240	0.240
	031102005	铁砂布 0#～2#	张	3.000	3.000	3.000	9.000	9.000
	020905002	塑料布	kg	1.680	2.790	2.790	5.040	5.040
	850103006	其他材料费（占材料费）	%	5.000	5.000	5.000	5.000	5.000
机械	990401035	载重汽车 10t	台班	—	—	—	0.200	0.300
	990304004	汽车式起重机 8t	台班	0.350	0.500	0.800	—	—
	990304016	汽车式起重机 16t	台班	—	—	—	0.650	—
	990304028	汽车式起重机 30t	台班	—	—	—	—	0.800
	990901010	交流弧焊机 21kV·A	台班	0.200	0.200	0.400	0.500	1.000

工作内容：开箱清点、场内运输、外观检查、设备清洗、吊装、连接、安装就位、调整、固定、单体调试。

计量单位：台

编号				1-13-32	1-13-33	1-13-34	1-13-35
项目				设备重量（t 以内）			大型电机（每 t）
				10	20	30	
单位				台			t
		名称	单位	消耗量			
人工	000203000	综合二类工	工日	45.757	85.948	122.740	3.900
材料	031509007	平垫铁（综合）	kg	34.500	48.290	78.480	—
	031509010	斜垫铁（综合）	kg	32.100	45.860	72.910	—
	031507018	镀锌铁丝 ϕ2.8～4.0	kg	4.000	5.000	5.000	—
	031501009	圆钉 ϕ5 以内	kg	0.075	0.100	0.110	—
	031301009	低碳钢焊条 J427（综合）	kg	0.643	0.840	1.005	0.050
	050301004	木板（综合）	m^3	0.050	0.075	0.075	—
	050105001	道木（综合）	m^3	0.062	0.097	0.154	—
	140307001	煤油	kg	4.000	6.000	7.000	—
	140303001	机油（综合）	kg	1.111	1.313	1.313	0.160
	140901003	黄油钙基脂	kg	0.657	0.808	0.808	—
	130119001	白漆	kg	0.240	0.560	0.800	—
	031102005	铁砂布 0#～2#	张	9.000	21.000	3.000	—
	020905002	塑料布	kg	5.040	11.760	16.800	—
	010501001	钢丝绳 ϕ14.1～15	kg	—	1.920	—	—
	010501003	钢丝绳 ϕ19～21.5	kg	—	—	2.080	—
	142909001	氧气	m^3	—	—	—	0.120
	142907002	乙炔气	kg	—	—	—	0.040
	370915002	钢板垫板	kg	—	—	—	40.000
	013503001	紫铜板（综合）	kg	—	—	—	0.050
	850103006	其他材料费（占材料费）	%	5.000	5.000	5.000	5.000
机械	990401035	载重汽车 10t	台班	0.500	0.500	1.000	0.100
	990304004	汽车式起重机 8t	台班	1.260	1.500	1.550	0.240
	990304016	汽车式起重机 16t	台班	0.500	—	—	—
	990304028	汽车式起重机 30t	台班	—	1.000	—	—
	990901010	交流弧焊机 21kV·A	台班	1.000	1.500	2.000	0.100
	990304052	汽车式起重机 75t	台班	—	—	1.000	—

六、储 气 罐

工作内容： 开箱清点、场内运输、外观检查、设备清洗、吊装、连接、安装就位、调整、固定、单体调试。

计量单位：台

编 号				1-13-36	1-13-37	1-13-38	1-13-39
项 目				设备容量（m^3 以内）			
				1	2	3	5
名 称			单位	消 耗 量			
人工	000203000	综合二类工	工日	6.703	10.879	14.522	22.355
材料	031509007	平垫铁（综合）	kg	2.820	2.820	2.820	8.820
	031509010	斜垫铁（综合）	kg	3.060	3.060	3.060	6.573
	012900017	钢板 δ4.5～7	kg	0.900	3.060	1.150	2.000
	031507018	镀锌铁丝 ϕ2.8～4.0	kg	1.980	2.200	2.530	3.300
	031301009	低碳钢焊条 J427（综合）	kg	0.540	0.600	0.690	1.170
	050301004	木板（综合）	m^3	0.001	0.001	0.001	0.001
	050105001	道木（综合）	m^3	0.038	0.042	0.048	0.060
	140307001	煤油	kg	1.890	2.100	2.415	2.700
	142909001	氧气	m^3	1.065	1.183	1.360	1.499
	142907002	乙炔气	kg	0.358	0.398	0.458	0.500
	130119001	白漆	kg	0.072	0.080	0.092	0.100
	020112007	无石棉橡胶板 高压 δ1～6	kg	0.666	0.740	0.851	1.310
	031102005	铁砂布 0#～2#	张	2.700	3.000	3.450	3.000
	020905002	塑料布	kg	1.512	1.680	1.932	2.790
	850103006	其他材料费（占材料费）	%	5.000	5.000	5.000	5.000
机械	990401035	载重汽车 10t	台班	0.300	0.380	0.500	0.500
	990304004	汽车式起重机 8t	台班	0.200	0.200	0.240	—
	990304016	汽车式起重机 16t	台班	—	—	—	0.300
	991003050	电动空气压缩机 $6m^3$/min	台班	0.340	0.610	0.830	0.970
	990901010	交流弧焊机 21kV·A	台班	0.150	0.200	0.300	0.300

工作内容：开箱清点、场内运输、外观检查、设备清洗、吊装、连接、安装就位、调整、固定、单体调试。

计量单位：台

编号				1-13-40	1-13-41	1-13-42
项目				设备容量（m^3 以内）		
				8	11	15
		名称	单位	消耗量		
人工	000203000	综合二类工	工日	26.339	34.120	45.814
材料	031509007	平垫铁（综合）	kg	8.820	11.640	11.640
	031509010	斜垫铁（综合）	kg	6.573	7.860	7.860
	012900017	钢板 δ4.5～7	kg	3.000	4.000	5.000
	031507018	镀锌铁丝 ϕ2.8～4.0	kg	4.400	4.950	5.500
	031301009	低碳钢焊条 J427（综合）	kg	1.420	1.790	2.210
	050301004	木板（综合）	m^3	0.003	0.003	0.004
	050105001	道木（综合）	m^3	0.065	0.079	0.081
	140307001	煤油	kg	3.000	3.500	4.000
	142909001	氧气	m^3	1.765	2.030	2.489
	142907002	乙炔气	kg	0.592	0.673	0.826
	130119001	白漆	kg	0.100	0.100	0.100
	020112007	无石棉橡胶板 高压 δ1～6	kg	2.110	3.140	4.270
	031102005	铁砂布 0#～2#	张	3.000	3.000	3.000
	020905002	塑料布	kg	2.790	4.410	4.410
	850103006	其他材料费（占材料费）	%	5.000	5.000	5.000
机械	990401035	载重汽车 10t	台班	0.500	0.500	0.500
	990304016	汽车式起重机 16t	台班	0.500	0.650	—
	990304028	汽车式起重机 30t	台班	0.500	0.650	0.700
	991003050	电动空气压缩机 $6m^3/min$	台班	1.210	1.340	1.450
	990901010	交流弧焊机 21kV·A	台班	0.400	0.400	0.500

七、乙炔发生器

工作内容：开箱清点、场内运输、外观检查、设备清洗、吊装、连接、安装就位、调整、固定、单体调试。

计量单位：台

编号				1-13-43	1-13-44	1-13-45	1-13-46	1-13-47
项目				设备规格（m^3/h 以内）				
				5	10	20	40	80
名称			单位	消耗量				
人工	000203000	综合二类工	工日	13.259	16.809	22.776	27.251	37.829
材料	031509007	平垫铁（综合）	kg	5.800	10.300	11.640	11.640	13.580
	031509010	斜垫铁（综合）	kg	5.200	7.860	9.880	9.880	12.350
	370915002	钢板垫板	kg	1.500	1.800	2.000	2.500	2.800
	031501009	圆钉 $\phi5$ 以内	kg	0.011	0.013	0.016	0.017	0.023
	031301009	低碳钢焊条 J427（综合）	kg	0.320	0.420	0.740	0.840	1.050
	050301004	木板（综合）	m^3	0.001	0.001	0.001	0.003	0.004
	050105001	道木（综合）	m^3	—	0.008	0.008	0.027	0.030
	140307001	煤油	kg	2.500	2.500	3.000	4.000	4.500
	140303001	机油（综合）	kg	0.100	0.150	0.180	0.200	0.250
	142909001	氧气	m^3	1.244	1.663	2.917	3.325	4.162
	142907002	乙炔气	kg	0.418	0.551	0.969	1.663	1.387
	140505001	铅油（厚漆）	kg	0.100	0.150	0.200	0.250	0.300
	130119001	白漆	kg	0.080	0.080	0.100	0.100	0.100
	020112007	无石棉橡胶板 高压 $\delta1\sim6$	kg	0.960	2.640	3.970	4.740	5.350
	023503010	无石棉绳 $\phi6\sim10$ 烧失量 24%	kg	0.200	0.250	0.300	0.400	0.500
	020101010	橡胶板 $\delta5$	m^2	0.200	0.300	0.400	0.500	0.600
	031102005	铁砂布 $0^{\#}\sim2^{\#}$	张	2.000	3.000	3.000	3.000	3.000
	020905002	塑料布	kg	0.600	1.680	2.790	4.410	4.410
	850103006	其他材料费（占材料费）	%	5.000	5.000	5.000	5.000	5.000
机械	990401035	载重汽车 10t	台班	0.200	0.300	0.400	0.500	0.500
	990304016	汽车式起重机 16t	台班	0.430	0.300	0.830	1.070	1.300
	990901010	交流弧焊机 21kV·A	台班	0.200	0.300	0.500	1.000	2.000
	991003050	电动空气压缩机 $6m^3/min$	台班	0.730	0.830	0.970	1.210	1.450

八、乙炔发生器附属设备

工作内容：开箱清点、场内运输、外观检查、设备清洗、吊装、连接、安装就位、调整、固定、单体调试。 **计量单位：**台

编号				1-13-48	1-13-49	1-13-50	1-13-51	1-13-52
项目				设备（t 以内）				
				0.3	0.5	0.8	1	1.5
名称			单位	消耗量				
人工	000203000	综合二类工	工日	5.449	7.891	12.126	14.121	20.006
材料	031509007	平垫铁（综合）	kg	2.820	2.820	4.700	4.700	5.640
	031509010	斜垫铁（综合）	kg	3.060	3.060	4.590	4.590	6.120
	370915002	钢板垫板	kg	1.500	3.000	3.500	4.000	5.000
	031301009	低碳钢焊条 J427（综合）	kg	0.210	0.530	0.840	1.050	1.580
	050301004	木板（综合）	m^3	0.001	0.001	0.001	0.003	0.003
	050105001	道木（综合）	m^3	—	—	—	0.008	0.008
	140307001	煤油	kg	1.200	1.800	1.900	2.100	2.300
	140303001	机油（综合）	kg	0.200	0.300	0.400	0.600	0.800
	142909001	氧气	m^3	0.102	0.204	0.316	0.520	0.836
	142907002	乙炔气	kg	0.031	0.071	0.102	0.173	0.275
	140505001	铅油（厚漆）	kg	0.600	0.800	1.000	1.200	1.500
	130119001	白漆	kg	0.080	0.080	0.100	0.100	0.100
	020112007	无石棉橡胶板 高压 δ1～6	kg	0.200	0.300	0.400	0.500	0.800
	023503010	无石棉绳 ϕ6～10 烧失量 24%	kg	0.200	0.300	0.400	0.500	0.600
	031102005	铁砂布 $0^{\#}$～$2^{\#}$	张	2.000	3.000	3.000	3.000	3.000
	020905002	塑料布	kg	0.600	1.680	2.790	4.410	4.410
	031501009	圆钉 ϕ5 以内	kg	—	0.010	0.013	0.015	0.017
	850103006	其他材料费（占材料费）	%	5.000	5.000	5.000	5.000	5.000
机械	990401035	载重汽车 10t	台班	0.200	0.200	0.300	0.300	0.500
	990304004	汽车式起重机 8t	台班	0.200	0.500	0.580	0.680	0.830
	990901010	交流弧焊机 21kV·A	台班	0.200	0.300	0.500	0.800	1.000
	991003050	电动空气压缩机 $6m^3$/min	台班	0.240	0.630	0.630	0.870	0.970

九、水压机蓄势罐

工作内容： 开箱清点、场内运输、外观检查、设备清洗、吊装、连接、安装就位、调整、固定、单体调试。

计量单位：台

编号				1-13-53	1-13-54	1-13-55	1-13-56	1-13-57	1-13-58
项目				设备重量（t 以内）					
				10	15	20	30	40	55
名称			单位	消耗量					
人工	000203000	综合二类工	工日	54.096	70.672	93.923	129.666	164.019	224.045
材料	031509007	平垫铁（综合）	kg	7.530	15.520	15.520	41.400	41.400	41.400
	031509010	斜垫铁（综合）	kg	6.120	9.880	9.880	36.690	36.690	36.690
	370915002	钢板垫板	kg	50.000	55.000	65.000	80.000	90.000	100.000
	031507018	镀锌铁丝 ϕ2.8～4.0	kg	4.000	5.000	6.000	6.500	7.000	7.500
	031301009	低碳钢焊条 J427（综合）	kg	2.630	3.150	3.360	3.680	3.940	4.460
	050301004	木板（综合）	m^3	0.031	0.036	0.046	0.073	0.111	0.139
	050105001	道木（综合）	m^3	0.187	0.452	0.485	0.571	0.669	0.776
	140307001	煤油	kg	3.000	3.300	3.500	4.000	4.500	5.500
	143101002	盐酸 31%合成	kg	18.000	22.000	24.000	26.000	28.000	30.000
	142909001	氧气	m^3	2.601	3.121	3.386	3.641	3.907	4.162
	142907002	乙炔气	kg	0.867	1.040	1.132	1.214	1.306	1.387
	130119001	白漆	kg	0.080	0.100	0.100	0.100	0.100	0.100
	040905002	生石灰	kg	8.000	10.000	12.000	13.000	14.000	15.000
	031102005	铁砂布 0#～2#	张	8.000	8.000	8.000	8.000	8.000	10.000
	020905002	塑料布	kg	1.680	2.790	2.790	4.410	4.410	5.790
	850103006	其他材料费（占材料费）	%	5.000	5.000	5.000	5.000	5.000	5.000
机械	990401035	载重汽车 10t	台班	0.500	0.500	0.500	0.500	1.000	1.000
	990304016	汽车式起重机 16t	台班	1.200	1.500	1.300	1.500	1.850	2.050
	990304028	汽车式起重机 30t	台班	—	0.900	—	—	—	—
	990304040	汽车式起重机 50t	台班	—	—	1.000	—	—	—
	990304052	汽车式起重机 75t	台班	—	—	—	1.200	—	—
	990304064	汽车式起重机 100t	台班	—	—	—	—	1.200	1.500
	990901010	交流弧焊机 21kV · A	台班	0.500	0.600	0.800	1.000	1.200	1.500
	991003050	电动空气压缩机 6m^3/min	台班	0.500	0.500	1.000	1.000	1.500	1.500
	990813045	试压泵 60MPa	台班	1.500	1.750	2.000	2.250	2.500	2.750

十、小型空气分馏塔

工作内容： 开箱清点、场内运输、外观检查、设备清洗、吊装、连接、安装就位、调整、固定、单体调试。

计量单位：台

编号				1-13-59	1-13-60	1-13-61
项目				型号规格		
				FL-50/200	140/660-1	FL-300/300
名称			单位	消耗量		
人工	000203000	综合二类工	工日	87.130	113.493	166.832
材料	031509007	平垫铁（综合）	kg	9.880	14.820	19.760
	031509010	斜垫铁（综合）	kg	11.640	17.460	21.340
	370915002	钢板垫板	kg	15.000	21.000	35.000
	012300001	型钢（综合）	kg	52.000	103.000	170.000
	031507018	镀锌铁丝 ϕ2.8～4.0	kg	3.000	5.000	10.000
	031301009	低碳钢焊条 J427（综合）	kg	3.150	4.200	5.250
	031301025	紫铜电焊条 T107 ϕ3.2	kg	0.350	0.600	1.100
	031305002	焊锡	kg	1.100	1.600	2.700
	031301023	碳钢气焊条（综合）	kg	2.000	2.500	4.000
	015900001	锌 99.99%	kg	0.220	0.320	0.550
	050301004	木板（综合）	m^3	0.031	0.043	0.063
	050105001	道木（综合）	m^3	0.454	0.562	0.707
	140307001	煤油	kg	5.000	6.000	6.500
	140901003	黄油钙基脂	kg	0.300	0.400	0.800
	143167001	四氯化碳	kg	15.000	20.000	50.000
	142909001	氧气	m^3	12.485	15.606	31.212
	143303002	酒精 工业用 99.5%	kg	10.000	14.000	30.000
	143309001	甘油	kg	0.500	0.700	1.000
	142907002	乙炔气	kg	4.162	5.202	10.404
	130119001	白漆	kg	0.080	0.100	0.100
	133501001	低温密封膏	kg	1.200	1.400	2.600
	031102005	铁砂布 $0^{\#}$～$2^{\#}$	张	8.000	10.000	15.000
	031541002	锯条（综合）	根	6.000	8.000	15.000
	212909001	肥皂	条	2.500	4.000	6.000
	020905002	塑料布	kg	1.680	2.790	4.410
	341101001	水	m^3	0.170	2.770	3.420
	850103006	其他材料费（占材料费）	%	5.000	5.000	5.000
机械	990401035	载重汽车 10t	台班	0.300	0.500	0.680
	990304004	汽车式起重机 8t	台班	0.500	1.000	1.450
	990304016	汽车式起重机 16t	台班	0.500	0.580	—
	990304024	汽车式起重机 25t	台班	—	—	0.800
	990901010	交流弧焊机 21kV·A	台班	1.450	2.000	2.430
	991003050	电动空气压缩机 $6m^3/min$	台班	0.700	0.900	1.200

十一、小型制氧机械附属设备

工作内容：开箱清点、场内运输、外观检查、设备清洗、吊装、连接、安装就位、调整、固定、单体调试。

计量单位：见表

编号				1-13-62	1-13-63	1-13-64
项目				名称及型号		
				洗涤塔，XT-90	干燥器（170×2），碱水拌和器（1.6）	纯化器，HXK-300/59 HX-1800/15
单位				台	组	套
名称			单位	消耗量		
人工	000203000	综合二类工	工日	26.530	18.938	37.351
材料	031509007	平垫铁（综合）	kg	10.300	10.300	17.460
	031509010	斜垫铁（综合）	kg	6.573	6.573	12.350
	370915002	钢板垫板	kg	5.000	5.600	10.500
	031507018	镀锌铁丝 ϕ2.8～4.0	kg	4.000	3.000	5.000
	031301009	低碳钢焊条 J427（综合）	kg	0.300	0.300	0.700
	050301004	木板（综合）	m^3	0.016	0.018	0.040
	050105001	道木（综合）	m^3	0.105	0.080	0.166
	140307001	煤油	kg	2.500	4.500	3.500
	140303001	机油（综合）	kg	0.404	0.404	0.505
	140901003	黄油钙基脂	kg	0.202	0.202	0.303
	130119001	白漆	kg	0.080	0.080	0.100
	143167001	四氯化碳	kg	—	5.000	8.000
	020112007	无石棉橡胶板 高压 δ1～6	kg	4.590	4.080	5.610
	031102005	铁砂布 0#～2#	张	2.000	3.000	3.000
	020905002	塑料布	kg	0.600	1.680	2.790
	341101001	水	m^3	1.300	1.300	2.770
	850103006	其他材料费（占材料费）	%	5.000	5.000	5.000
机械	990401035	载重汽车 10t	台班	0.400	0.200	0.500
	990304004	汽车式起重机 8t	台班	0.800	0.200	—
	990304016	汽车式起重机 16t	台班	—	—	0.900
	990901010	交流弧焊机 21kV·A	台班	0.250	0.200	0.200

工作内容： 开箱清点、场内运输、外观检查、设备清洗、吊装、连接、安装就位、调整、固定、单体调试。

计量单位：见表

编号				1-13-65	1-13-66
项目				名称及型号	
				加热炉（器），1.55 型 JR-13，JR-100	储氧器或充氧台 501-1GC-24
名称			单位	消耗量	
人工	000203000	综合二类工	工日	5.245	8.810
材料	031509007	平垫铁（综合）	kg	5.800	—
	031509010	斜垫铁（综合）	kg	5.200	—
	031507018	镀锌铁丝 ϕ2.8～4.0	kg	3.000	8.000
	031301009	低碳钢焊条 J427（综合）	kg	0.300	—
	050301004	木板（综合）	m^3	0.013	0.013
	140307001	煤油	kg	2.000	1.500
	140303001	机油（综合）	kg	0.202	—
	140901003	黄油钙基脂	kg	0.202	—
	130119001	白漆	kg	0.080	0.080
	143167001	四氯化碳	kg	—	8.000
	142909001	氧气	m^3	—	2.040
	143309001	甘油	kg	—	0.300
	020112007	无石棉橡胶板 高压 δ1～6	kg	3.060	—
	031102005	铁砂布 0#～2#	张	3.000	2.000
	142907002	乙炔气	kg	—	0.683
	020905002	塑料布	kg	0.600	0.600
	341101001	水	m^3	0.380	—
	850103006	其他材料费（占材料费）	%	5.000	5.000
机械	990401035	载重汽车 10t	台班	0.200	—
	990304004	汽车式起重机 8t	台班	—	0.300
	990304016	汽车式起重机 16t	台班	0.500	—
	990901010	交流弧焊机 21kV·A	台班	0.200	—

十二、地脚螺栓孔灌浆

工作内容：场内运输、核对尺寸、清孔、除尘、灌浆料配制、灌浆。 计量单位：m^3

编号				1-13-67	1-13-68	1-13-69	1-13-70	1-13-71
项目				一台设备的灌浆体积（m^3 以内）				
				0.03	0.05	0.10	0.30	＞0.30
名称			单位	消耗量				
人工	000203000	综合二类工	工日	9.450	7.884	6.030	4.734	3.150
材料	040100003	水泥 32.5	kg	438.000	438.000	438.000	438.000	438.000
	040300003	砂子	m^3	0.690	0.690	0.690	0.690	0.690
	040501002	碎石（综合）	m^3	0.760	0.760	0.760	0.760	0.760
	850103006	其他材料费（占材料费）	%	5.000	5.000	5.000	5.000	5.000

十三、设备底座与基础间灌浆

工作内容：场内运输、核对尺寸、基础表面清理、灌浆料配制、灌浆、捣固。 计量单位：m^3

编号				1-13-72	1-13-73	1-13-74	1-13-75	1-13-76
项目				一台设备的灌浆体积（m^3 以内）				
				0.03	0.05	0.10	0.30	＞0.30
名称			单位	消耗量				
人工	000203000	综合二类工	工日	12.924	10.819	8.676	6.670	4.626
材料	050301004	木板（综合）	m^3	0.080	0.070	0.060	0.050	0.050
	040100003	水泥 32.5	kg	438.000	438.000	438.000	438.000	438.000
	040300003	砂子	m^3	0.690	0.690	0.690	0.690	0.690
	040501002	碎石（综合）	m^3	0.760	0.760	0.760	0.760	0.760
	850103006	其他材料费（占材料费）	%	5.000	5.000	5.000	5.000	5.000

十四、设备减震台座

工作内容：开箱清点、场内运输、外观检查、安装就位、调整、固定。 **计量单位：**座

编　号				1-13-77	1-13-78	1-13-79	1-13-80	1-13-81
项　目				台座重量（t 以内）				
				0.1	0.2	0.3	0.5	1
名　称			单位	消　耗　量				
人工	000203000	综合二类工	工日	0.740	1.470	1.970	2.620	4.830
材料	012900002	钢板（综合）	kg	0.600	0.600	0.700	1.000	1.600
	140307001	煤油	kg	0.160	0.192	0.240	0.320	0.400
	850103006	其他材料费（占材料费）	%	5.000	5.000	5.000	5.000	5.000
机械	990305020	叉式起重机 5t	台班	0.050	0.100	0.150	0.200	0.250

十五、座 浆 垫 板

工作内容：场内运输、核对尺寸、基础表面清理、灌浆、捣固、安放垫板。 **计量单位：**块

编　号				1-13-82	1-13-83	1-13-84	1-13-85	1-13-86
项　目				座浆垫板安装面积（mm^2）				
				150 × 80	200 × 100	280 × 160	360 × 180	500 × 220
名　称			单位	消　耗　量				
人工	000203000	综合二类工	工日	0.150	0.210	0.290	0.420	0.480
材料	040127003	无收缩水泥	kg	（1.580）	（2.630）	（4.290）	（6.040）	（9.200）
	012300001	型钢（综合）	kg	0.460	0.500	0.570	0.670	0.770
	142909001	氧气	m^3	0.022	0.022	0.022	0.022	0.030
	142907001	乙炔气	m^3	0.008	0.008	0.008	0.008	0.012
	850103006	其他材料费（占材料费）	%	5.000	5.000	5.000	5.000	5.000
机械	990401035	载重汽车 10t	台班	0.010	0.010	0.010	0.010	0.010
	991003070	电动空气压缩机 $10m^3/min$	台班	0.046	0.046	0.046	0.061	0.069

十六、补 充 项 目

1. 三足式离心机

工作内容：施工准备、吊装就位、安装找正找平、油箱清洁加油、单机试车、配合检查验收。 **计量单位：**台

编 号				1-13-87	1-13-88	1-13-89
项 目				设备重量（t以内）		
				0.4	0.6	1.0
名 称			单位	消 耗 量		
人工	000203000	综合二类工	工日	13.090	17.159	22.792
材料	031509007	平垫铁（综合）	kg	10.400	12.600	14.500
	031509012	斜垫铁 Q195～Q235 1#	kg	9.600	11.400	13.500
	031301008	低碳钢焊条 J422（综合）	kg	0.500	0.702	0.500
	012900025	普通钢板 δ1.0～1.5	kg	0.252	0.252	0.250
	020115004	耐油无石棉橡胶板 δ1	kg	0.252	0.252	0.250
	050105001	道木（综合）	m^3	0.120	0.010	0.010
	850103006	其他材料费（占材料费）	%	5.000	5.000	5.000
机械	990305020	叉式起重机 5t	台班	0.252	0.300	0.350
	990304004	汽车式起重机 8t	台班	0.252	0.300	0.350
	990904030	直流弧焊机 20kV · A	台班	0.252	0.348	0.400

2. 悬筐式离心机

工作内容：施工准备、吊装就位、安装找正找平、油箱清洁加油、单机试车、配合检查验收。 **计量单位：**台

编 号				1-13-90	1-13-91	1-13-92
项 目				设备重量（t以内）		
				1.0	3.0	5.0
名 称			单位	消 耗 量		
人工	000203000	综合二类工	工日	24.132	37.450	45.794
材料	031509007	平垫铁（综合）	kg	16.170	18.480	23.815
	031509012	斜垫铁 Q195～Q235 1#	kg	13.230	15.120	19.485
	031301008	低碳钢焊条 J422（综合）	kg	0.800	1.200	1.100
	012900025	普通钢板 δ1.0～1.5	kg	0.250	0.250	0.250
	020115004	耐油无石棉橡胶板 δ1	kg	0.250	0.250	0.250
	050105001	道木（综合）	m^3	0.010	0.010	0.010
	850103006	其他材料费（占材料费）	%	5.000	5.000	5.000
机械	990305020	叉式起重机 5t	台班	0.400	0.600	0.800
	990304004	汽车式起重机 8t	台班	0.400	0.600	2.000
	990904030	直流弧焊机 20kV · A	台班	0.400	0.510	0.500

3. 卧式自动卸料离心机

工作内容：施工准备、吊装就位、安装找正找平、油箱清洁加油、单机试车、配合检查验收。 **计量单位：**台

编　号				1-13-93	1-13-94	1-13-95	1-13-96
项　目				设备重量（t 以内）			
				2.0	5.0	8.0	10.0
名　称			单位	消　耗　量			
人工	000203000	综合二类工	工日	25.655	43.504	67.271	82.135
材料	031509007	平垫铁（综合）	kg	17.326	26.695	38.192	45.210
	031509012	斜垫铁 Q195～Q235 1#	kg	14.174	21.405	31.248	36.990
	031301008	低碳钢焊条 J422（综合）	kg	0.800	1.250	1.250	1.250
	142909001	氧气	m^3	1.200	1.500	1.500	1.500
	142907002	乙炔气	kg	0.400	0.501	0.501	0.501
	012900025	普通钢板 δ1.0～1.5	kg	0.250	0.250	0.250	0.250
	020115004	耐油无石棉橡胶板 δ1	kg	0.250	0.250	0.250	0.250
	050105001	道木（综合）	m^3	0.010	0.100	0.010	0.010
	850103006	其他材料费（占材料费）	%	5.000	5.000	5.000	5.000
机械	990401035	载重汽车 10t	台班	—	—	0.800	0.800
	990305020	叉式起重机 5t	台班	0.660	0.780	—	—
	990304004	汽车式起重机 8t	台班	0.660	1.500	1.470	2.100
	990304016	汽车式起重机 16t	台班	—	—	0.320	0.450
	990904030	直流弧焊机 20kV·A	台班	0.400	0.510	0.600	0.600

4. 高速离心机

工作内容：施工准备、吊装就位、安装找正找平、油箱清洁加油、单机试车、配合检查验收。 **计量单位：**台

编　号				1-13-97	1-13-98	1-13-99
项　目				设备重量（t 以内）		
				0.5	1.0	1.5
名　称			单位	消　耗　量		
人工	000203000	综合二类工	工日	12.609	22.925	24.290
材料	031509007	平垫铁（综合）	kg	8.250	11.550	16.500
	031509012	斜垫铁 Q195～Q235 1#	kg	6.750	9.450	16.500
	031301008	低碳钢焊条 J422（综合）	kg	0.570	0.800	1.005
	012900025	普通钢板 δ1.0～1.5	kg	0.250	0.250	0.250
	142909001	氧气	m^3	0.855	1.410	1.800
	142907002	乙炔气	kg	0.285	0.470	0.600
	020115004	耐油无石棉橡胶板 δ1	kg	0.250	0.250	0.250
	050105001	道木（综合）	m^3	0.010	0.010	0.010
	311921002	滤油纸 300×300	张	1.000	1.380	1.995
	850103006	其他材料费（占材料费）	%	5.000	5.000	5.000
机械	990305020	叉式起重机 5t	台班	0.280	0.350	0.420
	990304004	汽车式起重机 8t	台班	0.280	0.350	0.420
	991209010	真空滤油机 6000L/h	台班	0.100	0.120	0.120
	990904030	直流弧焊机 20kV·A	台班	0.285	0.400	0.495

5. 设备支架制作安装

（1）设备支架制作

工作内容： 划线、下料、平直、加工、组对、焊接、刷（喷）漆、试漏。 **计量单位：** t

编号				1-13-100	1-13-101
项目				单体重量（kg）	
				≤ 50	> 50
名称			单位	消耗量	
人工	000203000	综合二类工	工日	22.530	19.140
材料	012300002	型钢（综合）	kg	（1050.000）	（1050.000）
	031541003	钢锯条	条	15.000	10.000
	031101005	砂轮片 ϕ350	片	5.000	5.000
	031102005	铁砂布 0#～2#	张	50.000	50.000
	092705001	破布	kg	2.000	1.900
	142127002	松香水	kg	5.000	4.800
	030105133	精制六角带帽螺栓 M20 × 80 以下	10 套	6.300	6.000
	130505002	防锈漆 C53-1	kg	17.700	16.800
	340907005	钢丝刷	把	5.000	5.000
	031301008	低碳钢焊条 J422（综合）	kg	18.000	17.100
	140509003	溶剂汽油 200#	kg	4.400	4.200
	140103001	清油	kg	6.000	5.700
	130115001	调和漆	kg	14.000	13.300
	850103006	其他材料费（占材料费）	%	5.000	5.000
机械	990736020	刨边机 12000mm	台班	4.500	4.500
	990735010	联合冲剪机 16mm	台班	4.500	4.500
	990785040	砂轮切割机 ϕ500	台班	4.500	4.500
	990734015	卷板机 20 × 2500mm	台班	4.500	4.500
	990901010	交流弧焊机 21kV · A	台班	9.000	9.000

（2）设备支架安装

工作内容： 安装就位、补漆。 **计量单位：** t

编号				1-13-102	1-13-103
项目				单体重量（kg）	
				≤ 50	> 50
名称			单位	消耗量	
人工	000203000	综合二类工	工日	15.070	12.810
材料	030105133	精制六角带帽螺栓 M20 × 80 以下	10 套	5.800	5.500
	130505002	防锈漆 C53-1	kg	3.000	2.800
	031301008	低碳钢焊条 J422（综合）	kg	14.000	13.300
	140509003	溶剂汽油 200#	kg	1.000	0.900
	130115001	调和漆	kg	2.000	1.800
	092705001	破布	kg	1.000	0.900
	850103006	其他材料费（占材料费）	%	5.000	5.000
机械	990901010	交流弧焊机 21kV · A	台班	9.000	9.000

6. 设备减振器、隔震垫安装

工作内容： 测位、安装、固定。　　　　**计量单位：** 见表

编　号				1-13-104	1-13-105
项　目				减震器	隔震垫
单　位				个	块
名　称			单位	消　耗　量	
人工	000203000	综合二类工	工日	0.091	0.059
材料	030107003	膨胀螺栓（综合）	10 套	4.120	—
	030105193	镀锌带帽螺栓 M16×65～100	套	1.030	—
	140303001	机油（综合）	kg	0.005	—
	140301003	汽油 92#	kg	0.001	—
	850103006	其他材料费（占材料费）	%	5.000	5.000